Preventive Measures Against Earthquake Damage In Information & Communication System

정보통신시스템 지진대책

정보통신기술사 권 규 철

도서출판 그린

서론

필자가 처음 지진을 경험하게 된 것은 대전에서 중학교에 다니고 있을 무렵이었고, 우리나라의 지진은 최근 연평균 40회 정도 발생하고 있다. 우리나라를 지진의 안전지대라고 생각하는 사람들도 있겠지만 24만 여 명의 사상자를 낸 중국 당산 대지진도 지진의 안전지대라고 하는 내륙에서 발생하였고, 지진 전문가들의 견해는 지구상에 지진 안전지대라는 것은 없다는 것이다.

우리나라에서 규모 6 이상의 대지진이 인구밀집지역에서 발생하면 어떻게 될까?

일본에서는 초등학교 때부터 지진에 대비해 시신 발생 시의 행동요령을 몸에 익혀두고 있어 위급한 상황 발생 시 안전한 곳으로 대피할 수가 있지만, 우리나라는 거의 무방비 상태라고 할 수 있으므로, 우리나라에서 대지진이 발생할 경우를 생각 하는 것 자체만도 끔찍한 일이다.

지진은 반드시 발생하지만 언제 발생하는지는 아무도 알 수 없다. 지진 연구 선진국에서는 지진예보에 많은 예산과 인력을 투입하여 이 분야에 대해 연구하고 있지만 연구 성과는 아직 미흡한 것이 사실이고 최근에는 지진 예방 보다는 시설복구 대책 쪽으로 지진연구가 진행되고 있는 실정이다.

재해에 대해서는 '9.11 미국 테러' 직후 세계무역센터(WTC)에 입주했던 모건스탠리를 비롯한 대형 투자금융회사들이 곧바로 정상업무 체제를 갖추는 것을 참고로 하여 장애와 재해에 완벽한 System을 구축하는 것이 필요하다.

최근 동남아시아 지진해일과 일본 후쿠오카 지진, 한반도 주변의 지진으로 인하여 지진에 대한 인식을 새롭게 하고 있는 이 때 지진대비책을 세워둘 필요가 있다. 대규모 지진이 발생하여 큰 피해를 당하고 나면 이미 때는 늦은 것이다. 할 수 있을 때, 할 수 있는 여건이 형성되었을 때 이에 대한 대비를 해야 한다는 것을 잊지 말아야 한다.

2004.12.26 동남아를 휩쓴 쓰나미 과정에서 일찌감치 쓰나미가 오고 있는 것을 알려 100여명의 목숨을 구한 영국의 11살 소녀 스미스를 프랑스의 한 잡지사가 '올해의 어린이(2005)' 로 선정했는데, 스미스는 2004년 12월 26일 아침, 푸켓 해안을 걷고 있던 중 프라이팬에서 기름이 튀듯이 바닷물이 부글거리는 것을 보고 부모님과 그가 묵고 있던 호텔 관계자들에게 이를 급히 알려 조기 경보를 내림으로써 이 해안에 있던 100여명을 재빨리 대피하도록 한 공을 세웠다.

태국에 여행가기 2주일 전 학교에서 지리(地理) 시간에 쓰나미에 대해 배웠는데 마침 똑같은 상황이 발생해 이를 미리 알림으로써 쓰나미가 오기 직전 모두 대피해 이 해안에서는 단 한 명의 사망자나 중상자도 발생하지 않았다.

위의 사례에서처럼 재해의 피해를 줄이기 위해서는 끊임없는 관심과 대비라는 것을 명심하여야 한다. 정보통신의 일상화 및 고도화에 따라 정보통신 네트워크가 전기, 수도, 가스 등과 함께 기본 生命線 (life-line)의 개념으로 인식되고 있는 때에 이 분야에서의 경험을 바탕으로 지진재해로부터 정보통신 인프라를 보호하고 조속한 시설복구로 피해 발생을 줄이는데 보탬이 되고자 한다.

이 책의 발간을 위해 도움을 주신 ㈜한국전산감리원 문대원 대표이사님과 그린출판사 윤덕우 사장님 그리고 안양과학대학 고영국 교수님께 깊은 감사를 드립니다.

2007. 1

CONTENTS

1. 지진

2. 우리나라 지진의 역사

3. 지진에 대한 준비

4. 정보통신시스템 지진대책

5. 재난에 의한 정신적 피해와 대책

■ 별 첨

CHAPTER_01

지 진

- 1.1 지진의 개요
- 1.2 지진의 발생원인
- 1.3 지진의 예보
- 1.4 세계의 지진활동
- 1.5 지진의 피해
- 1.6 지진의 교훈과 오해

1-1 지진의 개요

1.1.1 지진의 정의

지진(Earthquake)이란 지구적인 힘에 의하여 땅속의 거대한 암반이 갑자기 갈라지면서 그 충격으로 땅이 흔들리는 현상을 말한다. 즉 지진은 지구내부 어딘가에서 급격한 지각변동이 발생하여 그 충격으로 생긴 지진파가 지표면까지 전해져 지반을 진동 시키는 것이라 할 수 있다.

〈표〉 매년 전 세계에서 발생하는 지진의 규모와 특징

지진 규모(진도)	전 세계 발생 횟수(1년)	지진 충격의 특징
2.0 ~ 3.4	800,000	사람은 느끼지 못하고 기록으로만 탐지
3.5 ~ 4.2	30,000	소수의 사람들만 느낌
4.3 ~ 4.8	4,800	많은 사람들이 느낌
4.9 ~ 5.4	1,400	모든 사람들이 느낌
5.5 ~ 6.1	500	건물에 약간의 피해
6.2 ~ 6.9	100	건물에 상당한 피해
7.0 ~ 7.3	15	심각한 파괴, 철로가 휘어짐
7.4 ~ 7.9	4	큰 파괴
8.0 이상	0.1 ~ 0.2	거의 완전한 파괴

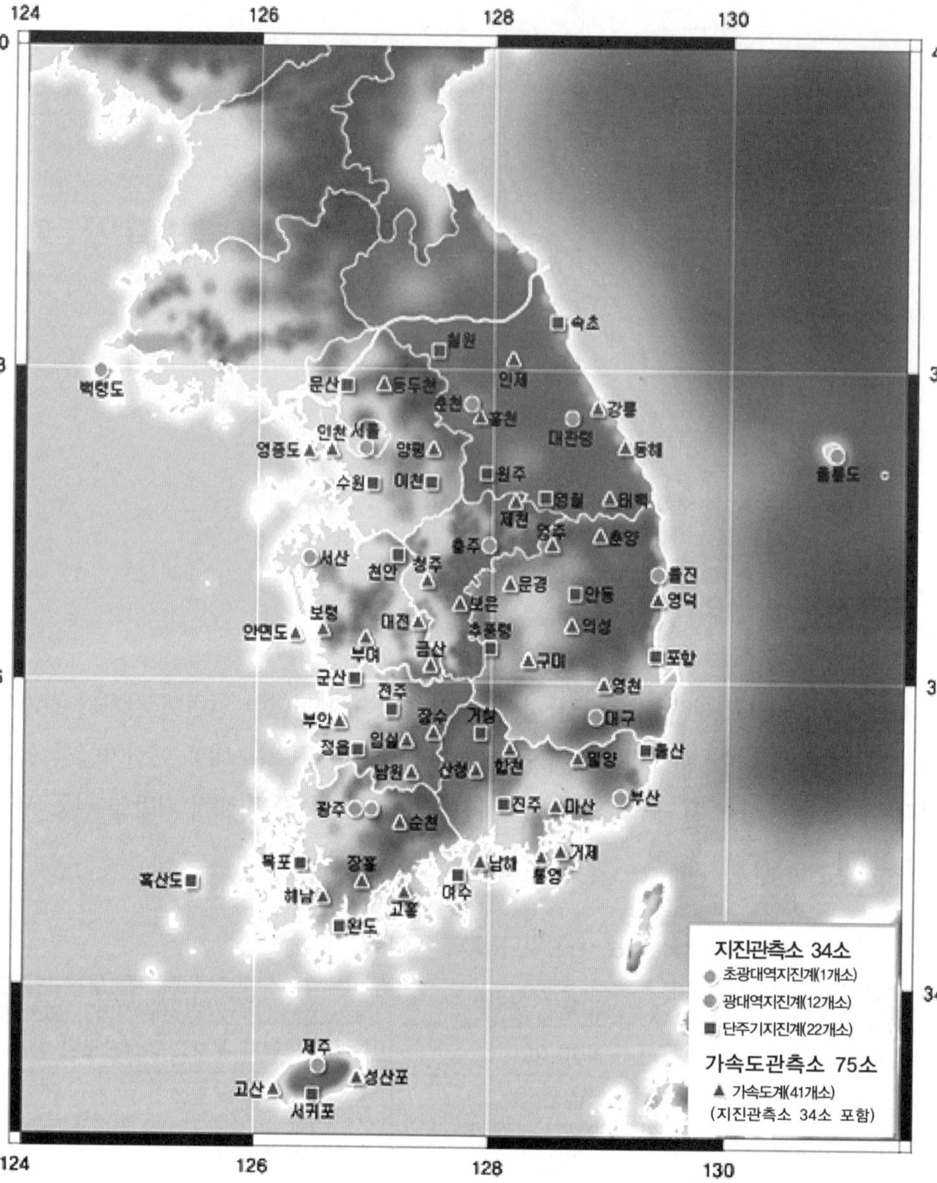

〈그림〉 우리나라의 지진 관측소

출처: 기상청

일반적으로 지진은 넓은 지역에서 거의 동시에 느껴지는데 이 때 각 지역의 진도를 조사해 보면 갈라짐이 발생한 땅속 바로 위의 지표, 즉 진앙에서 흔들림이 가장 세고 그곳으로부터 멀어지면서 약하게 되어 어느 한계점을 지나면 느끼지 못하게 된다. 흔들림이 가장 큰 장소 부근의 땅속에서 어떤 급격한 변동이 발생하여 그것에 의한 진동이 사방으로 전해져 여러 지역을 흔드는 것이라 볼 수 있다. 이것은 종을 쳤을 때 사방으로 울려 퍼지는 음파와 같은 성질을 갖고 있다.

1.1.2 지진요소

지진을 규명할 때 언제, 어디서, 얼마나 큰 지진인가 라고 하는데 이들을 각각 진원시, 진원, 규모에 해당하는 것으로 지진요소라 한다. 지진요소는 지진계(Seismograph)에 의한 지진파 기록의 분석결과로 구할 수 있다.

(1) 진원시(Original time)

어떤 지점에서 지진동(地震動)을 느꼈다면 이 지진동(地震動)이 전파하기 시작한 시각이 있을 것이다. 즉, 지진파가 처음 발생한 시각이 바로 진원시이다. 이것은 어떤 지점에서 진동이 감지되거나 지진계에 기록된 시각에서 지진파가 전파해온 시간인 주행시간(travel time) 만큼 빠를 것이다. 지진파는 일정한 속도를 가지고 있기 때문에 거리에 비례하여 도착하게 된다.

즉, 우리가 진동을 느끼거나 지진계에 기록되는 시각은 발생지점으로부터 거리에 따라 각각 차이를 두고 나타난다. 따라서 여러 곳에서 시간차를 두고 기록되었다 해도, 결국 진원시를 계산해 보면 모두 같은 시각 값을 갖게 되는 것이다.

(2) 진원(Hypocenter)

진원이란 암석의 파괴가 일어난 지점으로 깊이의 개념이 포함되어 있다. 실제로 암석의 파괴가 일어난 범위는 수 십 km 또는 수 백 km에 달하므로 지진파의 전부가 한 점에서 발생한 것이라고 할 수 없다. 지진은 일정한 넓이를 가진 영역에서 일어난 것이라고 생각할 수 있으며 그 영역을 진원역이라고 한다. 진원은 진원역 중에서 최초에 지진파를 발생한 점, 즉 지진이 시작된 점으로 진원역의 중심에 해당하는 것은 아니다.

(3) 진앙(Epicenter)

진앙은 진원의 바로 위 지표면의 지점이다. 진원지라고 하는 것은 진앙의 지명이다. 진원은 진앙의 위도 · 경도와 진원 깊이로 나타낸다. 이밖에 공간적 요소로서 진원 거리와 진앙거리가 있는데 이들은 각각 임의의 관측소에서 진원과 진앙까지의 거리를 말한다.

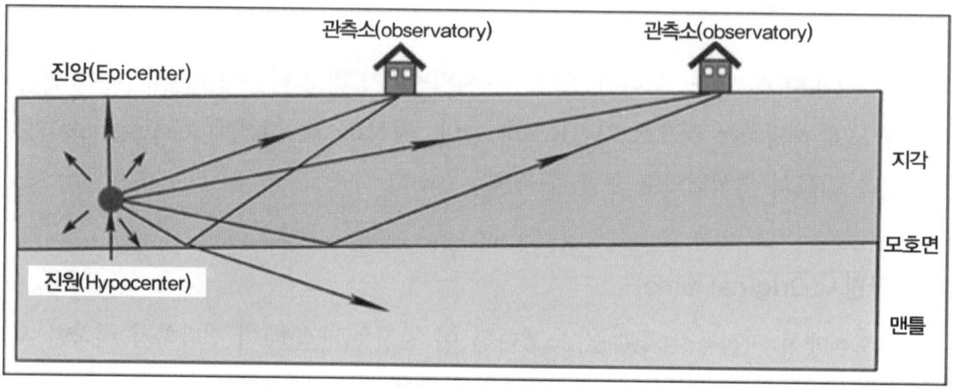

〈그림〉 진앙, 진원의 설명도

출처 : 기상청

(4) 규모(Magnitude)

규모란 지진 자체의 크기로서 이 개념을 처음 도입한 미국의 지진학자 리히터(C. Richter, 1935) 의 이름을 따서 리히터 스케일(Richter scale)이라고도 한다. 규모는 지진파의 진폭과 진앙거리를 이용하여 계산한다. 예를 들어 M5.0이라고 표현할 때 M은 Magnitude를 의미하고 수치는 소수 1자리까지 나타낸다.

1.1.3 지진의 규모

1935년 미국의 지진학자 리히터(Charles Francis Richter)는 지진의 크기를 1에서 9 이하의 숫자로 나타내기 위해서 연구하였는데, 이것을 리히터 규모(Richter scale)라고 부른다.

리히터 규모 1의 세기는 1kg의 폭약(TNT)의 힘에 해당되지만 너무 미약하여 오직 지진계로만 탐지할 수 있다. 그리고 리히터 규모 2는 규모 1 보다 약 31배의 강도를 갖게 되며, 리히터 규모의 1이 증가할 때 마다 31 강도(세기)가 증가하게 된다.

진도표시 체계에는 JMA(Japan Meteorological Agency)라고 부르는 일본 기상청의 진도계급(O~Ⅶ), 유럽의 로시-포렐(Rossi Forel) 진도계급(Ⅰ~Ⅹ), 그리고 아메리카대륙에서도 최근에 많이 사용하고 있는 MM(Modified Mercalli), 진도계급(Ⅰ~Ⅻ), 이밖에 동유럽에서 러시아를 중심으로 발달한 MSK(Medvedev Sponheuer Karnik), 진도계급 등이 있다. MSK 진도계급은 Ⅰ~Ⅻ 등급으로 되어있으며 MM급과 비슷하다.

우리나라 기상청은 2000년까지 일본 기상청계급(JMA Scale : 1949) 을 사용하여 왔으나, 2001년부터는 세계 많은 나라에서 사용하고 있는 MM Scale을 사용하고 있다. JMA Scale이 8계급을 갖는 반면 미국에서 시작되어 여러 나라가 사용하는 MM Scale (Modified Mercalli)과 진도계급의 통일을 시도한 MSK Scale(Medvedev Sponheuer Karnik : 1963)은 12계급을 갖는다.

진도는 지진의 규모와 진앙거리 그리고 진원 깊이에 따라 크게 좌우되며 그 지역의 지질구조와 구조물의 형태 및 인구 현황에 따라 달리 평가될 수 있다. 따라서 진도계급은 세계적으로 통일되어 있지 않으며 나라마다 실정에 맞는 척도를 채택하고 있다.

현재 세계 각국에서 사용하고 있는 진도계급 중 대표적인 것은 다음의 4종이며, 일본에서는 1995년 한신 대지진(고베지진)을 근거로 작성한 신 진도계급표(JMA scale)를 사용하고 있다.

- 로시-포렐(Rossi Forel) 진도계급(10계급)
- 수정 메르칼리(MM Modified Mercalli), 진도계급(12계급)
- 일본 기상청 JMA(Japan Meteorological Agency) 진도계급(8계급)
- MSK(Medvedev Sponheuer Karnik) 진도계급(12계급)

(1) 로시-포렐(Rossi Forel) 진도계급

1883년 이탈리아에서 최초로 사용

〈표〉 로시-포렐 진도계급

진도	이름	피해정도
I	미소지진 Micro Seismic Shock	하나의 지진계 또는 동형의 여러 지진계에 기록되나 다른 종류의 여러 개의 지진계에는 기록되지 않는다. 경험 있는 관측자에 의해 감지된다.
II	극 극약지진 Extremely Feeble Shock	서로 다른 종류의 여러 개의 지진계에서 관측된다. 소수의 사람에게 감지된다.
III	극약지진 Very Feeble Shock	가만히 있는 여러 사람에게 감지된다. 진동방향 및 지속시간이 관측된다.
IV	약 지진 Feeble Shock	움직이는 사람에 감지된다. 대문, 창문 등이 움직인다.
V	중 지진 Shock of Moderate Intensity	누구에게나 감지된다. 가구, 침대 등이 움직이며 2~3차례 종이 울린다.
VI	꽤 강한 지진 Fairly Strong Shock	잠자고 있는 사람은 깨고, 상들리에가 흔들리고 괘종시계가 멈춘다. 사람이 놀라서 집을 뛰쳐나간다.
VII	강진 Strong Shock	대체적으로 공황상태가 된다.
VIII	극 강진 Very Strong Shock	굴뚝이 넘어지고 벽에 금이 간다.
IX	극 극강진 Extremely Strong Shock	건물은 절반이 무너지거나 완전히 무너진다.
X	열진 Strong of Extreme Intensity	대 재해, 지면에 금이 가고 산에서 바위가 굴러 떨어진다.

(2) 수정 메르칼리(MM Modified Mercalli), 진도계급(12계급)

〈표〉 MM scale(수정 메르 칼리 진도계급)

평균속도 (cm/sec)	진도 값과 설명	평균최대가속도(cm/sec²) (1g=980cm/sec²)
	I. 특별히 좋은 상태에서 극소수의 사람을 제외하고는 전혀 느낄 수 없다.	
	II. 소수의 사람들, 특히 건물의 위층에 있는 소수의 사람들에 의해서만 느낀다. 섬세하게 매달린 물체가 흔들린다.	
	III. 실내에서 현저하게 느끼게 되는데 특히 건물의 위층에 있는 사람에게 더욱 그렇다. 그러나 많은 사람들은 그것이 지진이라고 인식하지 못한다. 정지하고 있는 차는 약간 흔들린다. 트럭이 지나가는 것과 같은 진동, 지속시간이 산출된다.	
1~2	IV. 낮에는 실내에 서 있는 많은 사람들이 느낄 수 있으나, 실외에서는 거의 느낄 수 없다. 밤에는 일부 사람들이 잠을 깬다. 그릇, 창문, 문 등이 소리를 내며, 벽이 갈라지는 소리를 낸다. 대형 트럭이 벽을 받는 느낌을 준다. 정지하고 있는 자동차가 뚜렷하게 움직인다.	0.015g~0.02g
2~5	V. 거의 모든 사람들이 지진동을 느낀다. 많은 사람들이 잠을 깬다. 그릇, 창문 등이 깨어지기도 하며, 어떤 곳에서는 벽에 금이 간다. 불안정한 물체는 넘어 진다. 나무, 전신주등 높은 물체가 심하게 흔들린다. 추시계가 멈추기도 한다.	0.03g~0.04g
5~8	VI. 모든 사람들이 느낀다. 많은 사람들이 놀라서 밖으로 뛰어나간다. 무거운 가구가 움직이기도 한다. 벽의 일부가 떨어지기도 하며, 피해를 입는 굴뚝도 일부 있다	0.06g~0.07g
8~12	VII. 모든 사람들이 밖으로 뛰어 나온다. 설계 및 건축이 잘 된 건물에서는 피해가 무시할 수 있는 정도이지만, 보통 건축물에서는 약간의 피해가 발생한다. 설계 및 건축이 잘못된 부실건축물에서는 상당한 피해가 발생한다. 굴뚝이 무너지며 운전 중인 사람들도 지진동을 느낄 수 있다.	0.10g~0.15g
20~30	VIII. 특별히 설계된 구조물에는 약간의 피해가 있고, 일반 건축물에서는 부분적인 붕괴와 더불어 상당한 피해를 일으키며, 부실 건축물에서는 아주 심하게 피해를 준다. 창틀로부터 창문이 떨어져 나간다. 굴뚝, 공장 물품더미, 기둥, 기념비, 벽들이 무너진다. 무거운 가구가 넘어진다. 모래와 진흙이 약간 분출된다. 우물물의 변화가 있다. 차량운행 하기가 어렵다.	0.25g~0.30g
45~55	IX. 특별히 잘 설계된 구조물에도 상당한 피해를 준다. 잘 설계된 구조물의 골조가 기울어진다. 구조물에 부분적 붕괴와 함께 큰 피해를 준다. 건축물이 기초에서 벗어난다. 지표면에 선명한 금자국이 생긴다. 지하 송수관도 파괴된다.	0.50g~0.55g
60이상	X. 잘 지어진 목조 구조물이 부서지기도 하며, 대부분의 석조 건물과 그 구조물이 기초와 함께 무너진다. 지표면이 심하게 갈라진다. 기차선로가 휘어진다. 강둑이나 경사면에서 산사태가 발생하며, 모래와 진흙이 이동한다. 물이 튀며, 둑을 넘어 흘러내린다.	0.60g이상
	XI. 남아 있는 석조 구조물은 거의 없다. 다리가 부서지고 지표면에 심한 균열이 생긴다. 지하 송수관이 완전히 파괴된다. 지표면이 침하하며, 연약 지반에서는 땅이 꺼지고 지면이 어긋난다. 기차 선로가 심하게 휘어진다.	
	XII. 전면적인 피해 발생. 지표면에 파동이 보인다. 시야와 수평면이 뒤틀린다. 물체가 공중으로 튀어 나간다.	

※ MMscale(수정 메르칼리 진도계급) : 미국에서 시작되어 여러 나라에서 사용하며 우리나라는 2001년도부터 사용하기 시작

(3) 일본 기상청 JMA(Japan Meteorological Agency) 진도계급(8계급)

〈표〉 지진의 진도(일본의 JMA 진도계급)

진도	이름	피해 정도
0	무감	느낄 수 없는 정도로 지진계에만 기록된다. (가속도 0.8gal이하)
I	미진	정지하고 있는 사람, 특히 민감한 사람만 느낄 수 있는 정도 (가속도 0.8~2.5gal)
II	경진	보통 사람이 느끼고, 문이 약간 흔들리는 정도 (가속도 2.5~8gal)
III	약진	가옥이 흔들리고 창문이 달가닥 소리를 내며, 형광등과 같은 물건이 크게 흔들린다. 그릇의 물이 출렁임을 알 수 있을 정도의 지진 (가속도 8~25gal)
IV	중진	가옥이 심하게 흔들리고, 그릇의 물이 넘친다. 또 걸어가는 사람이 느끼며 많은 사람들이 집밖으로 뛰어 나올 정도의 지진 (가속도 25~80gal)
V	강진	벽에 금이 가고, 비석이 넘어지며 돌담, 석축 등이 파손될 정도의 지진(가속도 80~250gal)
VI	열진	가옥 파괴 30% 이하, 산사태가 발생하며 땅이 갈라지고 많은 사람들이 서있을 수 없을 정도의 지진 (가속도 250~400gal)
VII	격진	가옥 파괴 30% 이상, 산사태, 땅이 갈라지며 단층을 일으킨다. (가속도400gal 이상)

1gal = 1cm/sec^2

(4) 신 진도계급표(JMA scale)

본 계급은 일본기상청(JMA)이 1995년 한신 대지진(고베지진)을 근거로 작성된 것이며 1996년부터 사용 중이다.

〈표〉 신 진도계급표(JMA scale)

진도	인 간	건물 내 상황	건물 밖 상황	목조건물	철근콘크리트	라이프라인	지반, 경사
0	감지불가						
1	옥내일부감지						
2	옥내다수감지일부 잠깸	걸린 물체 조금 흔들림					
3	옥내거의 감지일부 공포느낌	찬장 식기류 소리 냄	전선 조금 흔들림				
4	많은 사람공포느낌, 일부신체안전 도모, 대부분 잠깸	걸린 물체 크게 흔들림, 찬장식기류 소리 냄. 불안정한 물건 넘어지기도 함.	전선 크게 흔들림, 걷는 자 · 운전자 감지 가능				
5약	대부분 신체안전 도모, 일부 행동에 지장	걸린 물체 심히 흔들림, 찬장식기류,서가책떨어짐,불안정물건다수넘어짐	유리창 파손, 전주 흔들림 감지, 약한 블록벽 붕괴, 도로 피해	내진성 낮은 주택 벽, 기둥 파손	내진성 낮은 건물 벽 등에 균열 생김	안전장치동작, 가스차단가정, 일부 수도관 피해 · 단수[정전 가정 있음]	약한 지반 균열 발생, 산 낙석, 약한 붕괴 가능

〈표〉 신 진도계급표(JMA scale)(계속)

진도	인 간	건물 내 상황	건물 밖 상황	목조건물	철근콘크리트	라이프라인	지반, 경사
5강	심한 공포감 느낌, 많은 사람 행동에 지장	찬창 식기류·서가 책, 텔레비전 등이 떨어짐, 장롱 등 넘어짐, 문 안 열림	약한 블록벽·고정 안 된 자동 판매기·묘비 많이 넘어짐 운전곤란, 정지자동차 많음	내진성 낮은 주택 벽, 기둥 상당수 파손되고 기움	내진성 낮은 건물벽, 대들보, 기둥 큰균열, 내진성 높은벽 균열	가스, 주요 수도관에 피해 발생 [일부 지역 가스, 수도공급 정지]	
6약	서있는 것이 곤란함	고정 안된 가구 많이 이동·넘어짐. 안 열린 문이 많음	상당수 건물 벽타일·유리창 파손	내진성 낮은 주택 무너짐, 내진성 높은 벽, 기둥 파손	내진성 낮은 건물벽, 기둥파손, 내진성 높은 벽, 대들보, 기둥에 큰 균열	가스, 주요 수도관에 피해 발생 [일부 지역 가스, 수도공급 정지, 정전]	땅이 갈라짐, 산붕괴가능
6강	서있을 수 없고, 엎드려 움직임	고정 안 된 가구 대부분이동·넘어짐, 문이 떨어지는 일이 있음	많은 건물 벽타일·유리창 파손, 약한 블록벽 대부분 붕괴	내진성 낮은 주택 많이 무너짐, 내진성 높은벽, 기둥 상당수파손	내진성 낮은 건물도괴가능 내진성 높은벽, 기둥 상당수파괴	지역가스, 수도 배수시설피해 [일부정전, 광역가스, 수도공급 정지]	
7	자기 의지대로 행동불가	대부분의 가구 크게 이동·튀어오르는 일이 있음	대부분 건물 벽타일·유리창파손, 약한 블록벽 파손	내진성 높은 주택 기울거나 크게 파괴	내진성 높은 건물 기울거나 크게 파손됨	[넓은 지역 전기, 가스, 수도 공급 정지]	땅 크게 갈라짐, 산붕괴, 지형 변함

(5) MSK(Medvedev Sponheur Karnik) 진도계급(12계급)

1963년에 Medvedev(소련), Spouheur(동독), Karnik(유고슬라비아) 3명이 공동으로 발표한 것으로서 종래의 진도계급에서 보이는 불분명한 표현을 어느 정도 양적으로 표현한 것이다. 즉 진도 판정의 대상물 피해 정도에 계급을 붙여서 정의한다.

〈표〉 진도 등급의 비교

<table>
<tr><td>JMA
1951</td><td colspan="5">I</td><td colspan="2">II</td><td colspan="3">III</td><td colspan="2">IV</td><td colspan="5">V</td><td colspan="5">VI</td><td colspan="3">VII</td></tr>
<tr><td>RF
1883</td><td colspan="2">II</td><td colspan="2">III</td><td colspan="3">IV</td><td colspan="2">V</td><td colspan="2">VI</td><td colspan="1">VII</td><td colspan="3">VIII</td><td colspan="4">IX</td><td colspan="6">X</td></tr>
<tr><td>MSK
1964</td><td colspan="2">II</td><td colspan="2">III</td><td colspan="4">IV</td><td colspan="2">V</td><td colspan="2">VI</td><td colspan="2">VII</td><td colspan="4">VIII</td><td colspan="2">IX</td><td colspan="3">X</td><td colspan="1">XI</td><td colspan="1">XII</td></tr>
<tr><td>MM
1956</td><td colspan="1">I</td><td colspan="2">II</td><td colspan="3">III</td><td colspan="2">IV</td><td colspan="2">V</td><td colspan="2">VI</td><td colspan="2">VII</td><td colspan="2">VIII</td><td colspan="3">IX</td><td colspan="2">X</td><td colspan="3">XI</td><td colspan="1">XII</td></tr>
</table>

JMA : Japan Meteorological Agency
RF : Rossi Forel
MSK : Medvedev Sponheuer Karnik
MM : Modified Mercalli

(6) 잘못 사용되는 용어

- 국제적으로 '규모' 는 소수 1위의 아라비아 숫자로 표기하고 '진도' 는 정수단위의 로마 숫자로 표기하는 것이 관례이다.(ex. 규모 5.6, 진도 Ⅳ)
- '리히터 지진계로 진도 5.6의 지진' 은 틀린 표현이며 '리히터 스케일 혹은 리히터 규모 5.6의 지진' 또는 단순히 '규모 5.6의 지진' 이라 표현해야 한다.(※ '리히터 지진계' 라는 기계는 존재하지 않는다.)
- '진도 5.6' 은 틀린 표현이며 '규모 5.6' 이라 표현하는 것이 옳은 표기법이다.
- '강도' 라는 표현은 지진학에서 사용하지 않는 용어이다.

(7)세계 최초의 지진계

〈발명가〉

수학자이며 천문학자인 동시에 지리학자인 장형(張衡, 78~139 / 후한시대)이 발명

〈특징 및 동작원리〉

청동으로 만들어졌는데, 술병을 닮았으며 직경이 2미터이다. 돔과 같은 뚜껑이 달려 있고 바깥 표면에는 고대의 인장 장식이 있으며, 산과 거북과 새와 동물이 그려져 있다. 용기 밖에는 여덟 마리의 용의 머리가 달려 있는데, 각각의 용은 청동 구슬을 입에 물고 있고, 바닥에는 용에 대응하여 여덟 마리의 두꺼비가 입을 벌리고 있어 용이 떨어뜨린 구슬을 받으려는 모습이다.

〈그림〉 복원된 장형의 세계 최초의 지진계

지진이 발생하면 용기의 용이 흔들리고 구슬을 입에서 떨어뜨리면 아래에 있는 두꺼비가 잡게 된다. 이때 소리가 나면서 사람의 시선을 끌게 된다.

〈역사기록〉

중국의 역사서 『후한서』를 보면, 어느 날, 사람이 느낄 정도의 진동이 없었음에도 불구하고 한 마리의 용이 구슬을 떨어뜨렸다. 많은 사람들이 지진에 의해서 떨어뜨린 것이라는 증거가 없었으므로 이상하게 생각하고 있었는데 며칠 후 감숙성(중국 서북지구 황하강[黃河] 상류에 있는 성) 지방에서 실제로 지진이 있었음을 알려왔다. 이러한 일이 있은 후 모든 사람들은 그 신비한 기구의 능력에 감복했다. 라고 전해져 온다.

1.1.4 지진파

(1) 지진파의 정의

지구내부에서 지진이 발생하여 진원지로부터 방출되어 모든 방향으로 전파해 나가는 탄성 에너지의 파동(탄성파 : Elastic wave)을 지진파라 한다. 지진파는 크게 정지파와 주행파로 구분할 수 있다. 정지파는 진원에서 방출된 지진에너지에 의해 발생하는 크기가 유한한 지구의 자유진동을 말하며, 지진 발생 시 보통 수백 개 이상의 모드가 각각의 고유한 주기와 진폭으로 진동을 일으킨다. 그러나 이러한 자유진동들이 동시에 발생하므로 이들이 결합되어 다양한 지진파를 형성하게 되며 이들은 일정한 속도를 가지고 주행하는 것처럼 보이므로 이들을 주행파라고 부른다.

〈표〉 지진파의 특징-1

구분	종류	속도	도착순	진폭	피해	파동	통과 물질
실체파 (body wave)	P파	약 5-8Km/s	첫째	작다	작다	종파	고체, 액체 기체 모두 통과
	S파	약 4Km/s	둘째	중간	중간	횡파	고체만 통과
표면파 (surface wave)	L파	약 3Km/s	셋째	크다	크다	혼합	지표면으로 전달

(2) 지진파의 종류와 특징

지진파는 지구 내부를 깊숙이 통과해가는 실체파(P파, S파)와 지구 표면 가까이의 외층을 따라 전파해가는 표면파(L파)가 있고, L파는 LQ파(Love wave) LR파(Rayleigh wave/레일리 파)로 구분할 수 있다.

1) 실체파(Body wave)

〈표〉 지진파의 특징-2

<table>
<tr><td rowspan="2">실체파
(body
wave)</td><td>P파
(종파)</td><td>① 전파형태: 진동 방향과 진행 방향이 일치(종파) → 매질의 입자들이 파의 진행방향으로 압축과 신장을 반복함.
② 전파하는 물질: 고체나 액체, 기체 내부를 모두 전파해 나감.
③ 속도가 가장 빠르기 때문에 항상 지진기록에서 가장 먼저 나타나며 S파(횡파) 전파속도보다 약 1.75배의 속도를 가진다.
④ 음파와 같은 소밀파(疏密波)로서 모든 매질에서 전파된다.
⑤ 평균속도: 5~8km/s</td></tr>
<tr><td>S파
(횡파)</td><td>① 전파형태: 파의 진행방향과 수직방향으로 진동을 일으키는 실체파로서 S파의 통과 시 매질의 부피 변화는 일으키지 않으나 전단변형을 수반한다. → 매질의 입자들이 파의 진동 방향에 대해 직각으로 진동
② 상대적으로 속도가 느리기 때문에 항상 지진기록에서 P파의 뒤에 나타난다.
③ 일반적으로 P파의 진폭보다 크게 나타난다.
④ 진행방향에 수직인 횡 운동에 위한 것이므로 액체 내부(지구의 외핵 또는 내핵)는 통과할 수 없다.
⑤ 진동면이 수직방향인 수직 횡파와 진동면이 수평방향인 수평 횡파 두 종류가 있다.
⑥ 평균속도: 4km/s
⑦ 전파하는 물질: 고체 내부에서만 전파</td></tr>
<tr><td rowspan="2">표면파
(surface
wave)</td><td>러브파
(Love파,
LQ 또는 Q)</td><td>① 전파형태 : 매질의 입자들이 파의 진행방향을 포함한 수평면 상에서 진행방향에 직각 방향으로 진동한다.
② 러브파는 S파의 수평운동 성분인 SH파로서 레일리 파보다 빠르게 전파되고, 매질의 운동이 수평성분만을 가지므로 수직성분 지진계에는 거의 기록되지 않는다.
③ 평균속도 : 3km/s</td></tr>
<tr><td>레일리파
(Rayleigh
파, LR
또는 R)</td><td>① 전파형태 : 매질의 입자들이 파의 진행방향을 포함한 수직면 내에서 타원을 그리며 역행 운동을 한다.
② P파와 S파의 수직운동 성분인 SV파가 조합된 성질을 가지며, 지표에서는 수평축이 긴, 후 방향 타원운동형 진동형태를 보여준다. 종방향 성분 지진기록에서 관측이 잘 이루어지며 러브파의 뒤에 기록된다.
③ 평균속도 : 3km/s</td></tr>
</table>

지구내부를 관통하여 주행하는 지진파를 실체파라 한다. 실체파는 매질에 나타나는 변형의 형태에 따라 P파와 S파 두 종류가 있다. P파와 S파의 P, S는 지진파가 도달하는 순서와 특성을 뜻하는 것으로 "Primary 또는 Push" 와 "Secondary 또는 Shake" 의 머리글자에 해당한다.

P파(종파 : Primary wave) :
매질의 진동 방향과 파의 진행 방향이 같은 종파로 진행 속도가 약 5~8km/s로 빠르고, 고체, 액체, 기체의 모든 매질을 통과한다.

S파(횡파 : Secondary wave) :
매질의 진동 방향과 파의 진행방향이 직각인 횡파로 진행속도가 약 4km/s로 느리고 고체만 통과한다. 밀도의 변화는 없이 지각의 변형만 있고 진행방향에 수직인 횡 운동에 의하며 액체 내부(지구의 외핵과 내핵)는 통과할 수 없다.

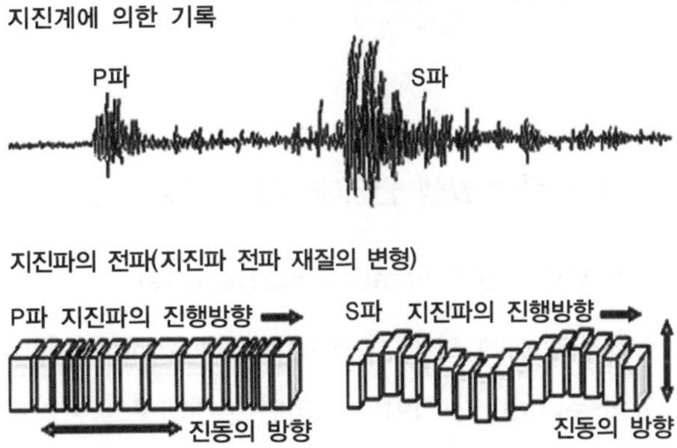

〈그림〉 지진파의 특징

2) 표면파(Serface wave)

L파 : 지표면을 따라 전파되는 표면파로서 지진파 속도 중 3km/s로 가장 느리지만 진폭이 크므로 파괴력이 크다. 밀도의 변화는 일어나지 않는 LQ파 (Love wave)와 밀도의 변화가 심하며 파동형식의 S파, P파의 복합적 성질을 보이는 LR파(Rayleigh wave/레일리 파)로 구분된다.

1.1.5 지진의 종류

지진은 크게 두 가지로 분류할 수 있는데 인간이 느낄 수 있는 지진인 유감지진과 인간이 느낄 수 없을 정도의 미세한 지진인 무감지진으로 분류할 수 있다.

실제로 지진관측기록에 의하면 인간이 느낄 수 없을 정도의 작은 지진을 포함하여 전 세계에서 매년 80만 번 이상이 발생하고 있는 것으로 보고되고 있다. 약 30초마다 땅이 움직이고 있는 것이다.

상대적으로 지진의 경험이 적은 한반도에서도 인간이 느낄 수 없는 무감 지진인 규모

1~2의 지진이 한반도 및 주변 해역에서 매일 약 100회 정도 내외로 관측되는 것으로 추정된다.

(1) 지진의 발생 원인에 따른 분류

1) 단층지진(Dislocation Earthquake)

외부의 힘에 의해 지각이 탄성 한도 내에서 변형되면 지표는 판유리처럼 어느 한도까지 구부러졌다가 힘이 제거되면 본래대로 돌아가지만 탄성한도 이상이 되면 지각이 깨지면서 단층이 발생하고 이에 따라 지진이 발생하게 되는데 이를 단층지진 이라 한다.

일반적으로 대규모 지진은 단층지진이며 단층이 발견되지 않는 곳에서도 지진이 발생하는 경우가 있는데 이 경우는 깊은 곳에서 생긴 단층이 지표로 향하면서 소멸된 경우라 할 수가 있다.

2) 맨틀 내의 지진

맨틀 내에서 대류가 일어나게 되면, 대류가 일어나는 부분과 일어나지 않는 부분 사이에 대류의 속도가 서로 다르기 때문에 마찰이 생겨 국부적으로 응력이 축적되어 지진이 발생하거나, 맨틀 상부에서 일어나는 물질의 상태 변화에 따른 부피 변화와 맨틀 내에서의 마그마 상승 운동에 의해서 일어나는 지진이다.

3) 화산지진(Volcanic Earthquake)

지하에서 마그마가 이동하거나 화산이 폭발할 때, 새로운 화산이 생성될 때도 지진이 발생하게 되는데 이러한 화산활동으로 인해 발생하는 지진을 화산지진이라 한다.

해저 산맥에는 V자 모양의 열곡(裂谷/Rift valley)이 발달되어 있는데 이곳은 맨틀의 대류로 상승하는 마그마가 대양 지각에 첨가되기 때문에 많은 지진이 발생하게 되는데 이 또한 화산 지진이라고 볼 수 있다.

4) 함락지진(Depression Earthquake)

지각 내부 어디에선가 생긴 지하 공동(空洞)의 붕괴에 의하여 지진이 발생하는데 이를 함락지진 또는 함몰지진(Downfall Earthquake)이라고 한다.

이러한 지진은 지하에 연약지반이나 가용성 암석이 분포되어 있을 경우 발생하기가 쉽고 지하 동굴이나 광산의 붕괴로 발생하는 경우도 있다.

이와 같은 함락지진으로 인해 산사태가 발생할 수 도 있으며 러시아에서 1911년 발생한 파미르 산맥 우소이(Usoy) 산사태가 함락지진으로 인해 발생하였다.

5) 인공지진(Man Made Earthquake)

인공적으로 지하 핵실험을 한다든지, 발파에 의한 진동으로 지진이 발생할 수 가 있는데 이를 인공지진이라 부르며 지하 핵실험을 많이 실시하면 발생할 가능성이 높다.

지하에서 핵이 폭발할 때 엄청난 에너지가 방출되는데 짧은 순간에 압력은 대기압의 수천 배에 이르고 온도는 수백만 도 로 올라 폭발 충격에 의해 암석이 부서지면서 지진을 발생 시키게 된다.

6) 유발지진(Induced Earthquake)

깊은 우물에 대량의 물을 주입하거나 높은 댐을 만들어 저수하면 그 부분에 지진이 발생할 수 가 있는데 이를 유발지진이라 한다.

(2) 지진의 발생 심도에 따른 분류

1) 천발(淺發) 지진(Shallow Earthquake)

지하 0~70km에서 발생되는 지진으로 대부분의 지진이 이에 해당한다.

지진은 극히 드물게 100km 이상의 깊이에서 일어나기도 하지만 아직 720km보다 깊은 곳에서 발생하였다는 기록은 없다. 이와 같이 지진이 일어나는 깊이는 지표에서 매우 가까운 곳에서부터 100km에 이르는 범위에서 발생하며, 이 중 40~60km 부근의 깊이에서 일어나는 천발 지진이 가장 많다. 특히 지진이 많이 발생하는 일본열도는 10~20km의 천발 지진이 대부분이며 재해를 일으키는 큰 지진은 20km 내의 얕은 곳에 진원이 있다. 지진은 단위시간 에너지에 있어서도 심발 지진에 비하여 천발 지진이 훨씬 크다. 이것을 양적으로 비교하면, 천발 지진의 에너지는 전 지진 에너지의 85%, 중심도 지진의 에너지는 12%, 심발 지진의 에너지는 3%이다.

심발 지진은 태평양 주변과 서인도에서만 일어나는 것으로 알려져 있으며, 중발 지진은 거의 장소가 국한된 곳에서만 일어나며, 대부분의 지진은 거의 천발 지진이다.

2) 중심도 지진(Intermediate Focus Earthquake)

지하 70~300km에서 발생되는 지진으로, 아프가니스탄과 파미르의 접경 부근과 루마니아 등지에는 200km 내외의 중위(中位)의 깊이에서 지진이 일어난다.

3) 심발(深發) 지진(Deep Focus Earthquake)

지하 300~700km에서 발생되는 지진으로, 지진대 중에서도 주로 내륙지방에서 잘 나타나며, 지진관측망의 발달에 따라 이것보다도 훨씬 깊은 곳에서 일어나는 지진이 있음을 알게 되었다. 현재 밝혀진 것으로는 지표 밑으로 600~700km나 깊은 곳에서 일어나는 것도 있다.

심발 지진은 보통 300km 이상의 깊은 곳에서 일어나는 것을 가리키는데, 심발 지진이 일어나는 구역은 지구 위에서도 비교적 제한되어 있다. 환태평양 지진대 범위 내에 매우 깊은 지진이 일어나는 곳이 있는데 예를 들면, 남아메리카 서부의 안데스 산맥의 동쪽 부분과 자바 섬의 북부 등에서는 600km 정도의 깊은 지진이 일어난다.

〈그림〉 지진에 의한 피해

1.2 지진의 발생원인

지진의 직접적인 원인은 암석권에 있는 판(plate)의 움직임이다. 이러한 움직임이 직접 지진을 일으키기도 하고 다른 형태의 지진 에너지원을 제공하기도 한다. 판을 움직이는 힘은 다양한 형태로 나타나는데, 침강지역에서 판이 암석권 밑의 상부맨틀에 비해 차고 무겁기 때문에 이를 뚫고 들어가려는 힘, 상부 맨틀 밑에서 판이 상승하여 분리되거나 좌우로 넓어지려는 힘, 지구내부의 열대류에 의해 상부맨틀이 판의 밑 부분을 끌고 이동하는 힘 등이라고 생각할 수 있으나, 이것들이 어느 정도의 비율로 작용하는지는 정확히 알 수는 없다.

암석권은 지표에서 100km 정도 두께의 딱딱한 층이며 그 밑에는 암석권에 비해 덜 딱딱하고 온도도 높아 쉽게 변형될 수 있는 층이 존재하는데 이를 상부맨틀 이라 한다. 지진이 일어날 수 있는 깊이의 한계는 여기까지로 지표로부터 약 700km의 깊이이다. 지진 발생의 원인에 대한 학설은 여러 가지가 있으나 대표적 학설은 다음과 같다.

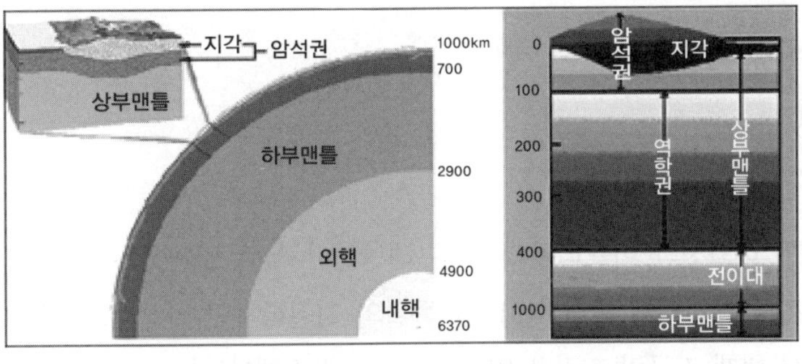

〈그림〉 지구의 내부 구조 출처 : 기상청

1.2.1 탄성 반발설

탄성 반발설(Elastic rebound theory)은 단층면 내에 갇혀 있던 에너지가 갑자기 방출되면서 지진이 발생한다고 보는 이론으로 1906년 샌프란시스코 대지진이 발생했을 때 미국 지진학자 해리 필딩 리드(Harry Fielding Reid)가 지각의 단층구조를 조사하여 지진의 원인을 규명한 이론이다. 해리 필딩 리드는 암석에는 어느 정도 탄성이 있고 그 때문에 시간이 지나면 단층을 따라 암석의 휘어지면서 이로 인해 에너지가 축적된다는 사실을 발견하였다.

즉 외부에 힘이 가해졌을 때 단층면이 쉽게 미끄러지지 않을 경우는 탄성에너지를 저장하기 위해 마치 나무막대가 휘어지는 것과 같이 단층면 양쪽에 있는 암석들이 휘어진다. 그 후 단층이 발생하면 휘어진 암석들이 원래의 상태로 되돌아오면서 저장되어 있던 탄성에너지가 순간적으로 발생하기 때문에 지진이 일어난다는 것이다.

지구 내부로 갈수록 온도와 압력이 증가하므로 단층운동에 의한 탄성반발설은 주로 지구 표면에 분포하는 암석에 한정된다. 따라서 진원이 지하 70km 이내인 천발지진은 대부분 탄성반발설이 적용된다.

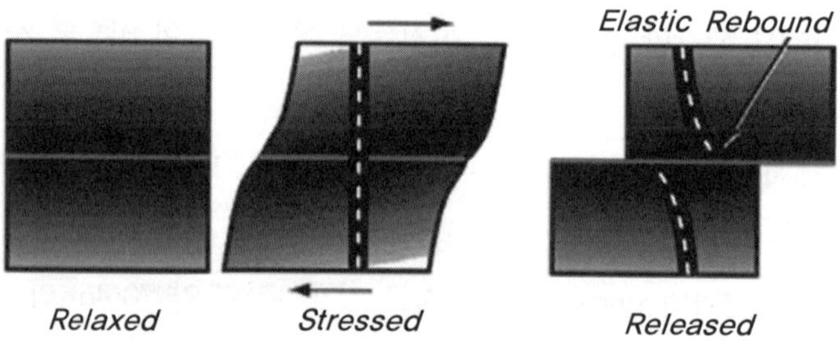

〈그림〉 탄성 반발설

1.2.2 판 구조론

남미의 동부 해안선과 아프리카의 서부 해안선이 서로 일치하는 현상은 과거부터 하나의 수수께끼로 제시되어 왔다. 1912년 독일의 지질학자인 알프레드 베게너는 이에 대한 설명으로서 현재 지구의 지각은 약 2억 년 전에 팡게아라는 하나의 초 대륙으로 부터 갈라져 나왔다는 가설을 제시하였다. 이러한 대륙이동설이 원동력이 되어 1960년대 후반에 등장한 판 구조 이론은 현재까지 가장 성공적인 지구물리학 이론 가운데 하나로 인정받고 있다.

판 구조론에 따르면 지구의 표층이라고도 하는 수십km 혹은 그 이상의 두께를 가진 암석권은 유라시아 판, 태평양 판, 북미 판 등 10여 개의 판으로 나뉘어져 있다. 이들은 각각 서로 부딪치거나 밀고 때로는 서로 포개지면서 각각 매년 수 cm 정도의 속도로 점성이 있는 맨틀 위를 제각기 이동하고 있다. 이러한 지각판들의 운동은 그들의 가장자리 사이의 마찰에 의하여 경계부위에서 저항을 받는데 이는 두 개의 벽돌을 맞대고 문지를 때 미끄러지지 않으려는 것과 같다. 그러나 지구적인 힘이 판의 마찰저항을 초과할 수 있는 단계에 도달하면 갑작스런 미끄러짐이 일어나게 되는데 이것이 바로 지진이다. 따라서 지진이 발생하기 쉬운 지역은 보통 판 경계(interplate) 부근이지만 판 내부(intraplate)에서도 종종 지진이 발생하고 있다. 판과 판의 경계에서는 마그마가 분출하기도 쉽기 때문에 지진발생 빈번지역과 화산이 주로 발생하는 지역은 서로 유사하게 마련이다. 따라서 이 이론은 대규모 수평면운동이 지진, 화산 및 조산현상의 원인임을 설명하였다.

일본의 지진은 대부분 태평양쪽에서 발생하고 있는데, 이것은 판 경계 지진으로 태평양 판과 필리핀 판이 유라시아 판 밑으로 충돌·침강하고 있기 때문이다.

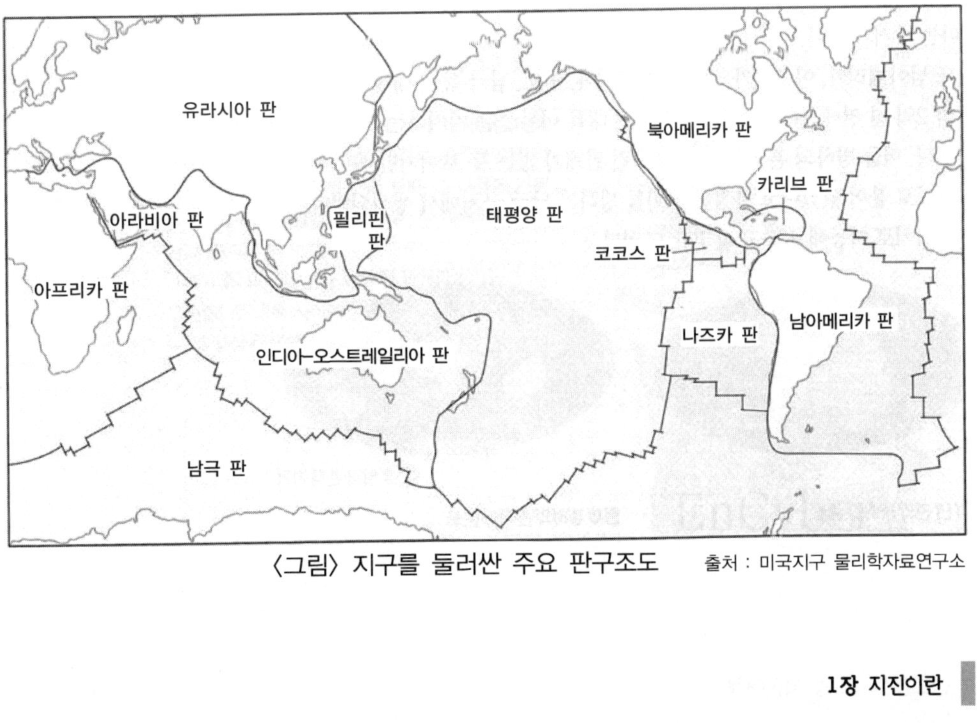

〈그림〉 지구를 둘러싼 주요 판구조도 출처 : 미국지구 물리학자료연구소

1.2.3 해저 확장설

태평양 등의 대양저가 대륙 쪽으로 이동함으로써 해저가 확장되고 있다는 가설로 지구 내부의 열의 분포가 불균일하여 지각 하부 맨틀 내에 대류가 발생하고 대류가 용승(湧昇)하는 곳에 해저산맥이 생기며 산맥의 꼭대기에는 장력(張力)에 의해 열곡(裂谷)이 생긴다. 그리고 맨틀 대류가 하강하는 곳에 대양지각이 맨틀 속으로 들어가므로 해구(海溝)나 호상열도(弧狀列島)를 형성한다. 이와 같이 대양지각은 해저산맥에서 탄생하여 해구로 소멸한다고 하는 가설을 전제로 하며, 판 구조론은 이와 같은 가설을 기초로 한다.

1.3 지진의 예보

지진 재해는 태풍이나 허리케인 재해전략과는 다른 양상을 갖고 있다. 태풍, 허리케인은 예보를 통해 어느 정도 피해 예측이 가능하고 지진에 비해서 대피시간이 비교적 충분하다는 특징을 가지고 있으나 지진의 예보는 지진 연구 선진국이라고 하는 일본, 미국 등에서도 아주 초보적인 수준이며, 지진해일의 경우에는 해안가에 설치한 지진해일(쓰나미)감지기를 통해 재해예보를 알리고 있는 수준이다.

지진이 발생할 지점과 시기 및 규모를 정확히 예측하기는 매우 어렵다. 뿐만 아니라 판의 운동과는 관련이 없지만 더 파괴적인 소규모의 지진들이 판의 경계와 그 주변에서 발생하는데 이러한 지진은 시간적으로 매우 불규칙하게 발생하므로 통계에 의해서만 발생을 추정할 수 있지만 이러한 통계적 추정은 실제 지진예보에 도움이 되지 않는다. 따라서 최근의 지진예보는 지진발생 전에 나타나는 여러 가지 전조현상(前兆現狀)에 집중되고 있다. 현재까지 지진의 전조현상은 지진이 발생하기 수일 · 수개월 또는 수년 전부터 시작됨이 확인되었다. 이러한 현상들은 지진이 발생하는 지점의 지각에서 몇 가지 성질변화로 나타난다. 예를 들면 지면의 갑작스런 융기, 암석의 전기 전도율 변화, 깊은 샘물에서의 방사선 동위원소 양의 변화, 미소 지진활동의 변화, 그 지역을 지나는 지진파의 속도변화 등을 들 수 있다.

이 중 가장 확실한 것은 진앙지역을 통과하는 P파와 S파의 속도비의 변화이다. P파의 속도는 항상 S파의 속도보다 크며, 약 1.75배가 된다. 그러나 지진이 발생하려는 지역을 통과하는 P파는 그 속도가 S파의 약 1.5배까지 감소한다는 것이 밝혀졌다. 이러한 현상은 얼마간 지속하다가 다시 정상으로 회복되는데, 그 직후에 지진이 발생한다. 이러한 현상은 이미 러시아와 미국에서 수차례 관찰되었으며, 실제로 미국에서는 이를 기초로 지진을 성공적으로 예보하기도 했다.

지진발생의 전조 현상들은 현재 암석 부피가 변형력에 의해 비선형적으로 팽창하는 성질, 즉 디일레이턴시(dilatancy)에 그 원인이 있는 것으로 보인다. 암석은 대규모 단층으로 쪼개지기 전에 변형력의 증가에 의해 미세하게 쪼개지기 시작하며 부피가 증가한다. 디일레이턴시 이론에 의하면, 지진이 발생하는 지역에서는 장기간에 변형력이 서서히 작용하므로 결국 한 지점의 암석이 미세하게 쪼개지기 시작하여 디일레이턴시 현상을 나타낸다.

암석 내부의 갈라진 틈이나 작은 구멍들은 물이나 액체로 차 있어 공극압력(孔隙壓力)이 존재한다. 암석 내부에 갈라진 틈이 차지하는 부피가 증가하면 공극압력은 감소하고 암석의 강도는 증가한다. 동시에 암석의 갈라진 틈에 매우 민감한 암석의 전기 전도도나 지진파의 전달속도 등에 변화가 생기는 등 여러 전조현상이 나타난다. 시간이 경과하면 물이 인접지역으로부터 갈라진 틈으로 흘러들어와 공극 압력을 정상화 시키므로 이러한 현상들이 사라지고 다시 암석을 약화시켜 지진을 발생 시킨다.

이러한 연구에서의 중요한 점은 다가오는 지진의 규모가 클수록 갈라진 틈이 차지하는 부피가 크고, 따라서 주위로부터 물이 유입되는데 더 많은 시간을 필요로 한다는 것이다. 즉, 지진의 규모가 클수록 전조현상은 오랫동안 나타난다는 것이다. 이것은 지진의 발생장소와 시간은 물론, 규모까지도 예보할 수 있음을 의미한다.

현재 이러한 전조현상은 대략 수십여 차례의 지진들에 대해 발견되었으나, 모든 지진에 대해서 나타나는지는 아직 분명하지 않다.

1.3.1 지진예보는 가능한가

지진의 발생을 미리 알 수 있다면 방재상의 효과는 매우 크다. 다만 시각, 장소, 크기를 상당히 정확하게 예상하지 못하고 어딘가에서 지진이 일어난다는 막연한 지진예보는 거의 도움이 되지 않는다. 수십 년 혹은 수백 년이라는 간격으로 대지진이 반복해서 일어나고 있는 장소에서는 전회의 대지진으로부터 반복되는 평균 간격에 가까운 년 수가 경과한 때가 되면, 다음의 지진은 그렇게 멀지 않다고 생각하여 경계할 수는 있지만, 그 이상 상세하게 발생 시기를 예측하기는 어렵다.

지진의 전조로는 지진활동, 지각변동, 지자기현상, 지하수, 동물들의 이상행동 등을 들 수가 있어 각각 관련된 몇 개의 관측 항목들이 있다. 대지진 전에 이들 항목의 어떤 것에 이상이 나타났다고 하는 예가 상당수가 알려져 있어, 그것과 유사한 이상이 인정될 때에는 지진의 전조(前兆)가 아닌가 하고 생각해 본다.

그러나 어떤 항목에 이상이 나타났다 하더라도 그 후에 지진이 일어난다고는 단정할 수 없고, 이상(異常)이라고 인정되지 않아도 대지진이 일어나는 경우도 많으므로 단일 항목에 매달리는 것만으로는 예보에 성공할 가능성이 매우 적다.

지진 전조현상의 발생 메카니즘, 각 지역의 지각구조, 물성(物性) 등의 연구를 계속하여 전조의 효과적인 관측방법, 전조와 전조가 아닌 이상(異常)의 식별법을 개발할 필요가 있다. 지진예보를 방재에 도움이 되게 하기 위해서는 지진예보를 위한 체계를 정리해 두어야 한다. 즉, 각 지역에 관한 각종 관측 데이터를 집중 기록하고 상시 관측하는 것이 중요하다.

지진예보의 적중사례는 1975년 2월 4일 중국 하이쳉(海城)에서 발생한 규모 7.2의 지진이 대표적인 것이다. 이 예보는 장기, 중기, 단기, 즉시 등 4단계로 나누어 지빌하게 전개되었으며, 중국정부는 10만 명 정도의 인명을 구한 것을 자랑하였으나 그 다음해인 1976년 7월 28일 규모 7.6의 당산 대지진은 예보를 하지 못하여 24만 명의 사망자를 냈다.

1.3.2 지진예보로 간주되는 물리적 현상들

(1) 지진파 P파의 속도

지진이 발생하기 전에 전조로서 나타나는 P파 속도의 변화는 지진학자들에게 있어 매우 중요한 관심의 대상이 되고 있다. 이 현상이 일어나는 원리는 간단하다.

지진이 발생하기 전에는 암석의 성분이 변하기 때문에 지진파의 속도도 변화하는 것이다. 예를 들어 약 20km 지역에서 P파 속도가 10% 정도 변화한다면 이 지역을 가로

지르는 P파의 도달시간은 0.4초가량 변화한다. 이 정도의 변화는 현대의 시계 및 지진계로 쉽게 파악할 수 있다. 이러한 지진정보는 1962년 소련의 타지키스탄 지진의 전조로서 발표된 바 있다.

(2) 지평면 수준의 변화

지진의 전조로서 나타나는 두 번째 현상은 지표가 기울어지거나 융기하는 등 지평면 수준의 변화가 나타나는 것이다. 이는 일본에서 1964년 니이카타 지진 때 중요한 전조로서 나타난 바 있다. 그러나 1960년대 캘리포니아의 경우처럼 적어도 150km에 걸쳐 최대 35cm 정도의 융기가 관찰되었는데도 지진이 일어나지 않은 경우도 있다.

(3) 라돈(Radon) 가스 방출

지진현상의 세 번째 전조는 활성단층 일대를 따라 대기 중으로 불활성 가스인 라돈이 방출되는 것이다. 이 현상은 구소련에서 여러 차례 보고된 바 있다.

(4) 암석의 전기저항 값

지진현상의 네 번째 전조는 암석의 비저항값 변화이다. 실험실에서 물로 포화된 화강암 등의 암석을 고 압력 하에서 볼 경우 파쇄부위에서 저항 값이 상당히 크게 변화하는 것을 알 수 있다. 구소련, 중국, 일본, 미국 등의 현장실험에서도 이 현상을 계속 연구하고 있다. 앞으로 더 연구가 필요하나 현재까지의 실험결과는 고무적인 것으로 보인다.

(5) 지진활동 비율의 변화

지진현상의 다섯 번째 전조는 지진활동 비율의 변화이다. 큰 지진과 낮은 지진의 비율에 변화가 일며 보통 작은 지진의 횟수가 늘어난다. 이러한 변화는 1975년에 오로빌 지진과 중국 만주지진에서 관찰되었으며 1976년 9월초 이탈리아에서도 이 현상을 통하여 지진예보에 성공한 바 있다.

1.3.3 지진의 전조

지진의 전조현상은 지진이 발생하기 전에 나타나는 자연현상이나 동·식물에 의해서 나타나며, 대부분의 전조현상은 동물에 의해서 나타난다. 전조현상은 과학적으로 설명할 수는 없으나, 동식물이 가지는 예지(豫知)를 이용하여 지진을 예측하기 위한 연구는 여러 나라에서 진행 중에 있다.

지진발생 전에 동물들이 평소와는 다른 행동을 하는데 독일의 과학자 헬무트 트리부취(Helmut Tributsch)는 유럽, 중국, 일본, 미국, 그리고 세계의 다른 지역에서 178마리 동물의 특이한 행동의 에피소드를 모아서 책으로 엮고 이들 행동이 지진을 예측하는 하나의 방법이 될 수 있다고 생각하였다. 이들 동물과 인간의 변화는 짧게는 몇 초에서부터 길게는 한 달 반에 이르기까지 다양하다. 다음은 다양한 전조현상들이다.

- 동물이 불안해하며 우리를 뛰쳐나가려 하거나 반대로 움직이기를 거부한다.
- 새의 무리가 갑자기 원을 그리며 날거나 빠른 속도로 날아간다.
- 주의의 모든 개가 밤낮으로 짖는다.
- 수탉이 나무 꼭대기로 올라가거나 닭장의 횃대에만 앉아있다.
- 호랑이 같은 사나운 동물이 유순하게 행동한다.
- 모기와 파리가 보통 몰려들던 곳에서 갑자기 사라진다.
- 뱀이 동면에서 나와 눈 위에서 얼어 죽는다.
- 겨울잠을 자던 곰이 그들의 보금자리로부터 나온다.
- 고양이가 집으로부터 뛰쳐나온다.
- 깊은 바다의 물고기가 해변에서 죽는다.
- 수면에 사는 물고기가 엄청난 높이로 뛰어오르고, 그 중 어떤 것은 해변으로 올라와 죽는다.
- 쥐들이 공포에 질려 뛰는 것을 멈춘다. 그래서 아이들에게도 쉽게 잡힌다.
- 샘과 호수의 물이 갑자기 흙탕물이 된다.
- 물의 수위가 갑자기 바뀐다.
- 큰 소리가 땅으로부터 들린다.
- 꽃이 제 계절에 앞서 일찍 핀다.
- 사람들이 이상하게 힘이 없어짐을 느낀다.

이와 같은 현상들은 아직까지는 과학적으로 설명되고 있지 못하지만 과학적 설명이 가능하다면 앞으로의 지진으로 인한 인명피해를 줄이는 데에 큰 힘이 될 것이다.

1.3.4 지진예보 적중 사례 (중국 하이쳉(해성: 海城)지진)

(1) 개요

중국은 1975년 2월 4일 19시 36분, 하이쳉(海城)에서 발생한 규모 7.3의 강진을 성공적으로 예보하여 단 한 명의 인명피해도 입지 않았다. 지진발생 즈음에 약 100,000명 정도의 사람들로 연락망을 구성하여 주위에서 일어나는 현상에 대한 보고를 수시로 받았으며 이로부터 해성(하이쳉 : 海城)지진의 발생에 대한 중대한 증거를 포착할 수 있었다고 한다.

중국 당국에서는 지진발생 전날 경보를 하였고 지진은 주민들이 모두 대피한 다음날 발생하였다. 이로 인해 규모 7.3의 큰 지진이 발생하였음에도 불구하고 단 한 명의 인명피해도 입지 않는 기적 같은 결과를 이루어 내었다. 하지만 이듬해 7월 28일에 발생한 당산지진은 전혀 예측할 수가 없었고 24만 명의 사상자를 내는 피해를 입게 되었다. 해성 지진으로 지진예측기술에 대한 자신감으로 가득차 있던 중국은 큰 타격을 입게 된 셈이다. 하지만 이러한 전조현상들에 대한 보다 적극적인 연구는 앞으로의 지진발생의 예측에 도움을 줄 수 있을 것이다.

당시 서울에서는 진도 3으로 19시 38분경 고층건물이 흔들리고 정전과 방송 중단 그리고 대피소동이 있었으나, 기상청에는 장비가 부족하여 지진 분석을 못하고 애를 태웠던 지진이다. 서울과는 불과 550km떨어진 곳으로, 북서쪽으로 황해도를 지나 요동반도 위에 위치한 하이쳉은 여러 개의 활성단층이 지나는 곳으로, 지진 발생은 거의 수직 단층운동(dip slip) 형태로 일어났고, 지진의 깊이는 불과 12km였다.

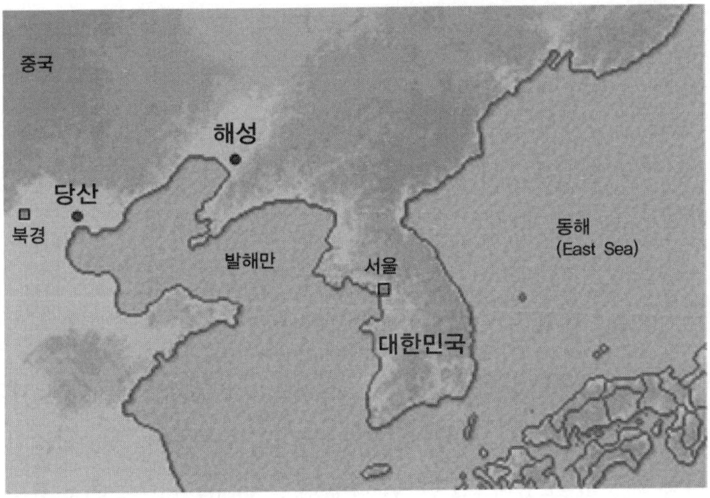

〈그림〉 해성(하이쳉 : 海城)과 당산(탕산 : 唐山)의 위치

(2) 예보 과정

이 경우 예보 과정은 크게 4단계(장기, 중기, 단기, 직전)로 나누어 전개되었다.

1) 장기예보('1966년 ~ '1973년)

이 기간 동안 지진활동 추세, 역사 지진, 구조관계, 활성단층 분포, 지각구조 특징 등을 연구하였으며 화북지방 (베이징시와 하북[河北]성·산서[山西]성·산동[山東]성·하남[河南]성 등4성의 총칭)의 군발지진(群發地震)이 발해쪽(북동)으로 이동하는 것을 발견하고 '1970년 북경에서 열린 전국지진회의에서 요녕성을 중요시하기로 하고 지진예보 업무를 시작하였다.

2) 중기예보('1973년 ~ '1974년 11월)

이 기간 중에는 지진활동이 3~4배 증가하였고 지자기(地磁氣) 이상, 지경사, 지각변형(85mm)이 일어났으며, '71년부터 관측한 금현 단열대(단층)의 수위가 4~5m정도의 변화를 보였다. '74년 5월~9월 사이에 지자기가 대련의 경우 13.5MT차이가 있었고 '1973년과는 21.5MT의 차이를 보였다. '74년 6월 북경, 화북에서 지진활동 토론회가 있었고 여기서 뭔가 "이상함"을 제안하였다. 이에 따라 발해 북쪽에 진도 5~6도의 지진을 예보하였다. 이 결정을 국무원에 보고하였고 국무원에서 "69호 문건"을 하달하였다. 2천 여

곳에 지진 조사원을 동원하여 전조현상을 관찰하였다. 즉, 지하수위, 소용돌이, 맛, 색깔 변화와 동물관측, 지전기관측 등을 수행하고 지진홍보 영화를 600여 차례 상영하고 선전 자료를 15만권 발부하여 자국민들에게 배포하였다. 동북삼성(東北三省 : 길림성, 요녕성, 흑룡강성)에서 회의를 갖고 대련(大連 : DaLian : 요동반도의 남쪽 끝에 위치한 중국 제2의 무역항구)에서 북북동 방향에 지진을 예보 하였다.

3) 단기예보('1974년 12월 ~ '1975년 1월)

전조현상은 압록강 하부의 단동(丹東)에서 최고로 나타났다. 겨울에는 대개 물이 말라 수위가 내려가는 것이 보통이나 지하수위가 올라가고 소용돌이, 맛, 색깔이 변하고 기름이 뜨는 등 이상 현상을 보였다. 또한 심양(瀋陽 : Shenyang : 중국 요녕성(遼寧省)의 성도(省都))부근의 저수지에서 '1974년 12월 22일 규모 4.8의 지진과 군발지진(群發地震)이 발생하였다. 지진학자들 사이에도 상관관계 문제로 논쟁이 있었으며, 토론을 가진 후 대지진을 예보하였다. '1975년 1월에는 전국지진 토론회에서 전조, 지진활동 등을 토의하고, 1월 28일에는 주변 도시의 대표 등을 초청하여 회의를 갖고 거기서 지진활동을 예측하고 재해감소 등을 논의했다. 한편, '1975년 6월전에 규모 6.0정도의 지진이 발생할 것을 1~2개월 전에 예보하였다.

(그림) 중국의 행정구역

출처 : 네이버

4) 직전예보('1975년 2월 1일 ~ 2월 4일)

지하수위가 현저히 증가하는 등(당일에만 447건) 눈에 띄는 현상이 나타났고 동물행동에 이상을 보이는 등 전조가 뚜렷했다. 영구(營口, Ying-k'ou : 중국 요녕성[遼寧省]에 있는 항구도시)일대에서는 2월 1일부터 미소지진이 발생하기 시작했다.

2월 1일 1회, 2일 7회, 3일 300회, 4일 오전 최대 규모 4.7의 지진이 발생한 후 그날 오후에는 돌연히 지진이 정지했다. 안산(鞍山 : Anshan : 중국 요녕성[遼寧省]의 강철공업도시)에서는 온천이 흐르다 멈추었고 지하수가 하강했다. 단동에서는 얼음 밑의 지하수가 몇 자 정도 뚫고 올라왔다. 동물 중 거위는 평소에 날지 않으나 이 날은 날아 다녔고 겨울에 나비가 나왔다.

4일 한밤중 상부에 이를 보고하고 오전 10시에는 전 지역에 지진예보를 발표하였다. 지방정부에서는 주민들에게 집에서 밖으로 나올 것을 홍보하였으나, 영하 20도의 추운 날씨에 노인들과 아이들은 나오기를 거부하여 여러 곳에서 영화를 상영하고 관심을 끌게 하는 등 최대한 사람들이 집 밖으로 나오게 유도하였다.

중국의 명절인 춘절(春節)의 모든 행사를 취소하고 군인들도 연회를 취소하는 등 지진예방 활동을 하였다. 드디어 이날(2월 4일) 오후 19시 36분, 규모 7.3의 대지진이 일어났다. 이 예보사업은 감동적인 사례로 역사적으로 기록되었다.

(3) 하이쳉(海城) 지진예보의 의의

예방활동으로 인명피해를 최소화 했다. 주택 구조를 고려할 때 10만 여명을 구제하였으며, 이에 국민은 정부에 감사하게 되었고, 복구사업에 적극적인 협조를 하였다.

지진은 예보할 수 있다는 신념을 가지게 되었다. 또한 지진예보는 종합사업이라는 것을 이해하게 되었고 저수지 둑을 개축하고 모든 건물개조를 시행하였다.

1.4 세계의 지진활동

〈출처; http://www.zizin.net〉

최근 발생한 지진을 발생지역에 따라 살펴보면 다음과 같다.

1.4.1 아시아 지역의 지진활동

(1) 일본지역

태평양 판과 유라시아 판, 필리핀 판, 북아메리카 판이 만나는 곳을 따라서 길게 뻗어 있는 일본열도의 환태평양 지진대에서도 지진이 자주 발생하는데, 그 빈도는 전 세계 지진의 약 15%에 이르고 있다. 규모 7 이상의 대지진은 14만 명의 사망자를 낸 간토[關東] 대지진(1923.9.1)과 후쿠이[福井]지진(1948.6.28), 일본북부지진(1993.7.12), 한신 대지진(1995.1.17) 등이 있다. 특히 최근 발생한 한신 대지진은 규모 7~8의 지진으로, 진앙이 대도시 근처였고, 진원지가 비교적 지표에서 가까운 데다 지반이 수직으로 흔들리는 직하형(直下形) 지진이었기 때문에 피해지역이 상당한 수준의 방진(防震)시설을 갖추었음에도 불구하고 6,436여 명의 사망자가 발생하였다. 일본에서는 이 밖에도 소규모 지진이 1년에 수차례씩 발생하고 있다.

(2) 동남 아시아지역

유라시아 판과 인도 · 오스트레일리아 판, 필리핀 판, 태평양 판의 경계부에 있으면서 환태평양지진대에 속한 필리핀, 인도네시아, 미얀마 지역에서는 주로 호상열도형 지진이 발생한다. 20세기에 이 지역에서 발생한 규모 7 이상의 지진은 10여 회에 이르며, 필리핀의 민다나오 섬(1976.8.17) 에서는 규모 8의 지진과 함께 거대한 해일이 일어나 큰 피해를 입었다. 그 밖에 필리핀의 루손 섬(1990.7.16), 인도네시아의 플로레스 섬(1992.12. 12), 수마트라 섬(1994.2.16) 등에서 규모 7의 지진이 일어났다.

그리고 2004년 12월25일에는 태국 푸켓 부근 해상 지진으로 인한 지진해일(쓰나미)로 태국, 인도, 스리랑카 등에서 10 만 명 정도가 사망하였다.

(3) 인도 · 중국지역

유라시아 판과 인도 · 오스트레일리아 판이 충돌하는 히말라야산맥을 둘러싸고 지진이 자주 발생한다. 이 지역은 판의 경계선이 육지의 깊은 곳을 지나고 있어 지진 발생지역이 인도, 아프가니스탄, 중국 서부는 물론 타지키스탄, 키르기스스탄, 몽골, 중국 동부 등 대륙의 상당히 깊숙한 곳까지 이르고 있다. 1556년 1월 23일 발생한 중국 산시 성의 이량(중국 산시 성에 속해있는 도시)지진은 지진 후의 전염병과 기근의 피해까지 포함하여 80만 명의 사망자를 내 지금까지 희생자 수에서 최대 지진으로 알려지고 있다. 또한, 중국 간쑤 성[甘肅省]지진(1920.12.16, 규모 8.6)과, 길이 8km의 단층을 만들며 발생한 탕산[唐山]지진(1976.7.28, 규모 7.8), 이 밖에도 1991년 2월 1일 파키스탄과 아프가니스탄의 국경지대에서 규모 7의 지진이 발생했으며, 1993년 9월 30일 인도의 마하라슈트라에서 규모 6.4의 지진이 일어났다.

최근에는 2005년 10월 8일 파키스탄 이슬라마바드에서 규모 7.6의 지진이 발생하여 확인된 사망자 수만 38,000명이 넘은 피해가 발생하였다.

1.4.2 아메리카 지역의 지진활동

(1) 북아메리카 지역

환태평양지진대에 속하는 지역 중 하나이며, 태평양 판과 북아메리카 판의 경계부인 미국 서해안으로부터 알류산 열도를 따라서 지진이 자주 발생한다. 20세기에 이르러 규모 8의 지진이 5~6 차례나 일어났으며, 최근에는 샌앤드레이어스 단층이 가로지르는 캘

리포니아 주에서 규모 7의 강력한 지진(1989.10.17, 1994.1.17)이 발생하였다.

(2) 중앙아메리카지역

환태평양지진대의 일부를 이루는, 북아메리카 판과 태평양 판 외에 카리브 판과 코코스 판이라는 소규모 판으로 이루어진 이 지역에서는 북아메리카 판과 카리브 판을 가로지르는 변환단층의 활동으로 최근 들어 격렬한 지진이 자주 발생한다. 과테말라(1976.2.4), 멕시코(1985.9.19), 엘살바도르(1986.10.10), 코스타리카·파나마(1991.4.22) 등에서 규모 7 이상의 강한 지진이 발생하여 각각 수만 명의 사망자가 발생하였다. 이 지역에서는 비교적 대륙 깊숙한 곳에서도 지진이 자주 발생하였다.

(3) 남아메리카 지역

남아메리카 판·나스카 판·코코스 판 등의 경계를 따라서 지진이 자주 발생한다. 1960년 5월 22일에 발생한 칠레 대지진은 규모 9.5를 기록했으며, 1,000km 떨어진 지점에서도 지진을 느꼈을 만큼 큰 지진이었다. 칠레에서는 이 지진과 해일로 909명의 사망자를 냈는데, 피해는 태평양 전역에 파급되어 해안 가까이에서는 높이 10m 이상의 지진 해일이 발생하여, 하와이의 힐로시(Hilo-City)에서는 61명의 사망자가 발생하였으며, 태평양을 사이에 둔 일본에서는 약 하루가 지나서 높이 수 m가 되는 해일이 내습하여 사망자 119명, 행방불명 20명 등이 발생하였다. 최근에는 페루(1970.5.31)와 에콰도르(1987.3.5), 콜롬비아(94.6.6)에서 규모 6 이상의 강한 지진이 일어나 각각 1,000명 이상의 사망자가 발생하였다.

1.4.3 중동, 지중해 지역의 지진활동

(1) 중동지역

아라비아 판과 유라시아 판이 만나는 이 지역에는 거대한 단층이 지나고 있어 이를 따라 대규모 지진이 자주 발생한다. 이 지역은 20세기에 들어서도 규모 7 이상의 지진이 13차례나 일어나는 등 지진의 빈도가 증가하는 추세를 보이고 있다. 터키의 에르치칸지진(1939.12.26), 이란의 타바스지진(1978.9.16), 아르메니아지진(1988.12.7), 이란지진(1990.6.21), 그루지아지진(1991.4.28), 터키북부지진(1992.3.13) 등이 최근 발생한 규모 7 이상의 지진이다.

1991년 8월 17일 터키 서북부 이즈미트와 이스탄불 지역을 중심으로 발생한 지진은 규모 7.8로 진앙지는 이스탄불 70km 지점으로 인구 1,200만 명인 이스탄불을 비롯하여 이즈미트, 볼루 등 여러 도시에 피해를 입혔다. 이 지진은 남하하는 유라시아 판과 북상하는 아프리카 판, 아라비아 판이 부딪히면서 발생한 것으로 추정되며 18,000여 명이 사망하고 5만 여명이 부상을 입었으며 막대한 경제적 피해를 불러왔다.

(2) 지중해지역

유라시아 판과 아프리카 판의 경계부인 그리스와 이탈리아 해안지대, 모로코와 알제리 등지에서 지진이 자주 발생한다. 근래에는 이 지역에서 큰 지진이 발생하지 않았으나, 과거 지진의 기록을 살펴보면 1755년 11월 1일 포루투칼 리스본에서 규모 9에 육박하는 지진이 발생하여 6만 여 명의 사망자를 낸 것을 비롯하여, 이탈리아의 메시나 지진(1908.12.28), 아베차노 지진(1915.1.13) 등이 발생하였다. 최근에는 알제리의 엘·아스남지진(1980.11.23) 이 규모 7을 기록했을 뿐, 이집트의 카이로지진(1992.12.10)과 알제리의 마스카라지진(1994. 8.18) 등 규모 6 이하의 비교적 작은 지진만 발생하고 있다. 이 밖에도 아프리카 동부지역을 가르는 거대한 단층지역을 따라 지진이 발생하고 있으며, 대서양의 해양저 산맥을 따라서 해저지진이 자주 발생하고 있다.

〈표〉 세계 주요 지진일지

발생 일시	피해상황
2004년 12월 25일	태국 푸켓 부근 해상 지진으로 인한 해일로 태국, 인도, 스리랑카 등에서 10 만 명 사망
2003년 12월 26일	이란지진발생. 규모 6.6. 4반 여명 사밍
1999년 9월 7일	그리스 아테네에서 규모 5.9 지진 발생. 61명 사망, 2천여 명 부상
1999년 8월 17일	터키 이스탄불 및 이즈미트시에서 규모 6.7 지진 발생. 1만여 명 사망.
1999년 1월 26일	콜롬비아 아르메니아에서 규모 6.0 지진 발생. 1천명 사망.
1998년 7월 17일	파푸아뉴기니 부근 해상 지진으로 인한 해일로 2천명 사망.
1998년 5월 31일	아프가니스탄 북부 강진 발생. 4천명 사망.
1997년 5월 10일	이란 북서부 지역에서 규모 5.5 지진 발생. 1천명 사망.
1995년 5월 28일	사할린서 규모 7.5 지진 발생. 천9백 89명 사망.
1995년 1월 17일	일본 한신(고베) 대지진 발생. 6,346명 사망.
1994년 1월 17일	미국 로스앤젤레스에서 규모 6.6 지진 발생. 교민 4명 등 30여명 사망.
1990년 6월 21일	이란 북부 길란주 강진 발생. 4만 명 이상 사망
1998년 12월 7일	아르메니아 북서부 규모 6.9 지진 발생. 2만 5천명 사망.
1985년 9월 19일	멕시코시티 강진으로 건물 대파. 1만 명 사망
1976년 7월 28일	중국 탕산 대지진 발생. 24만 명 사망
1960년 5월 22일	사상 최대 지진인 규모 9.6 강진 칠레에서 발생. 909명 사망
1948년 6월 28일	일본 서부 후쿠이 지진 발생. 3천 7백 70명 사망.
1923년 9월 1일	일본 간토 대지진 발생. 14만 2천 8백 명 사망.
1906년 4월 18일	샌프란시스코 대지진 발생. 백~3천명 사망
1556년 1월 23일	중국산서성 이량지진 발생. 전염병과 기근 등으로 80만여 명 사망

1.5 지진의 피해

지진의 피해는 단층이동, 액상 화에 의한 피해, 구조물붕괴, 인명피해와 같은 직접적인 피해와 화재, 전염병 같은 간접적인 피해가 있고 해저에서 지진이 발생하였을 경우 지진해일(쓰나미)이 발생하여 해안지역에 피해를 일으키게 된다.

(1) 단층 이동

지진이 일어나는 동안 단층의 양쪽 암반은 약간 움직이거나, 몇 미터를 움직이기도 한다. 어떤 때에는 지하 깊은 곳의 암석만 움직이고, 지표면의 암석은 움직이지 않기도 하지만 규모가 매우 큰 지진일 때는, 갑자기 땅이 수 m 정도 올라가기도 한다. 단층운동으로 땅이 움직일 때에는, 산비탈의 흙과 암석이 무너져 내리면서 산사태를 일으키기도 하고, 단층이 움직여 강이나 호수의 둑이 무너져 홍수가 나기도 한다.

(2) 액상화(liquefaction)에 의한 피해

땅이 지진으로 액체가 되는 현상을 액화현상, 또는 액상화라 한다.

액상화 현상은 강의 하류나 항만(港灣)을 이루고 있는 해안지역에서 발생하기 쉬운 지진에 의한 자연현상이다.

우리가 말하는 흙을 구성하고 있는 것은 흙입자, 흙 입자 사이의 공극, 그리고 공극을 채우고 있는 공극수이다. 흙 입자와 흙 입자는 상부 토압에 의해서 서로 떨어지지 않고 붙어 있을 수 있다. 하지만 지진이 발생하여 땅이 흔들리게 되면 공극수의 압력이 증가하게 된다.

〈그림〉 붕괴된 일본 한신(阪神) 고속도로

압력이 증가하여 상부토압(上部土壓)과 같아지게 되면 흙 입자는 서로 붙어 있으려는 성질을 잃게 된다.

이러한 상태를 액화상태라고 말하며 특히 사질토(沙質土)에서 자주 발생한다. 만약 집이 위치한 곳이 지진에 의해서 액상화 된다면 부분적인 침하가 발생할 가능성이 있으며 이로 인하여 피해가 발생할 수도 있을 것이다.

1995년 일본의 한신 대지진 (고베 지진)으로 인하여 포트아일랜드(Port island) 등 인공 섬에서는 액상화 현상이 일어났다. "본래 인공 매립지는 바다 밑 무른 점토층 때문에 지반 침하가 계속된다. 10년 이상 일 년에 3~4cm씩 가라앉는 것이 일반적이기 때문에 보통 매립지에 건축물을 지을 때는 이를 미리 계산한다. 그러나 지진이 일어나면 이런 지반 침하가 훨씬 역동적으로 일어난다. 포트아일랜드에서 통상의 지반 침하를 염두에 두고 지었던 건축물 · 도로들도 예상외의 지반 침하에 한계를 드러냈다.

우리나라 서울의 한강변을 따라 세워진 많은 도로와 건물들을 다른 지역의 건물보다 튼튼하게 지어야 하는 이유는 이러한 액상화에 의한 피해를 줄이기 위해서 이기도 하다.

〈그림〉 액상화 현상으로 무너진 건물(1964년 니가타 지진)

출처 : 방재연구소 www.nidp.go.kr

(3) 지진해일(津波)

바다 밑에서 지진이 일어나면 주위의 바닷물에 큰 압력이 미쳐 해일이 일어나는데, 이를 지진해일(쓰나미)이라고 한다. 지진해일은 먼 바다에서는 그 영향을 감지하기 어려우나 바닷가 근처의 얕은 곳에 이르면, 파도의 높이가 30m 이상 올라가기도 한다. 먼 바다에서 지진해일은 보통 800~970km/h의 속도로 움직인다. 지진해일은 크기가 거의 줄어들지 않은 채로 먼 거리를 이동할 수 있으므로, 처음 발생한 곳에서 수천 킬로미터 떨어진 바닷가 지역이 물에 잠길 수도 있다. 지진해일은 바다가 깊을수록 크게 발생하는데 예를 들면 바다의 깊이가 200m일 때는 2m 이하의 지진해일이 일어나고 바다의 깊이가 1,000m일 때는 3.5m 이하의 지진해일이 발생하게 된다.

〈표〉 지진해일(쓰나미)의 규모

규모(m)	설 명
-1	파고50cm 이하, 피해 없음
0	파고 1m전 후, 약간 피해있음
1	파고 2m전 후, 해안의 가옥과 선박에 손상을 줌
2	파고 4~6m, 가옥의 피해와 인명의 손실
3	파고 10~20m, 400Km 이상의 해안선을 따라 현저한 피해 발생
4	최대 파고 30m 이상, 500Km 이상의 해안선을 따라 현저한 피해 발생

(4) 구조물 붕괴

지진이 일어나면 건물이 너무 약하거나 너무 단단해도 심한 진동을 견디지 못하고 무너진다. 그뿐만 아니라, 높은 건물은 심하게 흔들려 서로 부딪치기도 한다.

〈그림〉 2005.10.8 파키스탄 이슬라마바드 지진으로 인한 아파트 붕괴사진

(5) 화재

지진 시에는 동시에 여러 지점에서 화재가 발생하여 소방능력이 떨어지므로 큰 화재로 발전하기 쉬우며 화재가 지진의 피해를 수배, 수십 배로 증폭 시킨 예도 적지 않다. 특히 전력, 전화, 수도, 가스 등의 전선 배관에 큰 피해를 주며 혼란에 동반하는 각종 사고 등도 생각할 수 있다.

1995년 일본 한신(고베) 대지진(1995.1.17 05:46분 발생, 사망자 5,502명, 부상자 41,521명, 행방불명 2명, 일본 소방청 기록)에서는 전기관계에 의한 화재가 많이 발생하였는데, 현대 사회는 에너지에 의존하는 측면이 많아 비교적 조기에 송전을 재개했기 때문에 스파크나 쇼트에 의해 가연물이나 새고 있던 가스에 인화한 경우도 있었다.

그 중에는 열대어 수조의 히터가 히터 밖으로 나와 가열에 의해 발화한 경우도 있었고 석유난로 위에 가연물이 떨어져 발화한 경우도 있었다.

〈표〉 1995년 일본 한신(고베) 지진의 발화원인

항목	전기	가스	전기+가스	석유난로	기타
백분율(%)	38.6%	18.1%	10.8%	9.6%	22.9%

〈그림〉 일본 홋카이도에서 여진의 영향으로 화재가 발생한 정유공장 (2003. 9. 29)

(6) 인명피해

지진에 의해 직접적인 사망, 부상 보다는 지진에 의한 화재 또는 2차 재해로 인명피해가 발생하며 정신적 피해로 인하여 장기간의 치료가 필요하다.

〈표〉 일본 궁성현(宮城縣) 앞바다 지진으로 인한 부상원인 비율

부상원인	비율
유리에 의한 것	22.5%
전도, 전락 등에 의한 것	22.5%
가구전도에 의한 것	17.4%
낙하 물에 의한 것	13.1%
벽천장 파손에 의한 것	5.6%
화상에 의한 것	3.9%
블록 담에 의한 것	1.6%
기타	13.4%

1978.6.12 17:14분 발생(사망자 28명, 부상자 1,325명)

출처 : 일본소방방재청

(7) 전염병 및 그 밖의 피해

지진으로 하수도관이 파괴되면 오염된 하수가 상수도로 스며들어 물이 오염되므로, 콜레라, 장티푸스, 세균성이질과 같은 수인성 전염병을 일으킬 수 있다.

또한 지진에 의해 전기, 통신, 도로망 등의 Life-line(라이프라인) 파괴되면 구급차의 접근이 어려우므로 사망자와 부상자수가 증가하게 되고 각종 문서와 사무기기 등이 파손되기 때문에 피해 복구 업무를 진행하는 데 차질이 발생할 수 있다.

1.5.1 한신 대지진의 피해사례

(1) 일본 한신(고베) 대지진의 원인

1995년 1월 17일 새벽 5시 46분에 일본 고베시 남서쪽에 위치한 아와지 부근에서 발생한 지진으로 일본 남부의 관서지방 효고 현 남부일대에 막대한 피해가 발생하였다. 진원의 깊이는 약 14km로 추정되고 지진의 크기는 리히터 규모로 7.2였다. 고베지진의 특징은 고베시 하부를 동북으로 관통하는 활 단층계의 활동으로 발생하였으며, 도시 직하부의 얕은 지층에서 발생하여, 도시 직하형 지진(都市 直下型 地震)으로 불리고 있다. 내륙부의 도시 직하형 지진은 일본에서도 사례가 많지 않은 것으로 1943년의 규모 7.2 지진과 1948년의 규모 7.1 지진이 발생한 이후 처음으로 탄성 반발설에 의한 원인으로 추정되고 있다.

〈표〉 일본 한신(고베) 대지진의 피해사례

피해구분	내 용	비 고
인명	사망 : 6,436명 부상 : 41,531명	이재민 : 290,000 피난소 : 1,018개소
주택	전 파 : 100,301 동 반 파 : 108,786 동 일부 파손 : 230,318 동	화재건수 : 294건
건물	3,669동	
도로	10,069개소 파손, 고속도로(고가) 635m 파손	
철도	신간선 고가 붕괴 9개소 등 사설철도, 다수의 지하철 역사 붕괴 및 교각 440개 파손	
항만	고베 항 부두붕괴로 사용불능	매립지 액상화 현상
전기	약 260만 세대 정전	재공급 시 화재요인
수도	약 130만 세대 단수	소방용수 부족
통신	약 25% 차단(30만호 회선불능)	이동 무선기(4,500대 대여)
가스	약 86% 공급 정지	재공급 시 폭발요인
기타	토사 붕괴 7개소	

출처 : 일본소방방재청

(2) 한신 대지진 피해의 특징

한신 대지진의 특징을 보면 대형 인명피해 및 많은 이재민이 발생하였고, 도로, 철도, 항만 등 도시기반 시설과 전기, 가스, 전화 등 도시 생명선(Life-line) 전 분야에 걸친 피해로 도시 기능이 완전히 마비 상태에 이르렀다.

1) 인명피해

- 소방, 단수, 교통장애 및 구호지연으로 인명피해가 증가되었다.
- 구호 및 복구에 임하여야 할 공무원들 자신이 피해를 입었다.

2) 건물피해

- 목조가옥의 피해가 많았으며 특히 기와집은 거의 파괴 되었다.
- 철골 구조물들은 피해가 적었다.

3) 도시 기반시설(도로, 철도, 항만 등) 피해

- 내진 설계기준을 넘는 진동에 의해 파손되었다.
- 용접 등 시공불량 구간도 속히 드러났다.
- 매립지의 액상화 현상에 의한 피해가 심했다.
- 지하철 개착 공법 구간에 피해가 급증 되었다.

4) 도시 생명선(전기, 수도, 전화 등) 피해

- 거의 전 지역에 걸쳐 사용 불가능 상태가 되었다.
- 피해 복구 중 가스 공급이 가장 지연(전기복구가 가장 빠름) 되었다.

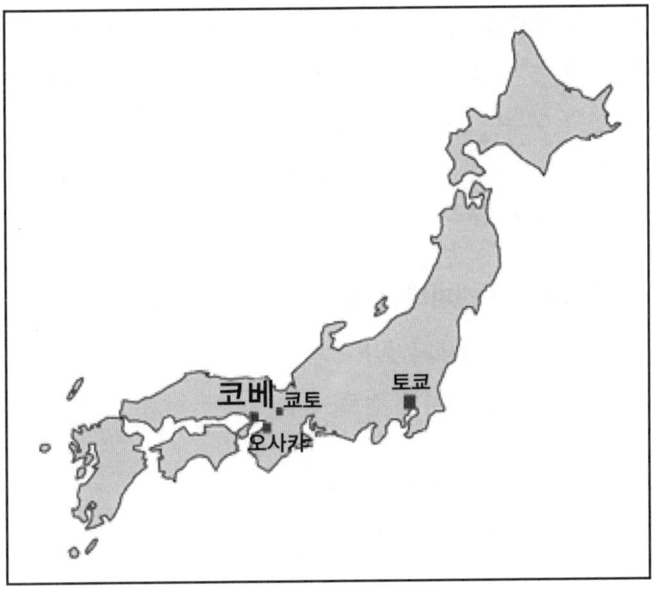

〈그림〉 고베시(市)의 위치

(3) 경과 및 조치내용

1) 경과

최초 지진이 발생한 10여 초간 건물이 심하게 흔들린 후 가구 등이 차례로 넘어지고 건물들이 힘없이 붕괴되었다. 또한 정전이 되면서 아수라장이 되었고 아파트, 상가 등이 붕괴되어 수 백 명이 매몰, 생매장이 되었다.

지진이 발생되고 여진(餘震)으로 인하여 화재 및 가스가 폭발하여 피해가 더욱 증가되었다. 도로는 거북이 등과 같이 갈라졌고, 철도는 엿가락처럼 휘어진 채 열차가 나뒹굴었다.

지진으로 인하여 이재민들은 추운 날씨에 식량과 가족의 안전을 걱정하게 되었고, 고속도로를 질주하던 차량은 지상으로 추락하여 심하게 파손되었다. 또한 식량, 식수난, 교통, 통신이 두절 되었으며, 산업체에서는 조업이 중단되었다. 그리고 막대한 피해로 피해액을 계산하기가 불가능하였고 복구에는 최소한 6개월이 소요되게 되었다.

2) 조치내용

재해대책 본부는 지진 피해 지역의 초등학교, 중학교, 시립체육관, 시청 등 공공시설

332개소에 대피시설을 설치했지만 10만 여명이 넘는 이재민을 수용하기에는 역부족이었다. 또한 많은 구조대원을 투입하였지만 광범위한 지역의 피해로 지진 발생 64시간 만에야 인명 구조를 하였고 복구에 혼란이 발생하였다.

(4) 대응 수습상 문제점

1) 지진 대응의 쟁점화 : 지진피해 인재론

- 상황파악 못하고 구조가 지체되었다.
- 지진 복구를 위한 부흥청 설치를 검토

2) 사태 오판 : 4~5시간 지나서 대처

- 위기관리 능력 문제로 정치권의 비난이 빗발쳤다.

3) 이재민 수용소 부족

- 공공시설 332개소에 대피시설을 설치했지만 10만 명이 넘는 이재민을 수용하기에는 역부족이었다.

4) 고베 항의 복구비가 최소한 1조엔 과 3년 이상 소요됨.

〈그림〉 고베 대지진 피해 사진 출처 : http://www.kuwashima.jp

1.5.2 대만지진의 피해 사례

2006년 12.26일 대만 헝춘(恒春) 남서쪽 23km지점 해저에서 규모 6.7의 지진으로 인하여 해저 광케이블이 단선되어 우리나라와 동남아를 중심으로 22개 국가에서 피해가 발생하는 사태가 발생하였다.

인명피해는 사망자 2명과 수 십 명의 부상자가 발생하여 비교적 적은 피해를 입었지만, Life-Line중의 하나인 국제간 광케이블의 절단으로 많은 국가에서 국제전화, 인터넷, 금융거래 등의 피해가 발생하였고 완전복구까지 2~3주가 소요된 것으로 추정된다.

대만지진의 발생과 피해사례 교훈 등은 소개하면 다음과 같다.

(1) 발생 일시 및 진앙

2006.12.26일 오후 8시 26분 대만 헝춘 남서쪽 23km지점 해저에서 규모 6.7의 지진이 발생하였고, 9분 후인 8시 35분에 두 번째 지진이 발생하였다.

〈그림〉 대만 지진의 진앙 출처 : 동아일보

(2) 해저 광케이블 피해의 원인

해저 광케이블은 전용회선, 인터넷회선, 전화선을 한 묶음으로 해서, 바다 밑바닥에 포설(鋪設) 또는 매설하여 설치한다. 수심 1000m 까지는 어로 활동으로부터 케이블을 보호하기 위하여 바다 밑바닥에 매설(埋設)하지만 1000m 이상의 깊은 수심에서는 광케이블을 포설하는데, 이번에 케이블이 훼손된 곳은 수심 3000m 이상이었다. 해저 광케이블은 해일이나, 폭풍, 쓰나미, 상어 등의 해상 생물의 공격에도 안전하도록 설계되어 있지만 강진으로 인한 지각변동이나, 해저 화산활동, 해저 용암분출 같은 경우에 달리 대책이 없어 이번과 같은 큰 피해가 발생하였다.

(3) 우리나라의 해외 광케이블 망 현황

우리나라와 외국과의 연결된 광케이블 망은 일본선 대만선 중국선이 있는데, 일본선은 미국 등지로 연결되고 중국선은 대만 우회선과 여타 중앙아시아 국가로 이어지며, 대만선은 홍콩과 필리핀으로 이어지고 홍콩 – 필리핀선은 다시 태국 말레시아 싱가포르 인도네시아 호주 뉴질랜드 등으로 연결되어있다.

〈표〉 한국의 국내 해저 광케이블 현황

연결지	건설구간	길이(Km)	준공일
제주, 고흥	제주(성산포)–고흥	147	1996. 12
제주, 남해	제주–남해	205	2000.06
울릉, 호산	울릉–,호산	151	1993. 12

출처 : KT(KT의 해저 광케이블은 국내(3개),국제(7개)모두 10개(2006.12.26현재)

〈표〉 한국의 국제 해저 광케이블 현황

한국접점	케이블 명	건설구간	길이(Km)	준공일
부산	RJK	한국–일본–러시아	1,762	1995.01
부산	APCN	한국–일본–홍콩–대만–동남아 등 9개국	12,084	1996.12
부산	CUCN	한국–미국–일본–중국–대만 등 5개국	30,444	2000.01
부산	APCN–2	한국–일본–중국–홍콩–동남아 등 8개국	19,000	2001.12
부산	KJCN	한국–일본	500	2002.03
거제	FEA	한국–일본–홍콩–동남아–중동–유럽 등 14개국	29,000	1997.09
거제	SMW–3	한국–일본–홍콩–동남아–중동–유럽 등 33 개국	39,000	1999.12

출처 : KT

〈그림〉 국제 해저 광케이블의 구성도 출처 : 연합뉴스

〈그림〉 대만 지진의 피해

【사진설명】 리히터 규모 6.7의 강진이 발생한 대만 남부 헝춘에서 26일 밤 구조대원들이 주택가의 무너진 건물 잔해를 수색하며 생존자를 찾고 있다.

출처 : [헝춘AFP=연합뉴스]

(4) 우리나라의 피해상황

국내에서도 지진의 여파로 일부 은행의 서비스 등이 중단됐다. 한국 00은행은 12.27 오전 10시 50분쯤부터 지점 창구와 현금자동입출금(ATM), 현금자동지급기(CD), 인터넷 뱅킹 등을 통한 금융거래가 전면 중단되었고, ○○은행 서울지점도 오전부터 전산망 마비로 지점 창구와 홈페이지를 통한 금융거래가 중단돼 고객들이 큰 불편을 겪었다.

12.27일 정보통신부와 통신업계에 따르면 이번 지진으로 대만을 경유하는 해저케이블 중 6개가 파손되어, 한국과 대만, 동남아시아를 잇는 대용량 전용회선 92개와 일반전화 회선 9,871개, 인터넷 회선 33개가 불통됐다고 밝혔다.

전용회선 92개 정도면 25~30여개 기업들이 사용할 수 있을 용량이지만 현재 이 회선을 임대하여 사용하고 있는 기업을 정확하게 파악하지 못한 상태이며, 일반전화 회선과 인터넷 회선도 피해를 입은 것으로 나타났지만 우회 경로를 확보하여 12.27일 오후에 복구하였다. 정통부 관계자는 "국제전화 소통율이 평상시의 60%까지 떨어진 상태" 라며 "인터넷도 일부 속도가 느려지는 현상이 발생했지만 제3국을 통해 우회할 수 있는 라우팅을 즉시 확보하면서 정상속도를 회복하고 있다" 고 설명했다.

(5) 교훈

이번 재해로 인해 "외국에 서버를 두고 은행 업무를 보겠다" 는 ○○은행 등 일부 외국계 금융회사들의 주장도 더 이상 설득력이 없어지게 되었고, 그 동안 금융권에서 쟁점으로 대두되었던 서버 해외이전 논란이 종지부를 찍게 될 전망이다.

○○은행은 2003년 ○○은행을 인수할 당시, "고객에게 더 나은 서비스를 제공하기 위해" 라는 명분으로, 주 전산 시스템을 싱가포르로 옮기겠다는 방침을 정해 금융당국이 보안성 문제를 제기하는 등 논란이 적지 않았다. 특히 우리나라는 지급결제와 관련해서는 중앙결제시스템 체계를 채택하고 있기 때문에 특정 은행의 전산망 마비는 곧 은행권 전체를 마비시켜버릴 수 있다는 우려가 있었던 것도 사실이다. 대만지진으로 국내 금융권에서 큰 혼란이 일어나지 않은 것은 고객수가 적은 외국계 은행에서 피해가 발생했기 때문이다. 따라서 이번 사태는 금융감독원이 앞으로 주 전산 시스템을 해외에 두려는 일부 외국계 금융회사들의 움직임에 제동을 걸만한 뚜렷한 명분을 갖게 됐다는 점에서 또 다른 의미가 있다.

또한, 이번 사고는 1000㎞ 이상 떨어진 외국의 천재지변 때문에 국내의 은행 서비스도 마비될 수 있다는 '금융의 세계화' 현상을 실감하게 되었다.

1.5.3 지진해일(쓰나미)의 피해사례

지진발생에 의해 해저가 융기하거나 침강하여 해수면의 변화가 생기면 큰 물결이 일어나 사방으로 퍼지게 되고, 해안에 이르러 높은 파도가 발생하는 현상을 지진해일이라 한다.

화산분화나 지진에 동반하는 해안의 암석붕괴에 의해서 해일이 일어나는 경우도 있는데 태풍이나 큰 바람에 의해 일어나는 바다나 호수의 큰 물결을 폭풍해일이라 하고, 지진에 의한 해일을 지진해일이라고 구별한다. 지진해일을 영어로는 "Seismic sea wave", 일본어로는 쓰나미(津波)라고 한다.

바람이 만드는 파도는 바다 표면에서만 파도가 발생하지만 쓰나미는 바다 밑바닥에서부터 표면에 이르기까지 바닷물 전체가 출렁 거리게 되므로 지진 해일은 폭풍 때문에 발생하는 '폭풍해일' 보다 훨씬 강력하다.

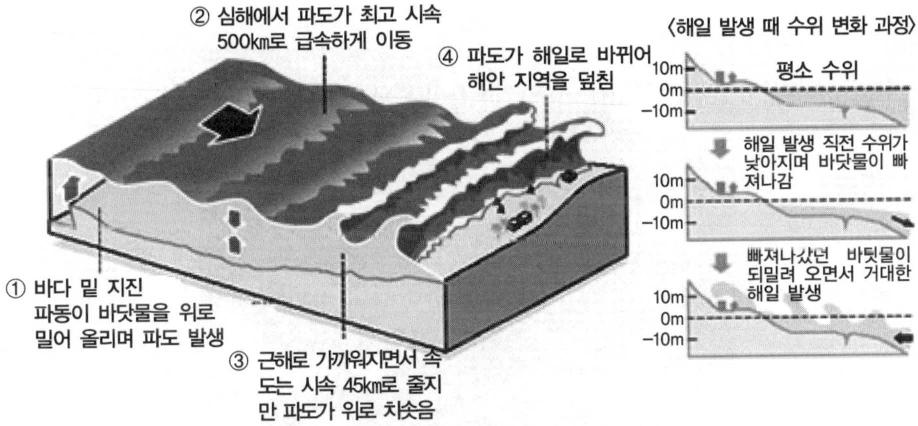

〈그림〉 지진해일의 발생과정　　출처 : 동아일보 2004.12.28

지진해일(쓰나미)의 파고는 바다 중심에서는 1m 이하로 경미하지만 육지 쪽으로 가까이 올수록 급격히 높아진다. 육지 쪽 수심이 얕기 때문에 그만큼 위 아래로 움직이는 파동이 커진다.

전 세계적으로 쓰나미의 80% 이상은 태평양지역에서 집중적으로 발생하는데 우리나라는 일본이 태평양을 가로막고 있어 쓰나미의 직접적인 피해는 거의 없는 편에 속한다.

그러나 일본에서 발생한 지진 영향으로 지진해일이 발생하여 우리나라 동해안에 피해를 입힌 사례가 있다.

(1) 인도네시아 지진해일

2004년 12월 26일 오전 7시 59분(현지 시간) 동남아 일대를 강타한 지진은 진앙에서 가까운 인도네시아는 물론 태국, 스리랑카, 인도, 방글라데시, 미얀마, 몰디브까지 휩쓸어 지구촌 전체를 지진공포에 몰아넣었다. 연이어 동남아시아 지역에서 10여 차례의 여진과 지진해일이 내습하기도 하였다.

이처럼 큰 규모의 재앙을 일으킨 지진해일(쓰나미)은 인도네시아 자카르타에서 북서쪽으로 1,620km 떨어진 북 수마트라 섬 서쪽 해안의 해저 40km 지점에서 발생한 리히터 규모 9.0인 해저 지진에 의해서 발생되었는데 이는 1900년 이후 5번째로 큰 규모이며 현실적으로 측정할 수 있는 강도로는 거의 최고에 근접한 것이었다.

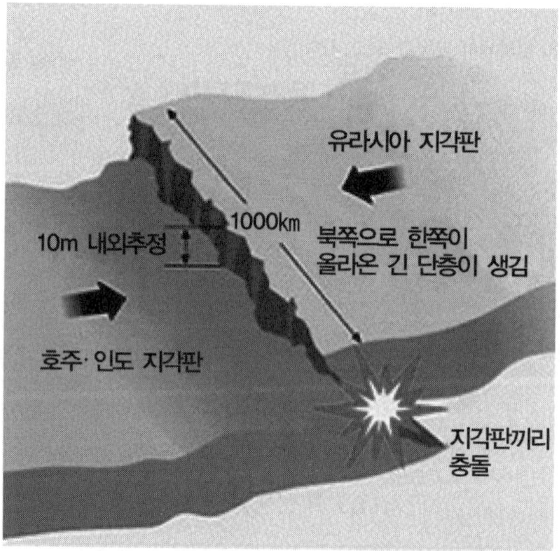

〈그림〉 인도네시아 지진해일의 원인

출처 : 한국해양연구원

단위 : 시간

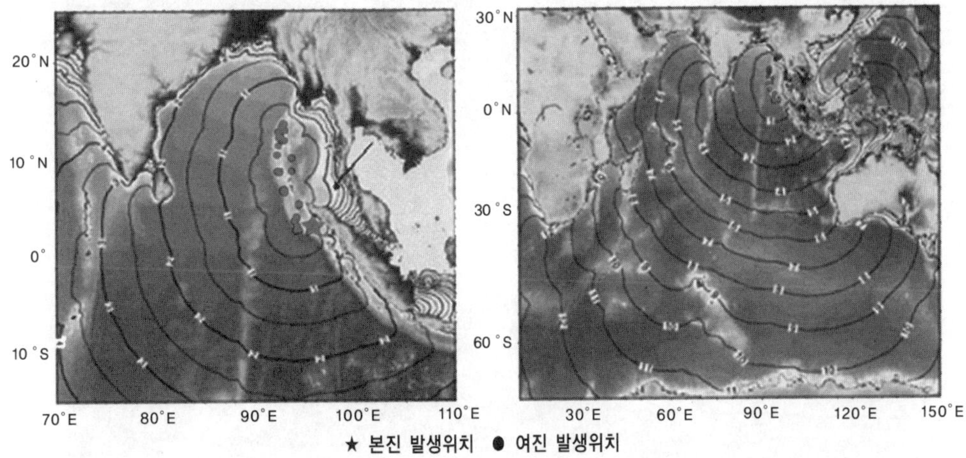

〈그림〉 지인도양 주변지역의 지진해일 도달 시간 출처 : 일본 산업기술 종합 연구원(ASIT)

이번 지진은 유라시아 판과 호주, 인도 판의 충돌에 의해 생긴 것으로 보이며, 특히 인도네시아에서 생긴 지진의 충격이 인도양 건너 수천 km 떨어진 인도, 스리랑카까지 퍼져 큰 피해를 낸 것은 지진해일(쓰나미) 때문이다.

2004.6.23 항공사진

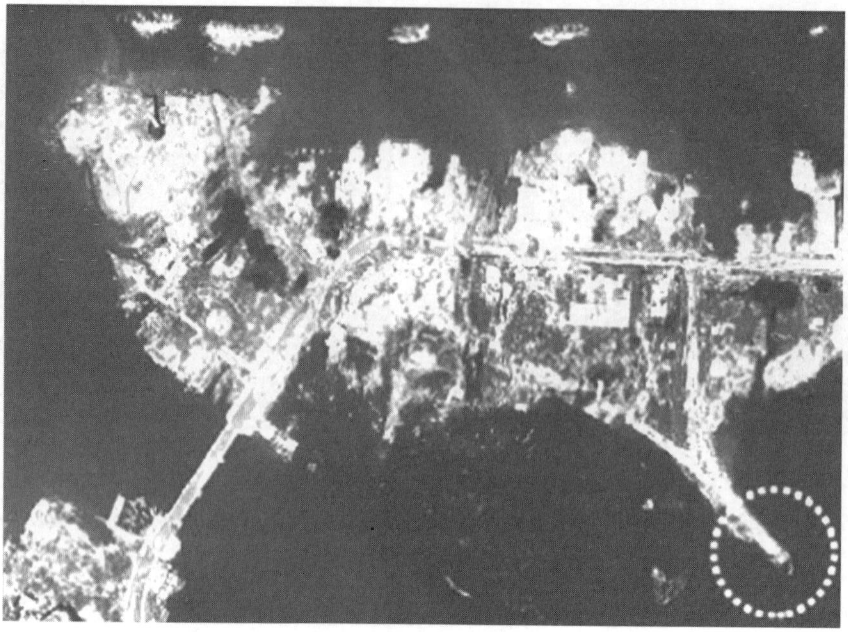

2004.12.28 항공사진

〈그림〉 지진 해일피해 전후의 항공사진(인도네시아 아체주의 수도 반다아체 항공사진)

출처 : 국가 지진정보시스템 www.kmaneis.go.kr

(2) 그 밖의 지진해일(쓰나미)의 피해

지진해일은 지진이 일어나는 지역에서 나타나는데, 1792년에는 일본 온센다케 화산이 분화하면서 35~55m의 지진해일이 발생해 9천 800여 명이 사망한 적이 있었고, 세계적으로 피해규모가 큰 지진해일은 1883년 8월 27일 인도네시아의 크라카타우(Krakatau) 섬이 화산 대폭발로 인해 이 섬의 북쪽 3분의 2가 바다 속으로 가라앉으면서 높이가 30m이상 되는 거대한 물결이 일어나, 부근 섬을 휩쓸고 수백 개의 부락을 삼켰으며, 선다 해협(Sundra strait)에 거주하던 3만 6천여 명의 마을주민 모두가 사망했다. 이 해일은 시속 1,000km의 빠른 속도로 태평양을 횡단하여 수 천 km나 떨어져 있는 곳까지 그 영향을 미쳤다.

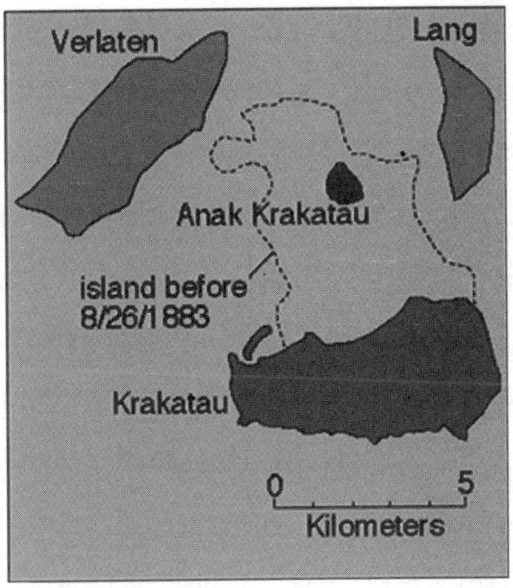

〈그림〉 인도네시아 크라카타우 섬 모습

출처 : http://volcano.und.nodak.edu/vwdocs/volc_images/southeast_asia/indonesia/krakatau.html

1933년 일본의 산리쿠 쓰나미는 파고가 20m 이상이었으며, 1972년 마유야마산 지진으로 발생한 해일은 1만 4920명의 사망자와 함께 막대한 재산의 손실을 가져왔다.

1946년 4월 1일 알류우산 열도의 지진에 의해서 발생된 쓰나미는 4시간 15분 후에 하와이 제도에 도착해서 한 시간이 채 못 되는 동안에 하와이를 휩쓸었다.

〈그림〉 크라카타우(Krakatau)섬과 선다 해협(Sundra strait)의 위치

1960년의 칠레 지진해일은 길이 800km, 폭 200km의 단층이 24m나 이동했던 지진에

의한 것으로 지진발생 당시의 지진해일의 초기 파형을 추산해 보면, 파장 약 700km, 파고 약 10m의 해일로 추정된다. 이것은 보통의 지진해일과 비교하여 매우 큰 지진해일로 22시간 만에 일본에 도달하여 일본의 북해도로부터 오키나와에 이르는 전 연안에서 5~6m의 거대한 파도를 일으켰다. 보통 지진이 먼저 감지된 후 해일이 내습하는 것이 일반적인 경우이기 때문에, 이 경우에는 지진해일이 아니라고 생각하여 피난하지 않아 발생한 사상자와 행방불명자만 142명에 달한다. 또, 부상자 872명, 파괴가옥 1500여동, 피해를 입은 세대는 약 32,049동(약 16만 명)에 달했다.

1993년 7월 12일 일본 홋카이도(北海道) 북부에서 규모 7.8의 강력한 지진 발생 3분 뒤 높이 29m의 지진해일이 밀려왔다. 거대한 해일은 홋카이도연안 오쿠시리(奧尻) 섬을 휩쓸어 주민 198명이 사망하였다. 7분 뒤 대피 경보 사이렌이 울렸을 때 섬은 이미 피해가 발생 하고 난 다음이었고, 이 지진해일로 우리나라 동해안에도 상당한 피해가 발생하였다.

1998년 7월17일 저녁에는 남태평양의 파푸아뉴기니에서 규모 7.1의 지진으로 발생한 높이 15m의 지진해일이 발생하여 2200명의 주민이 희생된 것으로 기록되어 있다.

〈표〉 사망자가 많이 발생한 10대 지진해일(1900~2004)

Date 일자	Event 재난 구분	Magnitude 규모	Region 지역	Fatalities 사망자수(명)
2004.12. 26	Tsunami	9.0	Indonesia, Sri Lanka, India, Thailand, Maldives	약 140,000 이상
1976. 8. 17	Tsunami	8.0	Philippines	4,000
1933. 3. 2	Tsunami	8.3	Japan, Sanriku	3,060
1960. 5. 21	Tsunami	9.5	Chile, Hawaii, Japan	3,000
1992. 12. 12	Tsunami	7.5	Indonesia, Flores	2,500
1998. 7. 17	Tsunami	7.1	Papua New Guinea	2,400
1946. 12. 20	Tsunami	8.1	Japan, Nankaido	2,000
1952. 11. 5	Tsunami		Russia, Paramushir Island	1,300
1944. 12. 7	Tsunami	8.0	Japan, Honshu	1,000
1906. 1. 31	Tsunami	8.2	Ecuador, Colombia	500

1.6 지진의 교훈과 오해

〈출처; 정길호 / 국립방재연구소〉

일본은 한신(고베)지진을 겪은 후 지진재해대책을 수립하여 니가타 지진 발생 시 피해를 획기적으로 줄이는데 기여하였다. 일본 한신(고베) 대지진이 남긴 기업의 지진대책에 관한 사항을 소개하면 다음과 같다.

〈표〉 일본의 한신(고베)지진과 니가타 지진의 피해비교

항 목	한신(고베)지진	니가타 지진
지진발생일자	1995년 1월 17일	2004.10.23 오후 5:56분
지반가속도	1800gal	1500gal
최대진도	7	7
규모	M 7.2	M 6.8
피해지역 인구	약 149만 명	약 41만 명
부상자	43,792명	2,989명
사망자	6,436명	40명
최대피난자수	24만 명	10만 명
도로피해	10,069개소	6,062개 소
주택피해	512,882동	89,662 동
피해액	14조 1000억 엔	약 3조 엔

출처: 일본 국토 교통성

1.6.1 지진의 교훈

(1) 대지진은 기업에 있어서도 커다란 「위기」상황을 초래한다.

대규모 지진으로 인해 많은 기업에서 시설 및 설비의 파손 등의 물리적인 피해와 그 여파로 인한 사회적 피해 등 기업 활동 자체에 막대한 영향을 끼치는 피해가 발생하였다. 또한, 그 피해는 피해지역 및 해당 기업에 국한되는 것이 아니고, 국가의 경제 전반에 큰 영향을 가져왔다. 지금까지 대기업의 기업경영에 이러한 큰 영향을 준 사례는 거의 없었으나 한신 대지진으로 지진은 기업경영에 큰 영향을 주는 재해, 즉 기업에 있어서 커다란 위기상황을 초래할 수 있다는 것을 인식하게 되었고, 사업의 계속을 위한 대책과 조기복구대책도 기업에 있어서 가장 중요한 사안 중의 하나로 인식되게 되었다.

(2) 신속한 초동 대응을 위한 실제적인 매뉴얼이 필요하다.

한신(고베) 지방의 일반적인 기업 및 사업소에서는 주로 소방계획에 화재와 풍수해에 대해 대응책을 정해두는 것이 일반적이었다. 지진대책 매뉴얼을 가진 사업소는 그 때까지 거의 없었다. 이 때문에 한신 아와지 대지진 발생 시 특히 지진발생 직후의 혼란 중에 적은 수의 사원으로 무엇을 해야 할지 몰라 당황했고, 거의 초기 대응을 하지 못한, 즉 상당히 효율 낮은 대응을 한 기업들이 대다수였다. 초동대응을 위한 매뉴얼이 없어도 어떻게든 대응이 가능하기도 하고, 매뉴얼이 있다고 해도 자신들의 임기응변적인 행동에 부담이 되기 때문에 불필요하다는 생각도 있었다. 그러나 많은 기업에서 공통적으로 나오는 목소리는 「초동 대응 매뉴얼은 필요하다」라는 것이다. 대규모 지진이 발생한 직후에는 행동해야 하는 사항을 규정한 절차가 필요하다. 항목만이라도 정해두면 그것이 행동의 지침이 되어 초동대응 상황이 완전히 달라질 수도 있다. 따라서 세심한 초동대응 매뉴얼과 그에 상응하는 적절한 훈련은 필수적이다.

(3) 평상시의 조직은 기능 할 수 없다.

한신 대지진은 새벽에 발생하여 기업의 입장에서 보면 근무시간이 아니었기 때문에 교통 시스템이 정상적인 기능을 할 상황도 아니고, 더구나 도로도 마비되어 직원을 비상소집하려 해도 극히 어려운 상황이었다. 지진의 피해를 직접 입은 고베 등의 지역에 본사 또는 생산 공장이 있는 기업에서는, 출근한 직원은 자신이 생각하는 대로 직장의 피해를 확인하고, 자신의 방식대로 정리하는 경우가 대부분이었으며 효율적으로 이 상황을 대응하기 위해 필요한 일들을 조직적으로 활동하면서 대응하지 못하는 경우가 많았다. 이처럼 한신 대지진 시에 평상시 조직으로는 신속한 초동대응을 하지 못한 경우가 대다수여서 비상시 기업의 조직에 대한 방안, 권한의 위임, 본사가 피해를 입은 경우의 대응방안 수립 등이 큰 과제로 제시되었다.

(4) 회사와 직원간의 연락이 끊어진다.

한신 대지진 시 제 기능을 완벽하게 수행한 통신설비는 많지 않았다. 비교적 사용이 가능했다고 할 수 있는 전용회선과 휴대전화도 전혀 지장이 없었다고는 할 수 없었다. 전화회선의 단선과 안부확인으로 인한 폭주로, 긴급 시 불가피한 정보연락과 업무상의 연락 등에 큰 영향이 있었다. 회사에서 몇 회에 걸쳐 전화를 걸어 연락을 취하려 한 곳이 많았으나 혼란 속에서 엄청난 노력과 시간을 필요로 하였고, 대응이 지체된 사례도 볼 수 있었다. 통신연락수단의 개량이라는 설비상의 대책과 안부 확인체제의 정비 등 관리상의 대책이 요구된다.

(5) 각종 교통수단은 거의 모두 마비된다.

한신 고속도로를 시작으로 도로교통, 고속철도, 고베 항을 거점으로 하는 해상교통 등 거의 모든 분야에서 교통수단의 대부분이 마비되었다. 그 결과 직원들의 출근이 곤란해지고 활동 요원의 확보에 시간이 소요되었다. 따라서 구조 및 지원활동에 지장이 있었음은 물론이고, 물류가 지체되고 기업의 생산과 판매에 영향을 주었다.

통근권역이 넓은 동경에서는 야간, 휴일 등 기업의 근무시간 외에 대지진이 발생한 경우에는 활동요원의 확보가 어렵고, 또한 귀가가 어려운 직원이 발생하는 경우가 예상된다. 따라서 거의 모든 교통기관이 마비된다는 가정 하에 지진대책을 검토할 필요가 있다.

(6) 지역사회 및 기업 간 상호 협력이 필요하다.

한신 대지진의 경우 고베 신문사와 교토 신문사가 사전에 「재해 시 상호 원조협정」을 체결하였기 때문에 피해를 입은 고베 신문사가 지진재해 당일 석간신문 발행을 계속할 수 있었음이 화제가 되었다. 이러한 일을 계기로 신문사를 시작으로 다양한 업종에서 재해 시 상호원조협정이나 그와 유사한 협정이 체결되어 새로운 지진대책으로 주목을 모으고 있다. 또, 상호 원조협정 이전에 재해 시 협력할 수 있는 기업을 선별해 둘 필요도 있다.

(7) 건물의 내진설계와 사무가구의 안정성 확보도 필요하다.

한신 대지진 시에는 건물의 전파 또는 반파가 20만 동을 넘었고, 그로 인해 수많은 인명이 압사(壓死) 당하였다. 또한 가구 등의 전도에 의한 압사도 많이 발생하여 건물과 설비 등의 내진대책의 중요성을 재인식하게 되었다. 만일 지진이 기업이 활동하고 있는 주간에 발생했다면 빌딩의 전도와 빌딩 내의 설비, 기기류, 사무 가구 등의 전도 및 파손에 의해 상당한 사상자가 발생할 것으로 예상된다. 이렇게 빌딩이 전도되는 일은 그곳에서 일하고 있는 사원과 인근 주민의 생명을 위협하는 일이다. 기업 자산의 피해를 줄이는 일은 물론이고, 인명을 보호하기 위해서 빌딩이 붕괴되는 것을 막아야 하는데, 이를 위해서 건물의 내진설계 및 보수보강이 매우 중요하다. 또, 계기, 비품 등의 사무 가구에 내진대책도 인명을 지키기 위해 실시해야 할 중요한 대책이다. 건물이 붕괴되어도 인명사고가 발생하지만 우리 곁에 있는 책장 등이 전도되어도 인명사고가 날 수 있음을 인식해야 한다.

1.6.2 지진의 오해

(1) 누군가가 나를 도와줄 것이다

한신 대지진의 경우 많은 곳에서 소방서에 구급차의 출동요청이 있었으나, 대규모의 피해가 동시 다발적으로 발생하였기 때문에 소방서에서도 효율적으로 대응할 수 없었다. 예를 들어 내가 피해를 당한 경우 전화가 연결되어도 나를 위해 구급차가 출동할 수 없을 것이 쉽게 예상된다. 따라서 스스로 적절한 대응과 준비가 필요하다. 만일 기업이 활동하는 주간의 시간대에 대지진이 발생한 경우, 건물의 붕괴와 사무가구의 전도 등에 의한 부상자가 다수 발생하는 일도 상상할 수 있다. 최악의 경우에는 사망자가 발생하는 일도 예상하여 구출작업과 중상자에 대한 대응 등을 검토하고, 필요한 기자재의 확보와 훈련을 해 둘 필요도 있다. 또한, 화재가 발생한 경우 초기에 화재를 진화할 수 있도록 하고, 인명구조, 응급구호 등은 지역의 사무실 인력이 함께 모여 공동체를 형성하여 대응하는 것도 중요하다. 지역의 일원으로 평상시부터 상호 연계 관계를 유지하는 것이 중요하다.

(2) 피해를 당한 경우 긴급물자가 들어온다

1995년 10월 동경 치요다구(千代田區)가 3,000개의 회사를 대상으로 실시한 「사무소 방재 앙케이트」에서는 식료품을 사전에 비축해두는 사업소는 전체의 1/3 정도였고, 그 비축양도 평균 2.4식인 것으로 조사되었다. 한편 치요다구는 건빵 14만식 등의 식료품과 각종 물자를 비축해두고 있으나, 재해 발생 후 즉각적으로 필요한 물자가 확보될 수 있다고는 할 수 없다.

기업이 긴급물자를 구(區)에 의존하기에는 당연히 부족하다. 따라서 지진으로 대규모 피해가 발생한 경우 초기에 긴급물자의 부족이 예상되므로 직원이 귀가하거나 업무를 계속 수행하고 신속히 복구활동을 행하는데 필요한 식료품 및 물자 등은 기업 스스로 준비해 둘 필요가 있다.

(3) 지진대책에는 많은 경비가 소요된다

기업이 위기관리를 적극적으로 하지 않는 첫 번째 이유는 「비용이 필요하다」라고 할 수 있다. 지진대책은 자사의 실정에 따라 계속적, 계획적으로 실시할 필요가 있다. 지진재해로부터 기업과 사원, 지역을 지키기 위해서도 사전에 대책을 실시해야 할 것이다. 시설 및 설비의 내신보수 및 보강 등에 대해서는 많은 경비가 필요하지만 긴급 시 대응조직과 연락체계의 정비, 긴급물자의 확보 등에 대해서는 결코 많은 경비를 필요로 하는 것은 아니다.

기업으로서의 사회적 책임과 신용을 얻기 위해서도 지진대책경비는 필요한 경비이며, 효율적 대응매뉴얼 등의 작성과 이를 통한 훈련만으로도 어느 정도의 피해를 줄일 수 있음을 인식해야 한다.

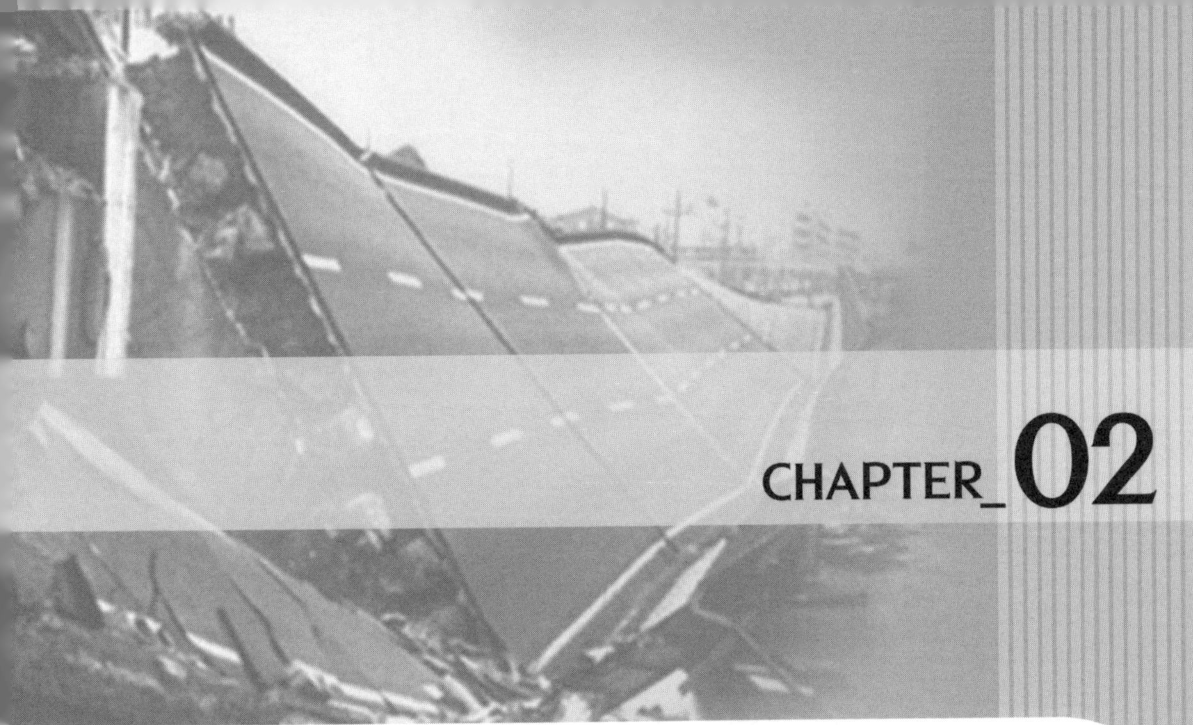

CHAPTER_02

우리나라 지진의 역사

2.1 우리나라에서 발생한 지진(삼국시대~조선)

2.2 우리나라에서 발생한 지진(최근)

2.3 우리나라 동해안 지진 해일로 인한 피해 사례

2.4 우리나라에서 지진이 발생하는 원인

우리나라를 지진 안전지대라고 생각하는 사람들도 있겠지만 "지진 안전지대는 없다"라는 것이 지진전문가들의 견해이다. 또한 우리나라의 지진 발생 횟수는 근년(近年)들어 점차 증가하고 있는 추세이다.

16~17세기에 지진이 다소 활발했던 한반도는 18~19세기에는 정지기를 거쳐 2000년에 29번, 2001년에 43회, 2002년에 49회, 그리고 2003년에는 38회, 2004년에는 42회, 2005년에는 37회, 2006년에는 무려 50회의 지진이 한반도에서 발생하였다. 지진 학자들은 서울에서 2010년 안에 지진규모 6이 넘는 강진이 발생할 확률이 57%가 넘을 것으로 예측하고 있다.

한반도에서 지진이 늘고 있는 것은 극동지역에서 최근 지진이 증가하고 있는 것과 무관하지 않다. 1995년 1월 한신 대지진(고베 지진)(규모 7.2), 1995년 5월 러시아 사할린 지진(규모 7.5), 1996년 2월 중국 운남성 지진(규모 6.3), 1996년 3월 중국 신강성 지진(규모 5.9), 1996년 11월 중국 상해지진(규모 5.4), 2005년 3월 일본 후쿠오카(규모 7.0)이 잇따라 발생했고 한반도에서는 1996년 11월 원산지진(규모 3.6), 1996년 12월 영월지진(규모 4.5) 등이 비교적 크게 일어났다.

최근 피해가 컸던 중국과 마찬가지로 한반도에는 판 내부에서 지층의 균형이 깨지면서 지진이 발생할 수 있다. 이것은 판 경계에서 지진이 일어나는 일본과 그 원인이 다르고, 판 내부에서 일어나는 지진은 진원지가 이동하기 때문에 예측하기가 쉽지 않다. 한반도의 지진의 규모와 빈도수를 조사해 보면 서울 0.77, 경주 0.99, 평양 1.06으로 나타났는데, 이 수치는 지진의 규모와 빈도수의 함수로, 수치가 작을수록 큰 지진이 일어난다. 서울은 지진 안전지대가 아니다.

〈표〉 우리나라 연도별 지진 발생횟수(1978~2006) 2006.12.31 현재

연도	규모 3.0 이상	유감 횟수	총 발생 건수
1978	5	5	6
1979	17	8	22
1980	6	1	16
1981	10	3	15
1982	11	8	13
1983	10	4	20
1984	7	2	19
1985	11	6	26
1986	12	9	15

〈표〉 우리나라 연도별 지진 발생횟수(1978~2005) 2005. 5월 현재 (계속)

1987	4	5	11
1988	4	1	6
1989	13	4	16
1990	3	4	15
1991	7	8	19
1992	7	5	15
1993	7	4	23
1994	11	8	25
1995	11	8	29
1996	14	13	39
1997	8	8	21
1998	7	9	32
1999	16	22	37
2000	8	5	29
2001	7	6	43
2002	11	9	49
2003	9	12	38
2004	6	10	42
2005	15	6	37
2006	7	6	50

출처: 국가지진센터 www.kmaneis.go.kr

또한 우리나라는 유라시아 판의 내부에 위치하고 있으므로 한반도에서 발생하는 지진활동은 판 구조론으로 설명할 수 없다. 다만, 동해에서 깊이 수백 km의 심발지진이 발생하는데, 이 지진은 일본 해구에서 유라시아 판 밑으로 비스듬히 침강하는 태평양 판의 베니오프대 에서 발생하는 것으로 추정한다. 그 밖에는 한반도 및 그 주변에서 발생하는 지진들은 전부 판의 내부에서 발생하는 판내 지진들이다.

현재까지 밝혀진 바로는 지진들이 대체로 한반도 내의 주요 단층이나 지체구조(地體構造)의 경계면에서 발생했다는 것이다. 세계적으로 지진활동이 많은 지역에서는 지진이 주로 신생대에 생긴 단층과 연관되어 있음이 알려졌으나, 한반도의 경우에는 관찰되는 단층들이 대부분 신생대 이전에 생긴 것들이어서 지진활동과 연결하기가 어렵다. 지역적으로는 경상 일대의 경상분지(慶尙盆地)에서 지진활동이 가장 많고, 그 다음으로 충청 · 경기 일대의 서해안 지역이며, 내륙 지역과 북부의 개마고원 지역에서는 적은 편이다.

2.1 우리나라에서 발생한 지진(삼국시대~조선)

〈출처 : 지진연구 / 김소구〉

〈출처 : 국립방재연구소〉

우리나라의 지진활동이 기록된 지진자료는 삼국사기, 고려사, 조선왕조실록 등의 사료에서 찾아볼 수 있으나, 그 기록이 지진의 정량적 연구를 수행하기에는 미흡하지만, 이들 자료에서 AD(Anno Domini/기원 후) 2년부터 약 1,800회의 유감지진(有感地震)이 발생하였음을 알 수 있다.

특히 779년(신라 혜공왕 15년) 경주에서 발생한 지진은 100여 명의 사망자를 냈고, JMA(일본 기상청)진도계급으로 5 이상의 피해를 준 지진도 40회가 넘게 발생하였다. 지진활동의 시간적 변화도 매우 불규칙하여, 대체로 미약한 지진활동을 보이다가 15~18세기에는 이상적으로 많은 지진활동을 보였고 1565년에는 1년에 104회의 유감지진이 발생하였다.

〈그림〉 1936년 쌍계사 지진에 의한 피해

19세기 이후로는 비교적 미약한 지진활동이 지속되었고, 20세기에는 1936년의 지리산 쌍계사 지진과 1978년의 홍성 지진이 발생하여 부상자 2명과 20억 원 정도의 재산 피해가 발생하였다. 최근 한반도의 지진활동과 지진구조의 연관성을 연구하고 있으나, 자료의 대부분이 고지진 자료이므로 진앙이나 규모 등의 요소를 정확히 추정하기는 어렵다.

〈표〉 우리나라의 AD 2 ~ 1904년간의 역사지진 기록

구 분	횟 수
진도(MMI) 5 이상	389
진도(MMI) 6 이상	168
지진피해보고	45

(1) 779년(신라 혜공왕 15년) 경주 지역에서 발생한 지진(규모 8이상)

100여 명의 사망자를 내 가장 큰 인명 피해가 발생한 지진.

(2) 1518년 7월 서울(규모 7정도)

1) 조선왕조실록 : 1518년 7월 2일(중종 13년 5월 15일)

酉時(유시: 오후5시에서 오후 7시 사이)에 세 차례 크게 지진이 있었다. 그 소리가 마치 성난 우뢰 소리처럼 커서 인마(人馬)가 모두 피하고, 담장과 성곽이 무너지고 떨어져서 도성 안 사람들이 모두 놀라 당황하여 어쩔 줄을 모르고, 밤새도록 노숙하며 제 집으로 들어가지 못하니, 어른들이 모두 옛날에는 없던 일이라 하였다. 팔도(八道)가 다 마찬가지였다.

"요즈음 경상, 충청 두 도의 장계를 보니 모두 지진이 있었다고 보고하였는데, 서울의 지진이 이렇게 심한 것은 뜻밖입니다. 옛날 사서(史書)를 보면 한(漢)나라 때 농서(중국서부 감숙성 일대/甘肅省)에 지진이 일어나 1만 명 정도가 깔려 죽은 일이 있었습니다. 이것은 늘 큰 변괴라고 생각하고 있었는데, 이번 지진도 가옥을 무너뜨린 일이 있지 않습니까? 땅은 고요한 물건인데, 그 고요함을 지키지 못하고 진동하니 이보다 큰 변괴가 없습니다."

얼마 있다가 또 처음과 같이 지진이 크게 일어나 땅이 흔들렸다. 임금이 앉아 있는 어

용상(御龍床)은 마치 사람의 손으로 밀고 당기는 것처럼 흔들렸다. 첫 번부터 이때까지 무릇 세 차례 지진이 있었는데 그 여세가 그대로 남아 있다가 한참만에야 가라앉았다.

2) 조선왕조실록 : 1518년 7월 3 (중종 13年 5月 16日)

"어저께는 밤새도록 네 차례나 지진이 있었으니 예전에 일찍이 없던 변괴입니다."

"어저께 초저녁에 땅이 흔들기 시작한 뒤로 밤새도록 연달아 지진이 있었으니 매우 놀라운 일이다."

어제 저녁에 지진이 있었는데, 소리가 마치 우뢰(천둥)와 같고 집과 담이 무너졌으며 사람과 가축이 다섯 번이나 대피하였습니다.

3) 조선왕조실록 : 1518년 7월 4일 (중종 13年 5月 17日)

지진이 하루 3~4차례씩 일어나 가옥이 흔들리고 때로는 무너지는 경우도 있으며, 또 성곽을 무너뜨리는 일조차 있으니, 대체 무슨 변괴가 이다지 심한지 모르겠습니다.

충청도 관찰사 이세응(李世應/1473~1528)이 해미 현감(海美 縣監) 조세건(曺世健)을 보내어 지진(地震)상황을 보고하니, 전교하기를, "감사가 특별히 사령(守令)을 보내어 아뢰게 하는 것은 그 변이(變異)가 심하기 때문일 것이다. 내가 친히 물어보겠으니 유문(留門)하도록 하라." 하고 직접 지진 상황을 물으니 조세건이 아뢰기를, "이번 5월 15일 酉時(유시: 오후5시 에서 오후 7시 사이)에 우뢰와 같은 소리가 동쪽으로부터 일어났는데, 사람이 제대로 서지 못하고 여러 곳의 성곽들이 계속 무너졌으며, 소와 말은 모두 놀라서 넘어지고, 샘물이 끓는 듯하고 산에 있는 돌도 굴러 떨어졌으므로, 감사가 큰 변고로 생각하고 신에게 보고한 것입니다."

밤 2경(更)에 경중(京中)에서 지진이 있었는데 그 소리가 은은한 우뢰 소리 같고, 황해도의 지진에는 집들이 모두 흔들렸는데 6월 초파일(8일)까지 연달아 발생하였다.

(3) 1597년 10월 삼수(함경도) (규모 7 정도)

1) 조선왕조실록 : 1597년 10월 6일 (선조 30年 9月 16日)

함경도에 여덟 번이나 지진이 일어나다. 함경도에 8월 26일부터 28일까지 연속적으로 여덟 번이나 지진이 일어나, 담 벽이 모두 흔들리고 새와 짐승들도 다 놀랐으며 이로 인해 병들어 누워 일어나지 못한 이도 있었다.

2) 조선왕조실록 : 1597년 10월 8일 (선조 30年 9月 18日)

충청도에 지진이 일어나다. 충청도 당진·면천(충남 당진군 면천면)·대흥(충남 예산군 대흥면) 등지에서 이 달 13일 이후로 연 3일 동안 지진이 일어났는데, 어떤 곳은 하루에 3~4번, 어떤 곳은 하루에 6~7번 지진이 일어나면서 기왓장이 진동하였다.

3) 조선왕조실록 : 1597년 10월 23일 (선조 30年 10月 2日)

함경도 관찰사 송언신(宋言愼/1542~1612)이 지진의 발생을 보고하다. "지난 8月 26日 辰時(진시: 오전 7시 에서 오전 9시 사이)에 삼수군(三水郡 : 함남 북부, 압록강 상류 이남에 있는 군) 지방에 지진이 일어나 잠시 후에 그쳤고, 27日 未時 (미시 : 오후 1시 에서 3시 사이))에 또 지진이 일어나 성의 두 군데가 무너지고 고을 건너편에 있는 시루바위의 반쪽이 무너졌으며, 그 바위 아래 삼수동 중천(三水洞 中川)의 물빛이 흰색으로 변했다가 28日에는 다시 황색으로 변했고 인차외보(仁遮外堡 : 갑산 혜산진과 나난보(가남)를 이어주는 조선시대 봉수노선) 동쪽으로 5리쯤 되는 곳에 붉은 빛의 흙탕물이 솟아오르다가 며칠 만에 그쳤으며, 8月 26日 辰時 (진시 : 오전 7시 에서 오전 9시 사이)에 소농보(小農堡) 건너편 북쪽에 있는 덕자이천절벽(德者耳遷絶壁)의 사람이 발을 붙일 수 없는 곳에서 두 차례나 포를 쏘는 소리가 들려 쳐다보니 연기가 하늘 높이 솟아오르고 크기가 몇 아름씩 되는 바위가 연기를 따라 터져 나와 종적도 없이 산을 넘어갔습니다. 27日 酉時(유시 : 오후 5시 에서 오후7시 사이)에는 지진이 일어나 그 절벽이 다시 무너졌고, 그날 亥時(해시 : 오후 9시에서 오후 11시 사이)와 子時(자시 : 오후 11시에서 오전 1시 사이)에도 지진이 있었습니다."

(4) 1643년 5월 울산

1) 승정원일기 : 1643年 5月 30日 (인조 21年 4月)

경상감사 보고서에는 4月 13日 지진이 산골짜기와 해변 등 모든 곳에서 발생하였다. 동래에서 시작된 큰 지진이 해안일대가 특히 심했으며 오래된 담 벽이 무너졌다. 청도와 밀양 사이에서는 암석이 무너졌고 초계(경남 합천군 초계면)에서는 그 진동 당시에 건천(乾川/마른 하천)에서 탁수가 또한 솟아 나왔다. 재앙과 비상한 일이 있을 시 이를 기록하도록 하였다.

충청감사 보고서에는 4月 13日 午時(오시 : 오전11시 에서 오후1시 사이)에 지진으로 가옥과 담장, 벽이 모두 움직였다. 재앙과 비상한 일이 있을 시 이를 기록하도록 하였다.

경상감사 보고서에는 진주, 합천 등에서 관청에 낸 청원서에는 지진발생 당시 소나무 오 육십 그루가 부러져 넘어졌고 합천의 산악지방에는 바위가 떨어져 사람이 압사하였으며, 말라붙은 샘의 물이 넘치고, 큰 길이 터져 갈라진 일이 있었다.

(5) 1643년 7월 울산 (규모 7 정도)

1) 조선왕조실록 : 1643年 7月 24日 (인조 21年 6月)

서울에 지진이 일어났다. 경상도의 대구, 안동, 김해 · 영덕 등에서도 지진이 일어나, 봉화대와 성곽이 무너진 곳이 많았다. 울산부에서는 땅이 갈라지고 물이 용솟음 쳤다. 전라도에서도 지진이 일어났다.

2) 승정원일기 : 1643年 7月 24, 25日 (仁祖 21年 6月)

경상도 좌병사(左兵使) 황집(黃緝)의 보고에 의하면 7월 9일 申時(신시 : 오후3시에서 오후 5시 사이)에 지진이 서북방향에서 발생하여 닭, 개 등이 모두 놀라고, 사람이 앉아 있을 수 없었으며, 산천이 크게 움직이었고 담장과 벽이 무너졌다. 경상도 감사의 보고에 의하면, 경상도 안동의 동쪽 바다 쪽인 영덕으로 부터 동래에 이르는 각 읍에서는 7월 9일 申時(신시 : 오후3시 에서 오후5시 사이), 10일 辰時(진시 : 오전7시 에서 오전9시 사이)에 다시 지진이 발생하였으며, 울산도 역시 같은 날 같은 시에 지진이 발생하여 울산 동쪽 십삼리(十三里)에 썰물, 밀물 드는 곳에 물이 끓는 탕과 같이 용솟음쳤다. 또한 바다의 큰 파도가 십이 보까지 육지에 들락거렸으며, 논, 밭 여섯 곳이 갈라지고 물이 솟기를 우물과 같았다. 그때 발생한 구멍이 때가 지나면 본래와 같이 되고 물이 솟은 자리에 모래가 12말 정도 쌓였다.

(6) 1681년 6월 강원도 양양 (규모 7.3 정도)

1) 조선왕조실록 : 1681年 6月 12日 (숙종 7年 4月)

간방(艮方, 北東方向)으로 부터 곤방(坤方, 南東方向)에 이르는 곳에서 지진이 일어났는데, 집이 몹시 흔들리고 창(窓)과 벽(壁)이 흔들렸으며, 말을 타고 가던 사람이 말이 놀라 떨어져 죽은 사람도 있었다.

2) 승정원일기 : 1681年 6月 12日 (숙종 7年 5月)

강원감사 보고에 의하면 4月 26日 申時(신시 : 오후 3시 에서 오후 5시 사이)에 지진이 발생하여 오랫동안 계속되다가 그쳤다. 5月 2日 寅時(인시: 오전 3시 에서 오전 5시 사이)에 심한 지진이 있은 후 申時(신시 : 오후 3시 에서 오후 5시 사이), 亥時(해시 : 오후 9시 에서 오후 11시 사이)에 하루에 3번 지진으로 담과 벽이 무너지고 지붕의 기와가 나부끼며 떨어졌다. 함경감사 보고에 의하면 안변 과 덕원 양읍에 4月 26日에 지진이 있었다. 황해감사 보고에 의하면 도내 각 읍에 4月 26日, 5月 2日에 지진이 있었다. 평안감사 보고에 의하면 도내 평양 등 4개 읍에 4月 26日, 5月 2日에 지진이 있었다.

3) 조선왕조실록 : 1681年 6月 26日 (숙종 7年 5月)

강원도에 지진이 일어나 우뢰(천둥)와 같은 소리가 났으며, 담과 벽은 무너지고 지붕의 기왓장이 나부끼어 떨어지고 양양에서는 바닷물이 흔들려서 물이 끓는 소리와 같았다. 설악산 신흥사의 큰 바위가 무너져 떨어졌고, 삼척 서쪽에 있는 두비산(頭陀山)의 층을 이룬 바위는 예로부터 이를 움직이면 모두 부서진다고 하였는데 이도 역시 무너졌다. 바닷물이 물러간 상태에서 평상시에 만수가 되던 곳이 50~100 보나 노출되었다. 평창, 정선 두 곳에서도 산악이 번쩍 들려져 움직였고 암석이 추락되는 변이 일어났다. 그 후, 강릉, 양양, 삼척, 울진, 평해, 정선 등의 읍에서 10여 차례나 땅이 움직였고, 이때에는 8도(전국)에 모두 지진이 일어났다.

4) 승정원일기 : 1681年 6月 26日 (숙종 7年 5月)

강원감사의 보고에 의하면, 5월 2일 도내 모두 지진이 있은 후, 강릉, 양양, 삼척 즉 11내지 12일간 연이어 지진이 있었음. 지난 4월 지진 발생 시 양양, 삼척 등의 읍은 바다의 파도가 끓어오르는 탕과 같았으며, 암석이 무너져 떨어지고, 바다가 물러간 상태가 해변이 조그맣게 줄어든 것 같았다. 이런 이변은 비정상적인 것이었다.

(7) 1810년 2월 청진 (규모 7.3 정도)

1) 조선왕조실록 : 1810年 2月 19日 (순조 10年 2月)

함경감사 조윤대(曹允大/1748~1813)가 아뢰기를 "이달 16일 未時(미시 : 오후1시에서 오후3시 사이)에 명천 · 경성 · 회령등지에 지진이 일어나 집이 흔들리고 성곽이 무너졌으며, 산기슭에 사태가 나서 사람과 가축이 깔려 죽기도 하였습니다. 같은 날 부령부(富寧府)에도 지진이 일어나 무너진 집이 38호이고, 사람과 가축 역시 깔려 죽었습니다. 16일부터 29일에 이르기까지 지진이 없는 날이 없어 한 주야(晝夜) 안에 8, 9차례나 5, 6차례씩 있었는데, 이따금 땅이 꺼지고 샘이 마르는 곳도 있었다고 합니다. 부령에서 연달아 14일 동안이나 지진이 그치지 않았고, 또 땅이 꺼진 곳이 있다는 등의 말은 더욱 매우 의심스러웠기 때문에 다시 자세히 보고하게 하였습니다."

2) 승정원일기 : 1810年 2月 19日 (순조 10年 正月)

함경감사 조윤대(曺允大)의 장계(狀啓)에 의하면, 부령 등 읍 지역에 지진이 발생하여 민가가 무너지고 사람이 압사한 일이 있었다.

위의 지진들은 한반도에서 발생한 지진 중에서 규모가 대략 7이상의 큰 피해지진으로 볼 수 있고 특히, 1518년 7월 서울에서 발생한 지진과 1681년 6월 양양에서 발생한 지진은 전국에서 지진을 느꼈다는 기록이 공통점이다. 이들 역사지진의 평가는 연구자에 따라 지진의 특성 및 진도, 지진규모가 서로 조금씩 다르게 평가되고 있지만 상당한 크기의 지진이 있었다는 것이 공통적인 의견이다.

〈표〉 역사지진기록_1

연월일	지역	진도	규모	진앙		역사기록
				북위	동경	
27년	경기도 광주	8	6.3	37.4	127.2	집들이 모두 무너졌다.
34년	경주	8~9	6.7	35.9	129.3	땅이 벌어져 찢어지고 금이 가고 샘이 솟아올랐다.
89년	경기도 광주	8	6.3	37.4	127.2	땅이 흔들려 갈라지고 집들이 빠져 죽은 사람이 많았다.
100년	경주	8	6.3	35.9	129.3	집이 무너지고 백성 중에 죽은 이가 있었다.
128년	경주(장기)	8	6.3	35.9	129.5	경주 동쪽에 백성들의 집이 빠지고 그곳에 물이 고이고 연못이 생겨났다.
304년	경주	8	6.3	35.9	129.3	샘이 솟아 올라왔다.
304년	경주	8	6.3	35.9	129.3	가옥이 파괴되고 백성들 가운데 죽은 자가 있었다.
372년	서울 북한산부근	8~9	6.7	37.6	127.0	땅이 벌어지고 찢어지고 갈라졌는데 깊이가 5척(尺), 옆넓이가 3장(丈)이었으며 3일 만에 다시 제자리로 아물었다.
458년	경주	7	5.7	35.9	129.3	경주 남문이 부서졌다.
471년	경주	8~9	6.7	35.9	129.3	땅이 갈라졌는데 그 넓이가 20장(丈)이 되고 흙탕물이 솟아올랐다.
501년	평양	8	6.3	39.0	125.8	백성들의 집이 무너져 깔려 죽은 자가 있었다.
510년	경주	8	6.3	35.9	129.3	백성들의 집이 무너져 깔려 죽은 자가 있었다.
664.09.12	경주, 울산	8	6.3	35.6	129.3	백성들의 집이 파손 되었는데 남쪽이 더욱 심했다.
768년	경주	8	5.7	35.9	129.3	경주 황룡사 남쪽에 지진이 있었는데 소리가 우뢰(천둥)와 같았고 샘과 우물이 모두 말랐다.

척(尺)

척관법(尺貫法)에서는 길이를 측정하는 기본 계량단위를 말한다. 자[尺]는 1치[寸]의 10배이고, 1m의 1/3에 해당한다. 척(尺)은 손을 펼쳐서 물건을 재는 형상에서 온 상형문자(象形文字)이며, 고려 및 조선시대 초기에는 32.21cm를 1척으로 했으나, 1430년(세종 12) 의 개혁 시에 31.22cm로 바꾸어 사용해오다가 일제 강점기에 곡척(曲尺)으로 바뀌었고 미터법의 실시에 따라 현재의 33.33cm로 통용되었다.

장(丈)

길이의 단위로 1 장은 10척(尺) 길이를 말한다.

〈표〉 역사지진기록_2

연월일	지역	진도	규모	진앙		역사기록
				북위	동경	
779년	경주	8	6.3	35.9	129.3	백성들의 집이 파괴되고 죽은 자가 백여 명 있었다.
1036.07.23	경주지방	9	7.0	35.9	129.3	관내의 고을에서 큰집과 술집들이 많이 파괴되었다.
1226.11.05	황해도 개성	7	5.7	38.0	126.5	집의 기왓장이 모두 떨어졌다.
1260.07.30	황해도 개성	8	6.3	38.0	126.5	땅이 크게 진동하여 담과 집들이 산이 무너지듯 무너졌는데 경도(인천 강화)에서는 더욱 심했다.
1298.03.06	황해도 개성	8~9	6.7	38.0	126.5	땅이 터지고 열리면서 수녕궁 문밖에서 샘이 솟구쳐 그 높이가 수척이나 되고 샘물이 오전11시부터 오후1시 사이에 솟기 시작하여 오후 5~7시 경에 멈췄다.
1308.03.04	황해도 개성부근	6	5.0	37.9	126.4	낡은 수녕궁이 헐리고 임금이 앉으셨던 땅이 터져 그 길이가 수척이나 되었다.
1338.06.28	황해도 백천	6	5.0	38.0	126.3	황해도 백천의 등압사에서 큰 지진이 있었다.
1385.09.01	황해도 개성	8	6.3	38.0	126.5	마차가 달리는 소리와 같았고 담과 가옥이 허물어지고 무너져 사람들이 모두 피했고 송악산 서쪽령(고개)의 돌이 무너졌다.
1408.05.19	서울부근	8	6.3	37.6	127.0	한강변에서 말을 먹이는 땅에 금이 가고 벌어져서 길이가 24척이고 너비가 5척이었다.
1416.05.23	경상북도 안동	7	6.1	36.6	128.7	안동이 더욱 심하여 집의 기왓장이 하나도 남김없이 떨어졌다.
1427.10.14	경상북도 영일	4	5.4	36.0	129.3	두 개의 지진이 일어났다
1455.01.24	제주도 대정	8	6.3	33.2	126.3	담과 집이 무너지고 많은 사람들이 익사했다.
1518.07.02	서울	8~9	6.7	37.6	126.9	땅이 대략 3번 진동했는데 그 소리가 분노한 우뢰와 같이 크고 요란하였다. 사람과 말들이 놀라서 물러나고, 담과 가옥이 무너지고 성벽이 무너져 도읍에 사는 사람들이 모두 놀라서 당황하고 얼굴빛이 변해 몸 둘 곳을 몰랐다.

수녕궁(壽寧宮)

고려시대에 도성의 서소문 안에 있던 궁궐로, 공양왕이 이곳에서 즉위하였고 조선에서는 이성계가 여기서 즉위하였다. 정종과 태종도 일시 머문 적이 있었다.

백천군(白川郡)

황해도에 있는 군.

1914년 군면 폐합 때 다시 연안군 · 배천군이 연백군으로 합속되었다.

〈표〉 역사지진기록_3

연월일	지역	진도	규모	진앙		역사기록
				북위	동경	
1518.07.04	황해도 백천	6	5.4	38.0	126.3	황해도 백천에서 땅이 터지고 물이 솟구쳐 나왔다.
1522.09.12	충청남도 연기 충청북도 문의	6	5.0	36.6	127.4	충청남도 연기와 충청북도 문의에서 소리가 우뢰와 같았고 집들이 전부 흔들려 움직였다.
1527.07.21	강원도 횡성 평창	6	5.0	37.5	128.3	소리가 우뢰와 같았고 집들이 전부 흔들려 움직였다.
1531.10.17	강원도 양구 춘천	6	5.0	38.0	127.9	서울에서 지진이 일어나 집들이 모두 움직였고 소리가 우뢰와 같았다.
1542.02.08	경기도 광주부근	6	5.4	37.4	127.3	강원도 춘천에서는 집들이 모두 움직였고 소리가 우뢰와 같았다.
1546.05.23	서울	7	5.7	37.6	126.9	서울의 동쪽에서 서쪽으로 꽤 오래 진동하다가 그쳤는데, 처음 소리가 미미한 우뢰와 같았으며, 그 진동으로 집들이 모두 움직이고 담과 벽이 모두 흔들려 떨어졌으며 오후 5~7시 사이에 또 한 차례의 진동이 있었다.
1546.06.30	강동 (평안도 경기, 강원)지역	7	7.3	39.1	126.0	두 개의 지진이 일어났다
1553.03.02	경상북도 성주	8	6.3	35.9	128.0	집들의 벽이 떨어지고 산성이 무너졌다.

대정현(大靜縣)

제주도 서귀포시 서부와 남제주군 대정읍 · 안덕면 일대에 있었던 옛 고을

〈표〉 역사지진기록_4

연월일	지역	진도	규모	진앙		역사기록
				북위	동경	
1565.05.28	평안도 상원	9	7.0	38.8	126.1	집들이 전부 무너졌다.
1594.07.20	충청남도 홍성부근 전라북도 전주		7.0	36.5	126.6	충청도의 서에서 동으로 소리가 나면서 땅위의 만물이 움직이지 않는 것이 없었다. 집들이 번쩍 위로 솟으며 움직이고, 창과 문이 저절로 열리고 동문(東門)의 성간(城間)이 무너졌다. 남에서 북으로 진동하고 그 소리가 요란한 벼락 소리와 같았고 집들이 모두 움직였다.
1596.02.20	강원도 평창, 정선	7	5.7	37.3	128.7	우뢰소리와 함께 집들이 움직이고 꽤 오래 가서 그쳤다. (평창) 서에서 동으로 퉁소 같은 소리가 하늘을 진동하고 집들의 기와가 들썩이며 흔들려 엎어지고 얼마는 기울어 떨어지거나 약간 기울고 멈추었다. 사람들이 놀라 당황하였다. (정선)
1597.10.08	함경도 삼수	7	5.7	41.3	128.1	성이 기울어 무너지고, 고을의 바위 조각이 기울어 무너졌다. 여진이 잇달았다.
1601.03.07	경상남도 합천(가야산)	6	5.0	35.9	128.0	땅이 움직이고 울리는 소리가 났다.

삼수군(三水郡)

양강도 중부 압록강 연안에 있는 군.

〈표〉 역사지진기록_5

연월일	지역	진도	규모	진앙		역사기록
				북위	동경	
1604.03.19	함경북도 만포 부근	6	5.0	41.1	126.3	남쪽에서부터 땅이 크게 진동하여 닭들이 놀라 소리를 높이 지르고 집들이 크게 움직였다.
613.07.16	서울 부근	8	6.3	37.6	127.0	새벽에 지진이 있어 그 소리가 우뢰와 같았고 담과 집이 많이 무너졌다. 서북에서 동남으로 우뢰와 같은 소리가 있었고 집과 기와가 다 움직였다.
1643.04.23	경상남도 진주/합천	8~9				나무가 넘어졌다(진주) 바위가 무너져 두 사람이 깔려 죽었고 오랫동안 말랐던 샘에서 탁한 물이 솟아 나왔다. 관아의 문 앞길이 10여 길이나 갈라졌다.(합천)
1643.07.24	경상남도 울산	8	6.7	35.5	129.3	경상도 대구 안동, 김해, 영덕 등의 읍내에서 지진이 일어나 봉화대가 무너진 곳이 많았다. 땅이 갈라지고 물이 솟아났다.
1662.04.21	충청남도 예산대흥면	7	5.7	36.6	126.9	집들이 동요하고 벽의 흙이 떨어졌다.
1668.07.25	서해안부근	12	8.5	35.3	118.6	평양과 철산에서는 집의 기와가 흔들려 기울어졌고, 사람들이 놀라 엎드렸으며 큰 해일이 일어났다. 같은 날에 경상도 전라도 지방에서도 지진이 일어났다.

가야산(伽倻山)

경상남도 합천군 가야면과 거창군 가북면 및 경상북도 성주군 가천면 경계에 있는 산으로 높이 1,430m. 우두산(牛頭山)·설산(雪山) 등 여러 이름으로 불린다.

만포(晩浦)

함경북도 선봉군 굴포리와 구룡평 사이에 있는 석호.

면적 8.55km^2, 둘레 11.5km, 길이 4.5km, 너비 2.2km이다. 주위에는 낮은 구릉지와 평지가 둘러있으며, 만포 이외에 서번포 및 여러 개의 석호가 있다.

대흥면(大興面)

충청남도 예산군 중남부에 있는 면으로 면소재지는 동서리이다. 100m 내외의 낮은 산이 대부분이며, 평야는 북서쪽의 무한천 유역에 소규모로 분포한다.

철산군(鐵山郡)

평안북도 서해안 철산 반도에 있는 군.

〈표〉 역사지진기록_6

연월일	지역	진도	규모	진앙		역사기록
				북위	동경	
1669.10.08	평양	6	5.4	39.1	125.7	소리가 요란하고, 우뢰와 같았으며 집들이 흔들렸고 거의 기울어 무너지는 것 같았다.
1670.10.04	전라남도 화순/광주	8	6.3	35.1	127.0	집들이 흔들려 거의 기울어지고 담장과 벽이 기울어 무너졌다. 집의 기와가 땅에 떨어지고 소와 말이 설수가 없고 길가는 사람의 다리를 고정할 수 없으며 당황하고 놀라서 엎드리고 뒤집혀 넘어졌다.
1681.06.26	강원도 삼척	8	6.3	37.4	129.2	소리가 우뢰와 같았고 담 벽이 무너지거나 기울어졌고 집과 기와는 나부껴 떨어졌다. 10여 차례나 지진이 있었다.
1693.09.22	함경남도 함흥 (서 북방)	6	5.6	40.0	127.4	관북 지방의 집들이 들썩들썩 움직이고 굉장한 소리가 났는데 함흥 지방에서는 더욱 심했다.

〈표〉 역사지진기록_7

연월일	지역	진도	규모	진앙		역사기록
				북위	동경	
1700.04.15	경상남도 지리산부근	6	6.0	35.2	127.7	진주와 사천 사이의 담이 기울어지고 행인들이 엎드렸다.
1711.04.20	평안남도 삼등부근	6	5.0	39.0	126.1	진동하는 소리가 우뢰 같아 굉음이 들리고 집들이 움직이다 잠시 후 멈추었다.
1713.03.08	황해도 장수산부근	8	6.3	38.3	125.7	오전4시경에 해주에서 땅이 많이 터지고 벌어졌다. 서울, 평안도, 황해도 지방에서 각각 두개의 지진이 일어났다.
1713.03.27	평양	6	5.0	39.0	125.7	집들이 번쩍 들려서 움직이고 우뢰와 같이 북치는 요란한 소리가 났다.
1727.06.20	동해안	7	7.2	36.6	128.7	집들과 담이 기울어지고 무너졌다.
1734.04.19	충청남도 온양	6	5.0	36.8	127.0	집들이 들썩들썩 움직이고 우뢰와 같은 소리가 있었는데 때가 지나서 멈추었다.

관북(關北) 지방

함경남도, 함경북도를 일컫는 말

삼등현(三登縣)

평양특별시 강동군 일대에 있넌 옛 고을.

고려 중기인 1136년(인종 14)에 서경기(西京畿)를 나누어 6현(六縣)을 만들 때에 성주(成州 : 성천) 소속 신성(新城)·나평(蘿坪)·구아(狗牙)의 3부곡(部曲)을 합해 삼등 현을 설치하고 현령을 두었다. 조선시대에 들어 1435년(세종 17)에 강동 현을 혁파하여 합숙했다가 1451년(문종 1)에 요해처라 하여 강동 현을 다시 복구했다.

장수산(長壽山)

황해도 재령군과 신원군 경계에 있는 산. 높이 745m. 경치가 뛰어나 예로부터 '황해의 금강'이라고 했으며 북한 명승지 제7호로 지정되어 있다. 이곳의 맑은 공기와 물을 마시고 오래 살았다 하여 장수산이라 부른다.

〈표〉 옛 시각

<table>
<tr><th>시각</th><th>12지신</th><th>시간</th><th>구분</th></tr>
<tr><td>자(子)시</td><td>쥐</td><td>오후 11시 에서 오전 1시 사이</td><td>오후/오전</td></tr>
<tr><td>축(丑)시</td><td>소</td><td>오전 1시 에서 오전 3시 사이</td><td rowspan="5">오전</td></tr>
<tr><td>인(寅)시</td><td>호랑이</td><td>오전 3시 에서 오전 5시 사이</td></tr>
<tr><td>묘(卯)시</td><td>토끼</td><td>오전 5시 에서 오전 7시 사이</td></tr>
<tr><td>진(辰)시</td><td>용</td><td>오전 7시 에서 오전 9시 사이</td></tr>
<tr><td>사(巳)시</td><td>뱀</td><td>오전 9시 에서 오전 11시 사이</td></tr>
<tr><td>오(午)시</td><td>말</td><td>오전 11시 에서 오후 1시 사이</td><td>오전/오후</td></tr>
<tr><td>미(未)시</td><td>양</td><td>오후 1시 에서 오후 3시 사이</td><td rowspan="5">오후</td></tr>
<tr><td>신(申)시</td><td>원숭이</td><td>오후 3시 에서 오후 5시 사이</td></tr>
<tr><td>유(酉)시</td><td>닭</td><td>오후 5시 에서 오후 7시 사이</td></tr>
<tr><td>술(戌)시</td><td>개</td><td>오후 7시 에서 오후 9시 사이</td></tr>
<tr><td>해(亥)시</td><td>돼지</td><td>오후 9시 에서 오후 11시 사이</td></tr>
</table>

2.2 우리나라에서 발생한 지진(최근)

〈출처; 기상청〉

우리나라에서 발생한 지진은 규모 3.0 내외의 지진들이 대부분이며 최근에 발생한 지진 중 규모가 컸던 지진은 1978.10.7 발생한 홍성지진(규모 5.0)과 1996.12.13 발생한 영월지진(규모 4.5)이며 두 지진의 개요와 피해 상황은 다음과 같다.

(1) 홍성지진

1) 발생 일시 : 1978년 10월 7일 오후 6시 19분 경
2) 발생 상소 : 충청남도 홍성군 홍성읍 일원
3) 지진 개요 : 북위 36.6도, 동경 126.7도를 진앙으로 리히터 규모 5.0의 강진이 발생하여 홍성 군청을 중심으로 반경 500m 내에 심한 피해가 집중되었는데 쾅 하는 굉음이 함께 홍성 읍 주민 모두가 공포에 떨 정도의 진동이 발생.
4) 피해 내용 : 부상 2명, 총 피해액 20억 원, 건물 파손 118동, 건물균열 1000여 개소 성곽 붕괴 90m, 상품, 가구 및 담장 등의 파손 670여건이 발생. 또한 일시적인 정전과 전화 불통상태가 있었으며 지면에는 폭 1cm, 길이 5~10cm 정도의 균열이 발생.

〈그림〉 1978년 홍성 지진에 의한 피해

(2) 영월지진

1) 발생 일시 : 1996년 12월 13일 오후 1시 10분 경

2) 발생 장소 : 강원도 영월군 동쪽 20km 지역

3) 지진 개요 : 북위 37.2도, 동경 128.8도 에서 리히터 규모 4.5의 지진이 발생하였으며, 소규모의 여진이 다섯 차례나 잇따라 발생. 전국적으로 지진에 의한 지반진동을 느낄 수 있었으며, 지진 감지범위는 반경 450km 가량이었음.

4) 피해 내용 : 영월군 에서는 상점의 대형 유리가 깨지고 건물 벽 등에 균열이 발생. 영월에서 130km 떨어진 대전에도 석교동과 대흥동을 연결하는 송전시설의 애자가 파손되어 일대 1600여 가구에 20분간 정전. 전체적으로 지진피해는 주로 벽돌 벽의 균열이거나 벽돌 벽과 철근 콘크리트 골조와의 경계에 균열 또는 마감재의 균열이 발생.

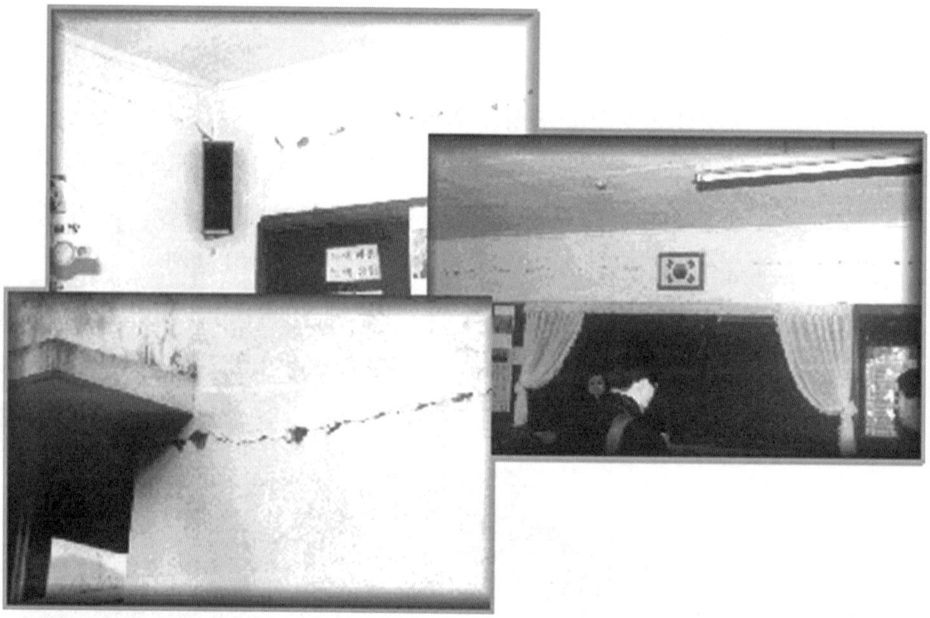

〈사진〉 1996년 영월지진에 의한 피해

2.3 우리나라 동해안 지진 해일로 인한 피해 사례

〈출처; 기상청〉

우리나라에서 발생하는 해일은 주로 폭풍해일이지만, 드물게는 지진해일이 나타나기도 한다. 역사적으로는〈증보문헌비고〉에 1088년의 해일이 처음으로 기록되어 있고, 〈조선왕조실록〉에 따르면 1392~1903년에 모두 44회의 해일이 발생하였으며, 그 대부분은 서해안에서 폭풍과 관계된 것들이다. 지진해일은 1741년(영조 17년) 강원도 평해외, 1940년 나진 · 묵호에서 발생하였다.

최근에도 우리나라에서는 1983년과 1993년 일본에서 발생한 지진 해일로 인하여 동해안에서 피해가 발생하였다.

2.3.1 1983년 지진해일(아키다 지진 해일)

1) 발생 시기 : 1983년 5월 26~27일
2) 진원시 : 1983년 5월 26일 11시 59분 57.5초
3) 진앙 : 일본 혼슈 아키다현 서쪽 근해(북위 40.4°, 동경 139.1°)
4) 규모 : 7.7

〈표〉 아키다 지진 해일 발생 후 동해안 주요 항구에의 제 1파 도착 시각 및 해일 특성

지명	제 1파 도착 시간	최대 파고/평균 수면 높이	주기	지속 시간
울릉도	13시 17분(77분)	136cm/80cm	12분	큰 수위 변동: 3~5 시간, 전체 24 시간 이상
묵호	13시 35분(95분)	200cm 이상/150cm 이상	14분	
속초	13시 43분(103분)	156cm/123cm	13분	
포항	13시 52분(112분)	62cm/52cm	8분	

5) 지진 해일 발생 현황

지진 발생 후 우리나라 동해안에 1시간 30분~1시간 50분 동안 10분 주기로 지진 해일이 몰려와 동해안의 여러 지역에 많은 피해를 주었다.

동해안의 해수면이 최고 3m 폭으로 높아졌다 낮아지는 해면 승강 현상이 일어나 밤 9시경까지 계속되면서, 간만의 차가 최고 6m나 되는 조수 현상까지 겹쳐 피해가 증폭되었고, "쾅" 하는 폭음과 함께 수심 5m의 항구 바닥이 드러날 정도로 한꺼번에 바닷물이 빠져나갔다가 10분 후 "쐭" 하는 소리와 함께 다시 밀려왔다.

6) 피해 상황

구분	내용
재산 피해	총 약 3억 7,000여만 원 (원덕항 2억 4,300여만 원, 삼척항 9,300여만 원, 울릉도 2,100여만 원, 울진 600여만 원 등)
인명 피해	5명 (사망 1명, 실종 2명, 부상 2명) 및 이재민 405명
건물 피해	44동 (전파 1동, 반파 22동, 침수 21동)
선박 피해	81척 (전파 47척, 반파 34척) 및 시설물 62동

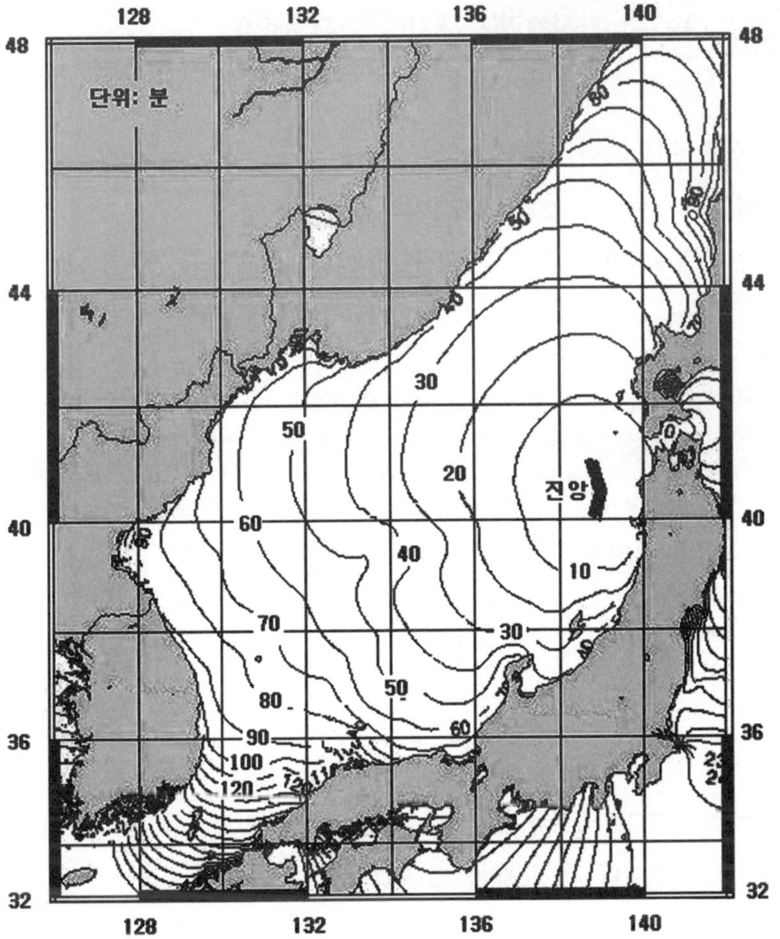

〈그림〉 일본 혼슈 아키다현 서쪽 근해에서 발생한 지진 해파 전파 상황
(1983. 5. 26, 진앙 : 40.4°N , 139.1°E)

출처 : 기상청

〈사진〉 1983년 임원항 지진해일 피해

2.3.2 1993년 지진해일(오쿠시리 지진 해일)

1) 발생 시기 : 1993년 7월 12~13일

2) 진원시 : 1993년 7월 12일 22시 17분 34.6초

3) 진앙 : 일본 홋카이도 오쿠시리섬 북서해역(북위 42.8°, 동경 139.2°)

4) 규모 : 7.8

〈표〉 오쿠시리 지진 해일 발생 후 동해안 주요 항구에의 제 1파 도착 시각 및 해일 특성

지명	제 1파 도착 시간	최대 파고/평균 수면 높이	주기	지속 시간
울릉도	23시 47분(90분)	119cm/89cm	10분	큰 수위 변동: 2~4시간, 전체 24시간 이상
속초	00시 00분(103분)	203cm이상/130cm이상	10분	
동해	00시 09분(112분)	276cm/213cm	6분	
포항	01시 18분(181분)	92cm/76cm	8분	

5) 지진 해일 발생 현황

지진 발생 후 우리나라 동해안에 1시간 30분~3시간 동안 10분 주기로 지진 해일이 밀려와 많은 피해를 주었다. 울릉도와 속초시 대포항, 장사항의 어선 침몰을 비롯하여 동해, 삼척, 임원항에 이르는 강원도와 경상북도 동해안 일원에 최대 2~3m의 지진 해일이 발생하였으나 1983년 아키다 지진 해일과는 달리, 기상청이 22시 50분 지진 해일 특보를 발표하고, 신속한 지진 해일 대비 업무를 수행하여 인명 피해는 없었으며 재산 피해도 줄일 수 있었다.

6) 피해 상황

재산 피해	총 약 3억 9,000여만 원
인명 피해	없음
어망/어구	3,000여 통
선박 피해	35척(소형) 및 시설물

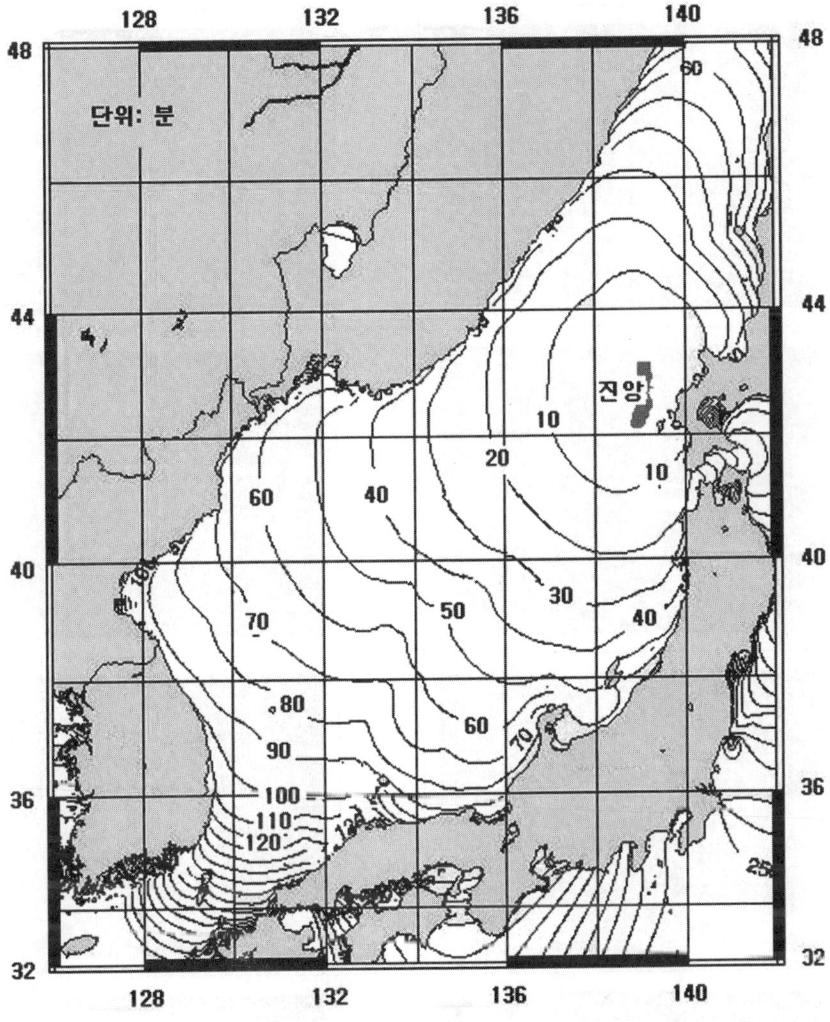

〈그림〉 일본 홋카이도 오쿠시리섬 북서쪽 근해 지점에서 발생한 지진 해파 전파 상황(1993. 7. 12, 진앙 : 42.8°N, 139.2°E ; 속초에는 약 100분 후에 해일이 시작됨을 알 수 있음)

출처 : 기상청

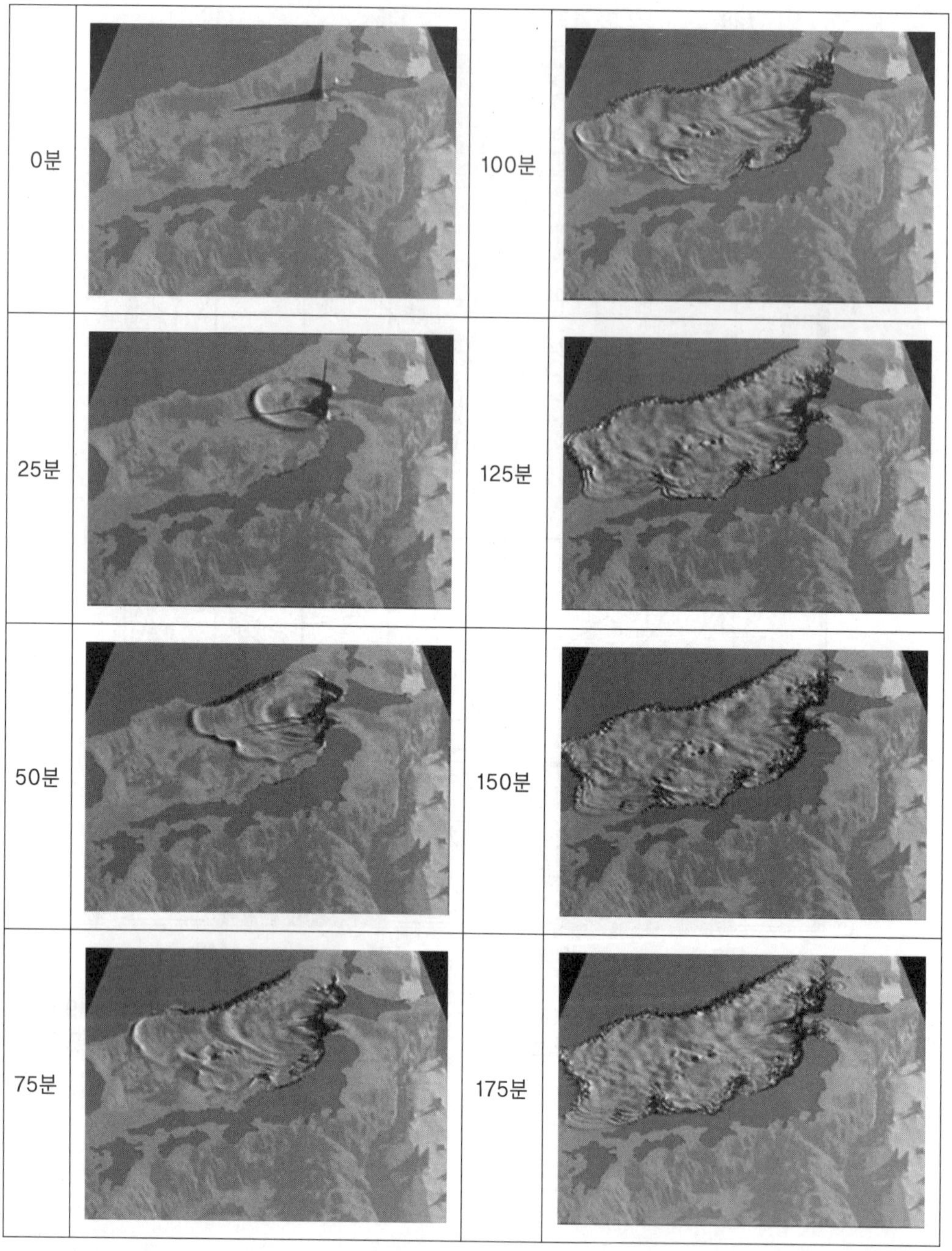

〈그림〉 일본 홋카이도 오쿠시리섬 북서 해역에서 발생한 지진 해파 전파 상황 모의실험(경과 시간 : 175분)

출처 : 기상청

〈그림〉 1993년 오쿠시리 지진해일로 인한 강원도 삼척 정나진항에 지진해일 발생 전(上) 후(下)의 모습

2.4 우리나라에서 지진이 발생하는 원인

2.4.1 발생원인

우리나라에서 발생하는 지진은 판내 지진(Intraplate Earthquake)으로 분류 되고 있고, 25만 명의 희생자가 발생한 중국의 당산(1976년) 대 지진도 판내 지진이였다.

판내 지진의 특징은 재현주기가 상당히 긴 특성을 가지고 있고 지각판 내부에서 발생하고 있으며 오랜 기간 응력이 쌓여 발생하는 특징을 가지고 있다.

판내 지진은 전체 지진발생 숫자의 15% 미만에 불과하나 인명 및 재산상 피해의 약 85%에 달한다.

기상청에 따르면 2006년 초부터 12월 31일까지 우리나라에서 지진이 발생한 횟수는 모두 50차례로 지진이 가장 빈번했던 2002년 한 해 동안(49차례)의 발생 횟수를 초과하였다.

최근 우리가 주목해 봐야 할 것은 2005년 3월20일에 발생한 부산 앞 바다 140km 지점의 후쿠오카 지진으로, 이번 지진의 여파는 한반도까지 강타하였다. 지금까지 판의 내부에 존재하는 한반도는 안전지대로 여겨져 왔고 일본 내에서도 후쿠오카는 1904년 이후 진도 4이상의 지진이 발생하지 않은 지진 안전 지역 이였다.

일본 정부는 작년 말, 일본 각지의 지진 피해 예측 결과를 발표했는데 후쿠오카에서 지진이 일어날 확률은 천년에 1번 미만이라고 했지만 후쿠오카에 발생한 규모 7.0의 강진은 천년에 한번 미만의 확률을 무색하게 만들었다.

지금까지 백여 차례의 여진이 발생한 겐카이섬은 후쿠오카 지진 및 여진의 최대 피해 지역으로 건물과 가옥 붕괴로 수백 명이 부상당했고, 주민 7백여 명을 비롯해 3천여 명이 피난 생활을 하고 있다. 강한 지진이 일어나면 그보다 약한 여진이 수백 차례 계속되기도 하는데 천문연구원의 자료에 따르면 "우리나라와 일본이 판 구조에서의 움직임이 실질적으로 확인이 되었고 우리나라 같은 경우에는 일 년에 최대 3.6mm 이내의 움직임" 을 보이고 있는 것으로 확인되었다.

일본 후쿠오카와 같이 판 내부에 위치해 지진 안전지대라고 알려진 한반도 지각. 을 GPS(지구위치확인시스템) 관측 데이터를 통한 한반도 지각 움직임 추적한 결과는 한반도 지각이 움직이고 있다는 것이 확인되었다. 2000년대 들어서면서 지진 횟수는 연평균 40번을 넘고 10년 새 지진이 두 배나 증가했으며, 강도 또한 강해지는 경향을 보이고 있다.

지진 전문가들은 한반도를 중심으로 하는 새로운 지각판의 존재 가능성에 대해 연구를 진행하고 있고 한반도가 더 이상 판 내부의 지진 안전지대가 아니다 라고 말하고 있다.

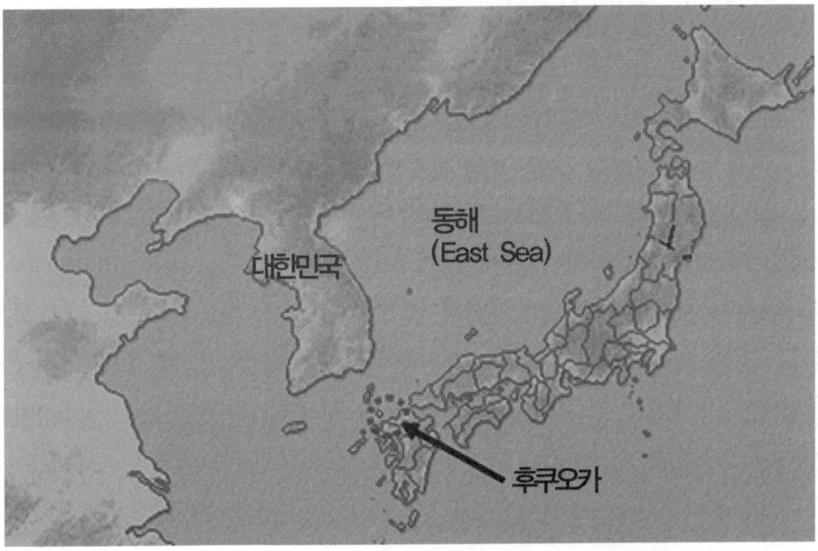

〈그림〉 2005.3.20일 지진이 발생한 일본 후쿠오카의 위치

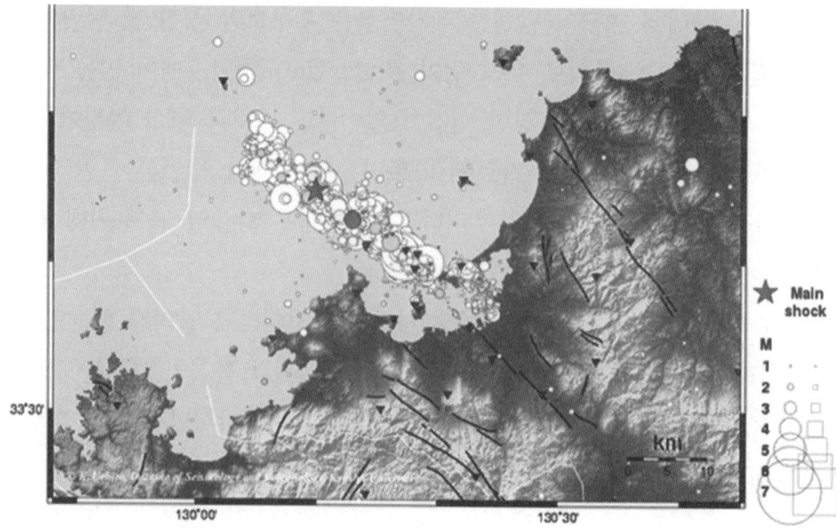

〈그림〉 2005.3.20 일 발생한 후쿠오카 지진활동 Map

출처 : 일본 큐슈대학 지진화산 관측연구 센터

2.4.2 우리나라의 지진피해 방지대책

국내에 내진설계 개념이 도입되어 건축물에 적용되기 시작한 것은 1988년부터 이고 교량에 적용되기 시작한 것은 1993년부터이다. 10~15%의 재료비가 증가하는 내진구조 설계는 일률적인 방법으로 도입되지는 못했으나 구조물의 내진구조 설계개념은 적극적으로 도입되어 왔다. 내진설계가 도입된 이후 건설구조물의 내진성능은 많이 향상되었지만 내진설계 도입 이전에 종전의 규정에 따라 지어진 건축물은 지진 발생 시 그 안전성이 의문시된다. 우리나라에서 발생하는 지진하중의 특성상 구조물의 붕괴까지는 가지 않는다 하더라도 마감재와 구조물 및 설비기기 등의 파손은 예상할 수 있다.

〈표〉 세계주요도시 재해위험지수

도시명	재해위험 지수
도쿄 요코하마	710
샌프란시스코	167
오사카 고베	92
뉴욕	42
런던	30
파리	25
서울	15
베이징	15
싱가포르	3.5

출처: 2003년 독일 뮌헨 재보험 회사 보고서

내진구조설계는 기본적으로 인명피해의 방지를 목적으로 하고 있지만 다른 한편으로는 경제적 부담을 주게 되므로 우리나라처럼 지진이 빈번하게 발생하지 않은 지역에서는 내진설계 기준을 현재보다 강화하는 것이 부적절하다고 엔지니어들은 지적하고 있다. 1988년에 제정된 건축물에 해당되는 내진구조 설계기준을 보면 건물 중요도와 지진지역의 여부에 따라서 기준을 달리하고 있고, 건물 중요도는 건물의 용도와 기능에 따라서 숫자가 클수록 중요도도 높은 것으로 지정되어있다.

〈표〉 건물 중요도 구분

중요도	해당 건물
3	응급실(외과)이 있는 병원, 발전소 및 비상사태 지원시설물, 비상재해경보센터, 방송국. 신문사 등의 언론기관, 전신전화국, 우체국, 소방서. 경찰서, 주요행정관서.
2	1실에 3백 명 이상을 수용하는 집회장이 있는 건물, 3천명 이상의 수용능력을 갖는 야외스탠드, 탁아소, 유치원, 초중고교 및 대학교, 6층 이상의 아파트나 숙박시설.
1	중요도 3, 2에 속하지 않는 건물.

우리나라의 지진 구역도를 살펴보면 지진구역은 0, 1, 2로 나누어지는데 구역 0은 내진설계가 필요 없는 지역으로 함경도. 평안도가 여기에 해당된다. 구역 1은 전남도 강원도지역으로 가속도는 0.08g이다. 구역 2는 가속도가 0.12g으로 서울과 평양을 포함한 남한 전 지역이 해당된다.

(1) 우리나라 지진위험도 발생여건 비교

〈표〉 지진발생빈도 비교(회/년)

규모(M)	한국	일본	전 세계
6.0이상	0.0	10	100
5.0이상	0.2	100	3,000
4.0이상	1.3	400	15,000
3.0이상	9.0	1,200	100,000

출처 : 기상청

미국 건축기준(Uniform Build Code, 1997) 에 의하면 지진구역을 5개 등급(1, 2A, 2B, 3, 4) 으로 분류하였는데 우리나라는 최소 지진 구역인 0등급(서울) 과 1등급(부산, 광주, 김해)에 해당되고 터키, 대만, 일본 고베 등은 4등급에 해당된다.

(2) 내진설계기준 적용현황

홍성지진(1978) 이후 댐(1979부터), 터널(1985), 건축물(1988), 고속철도(1991), 교량(1992) 등 10종의 주요시설물에 대한 내진설계를 의무화 하였고 1995 한신(고베)대지진 이후 지하철, 공항, 수문 등 내진설계 대상시설을 확대하고 내진기준도 상향 조정 (지진규모 4.5~5 → 5~7)

〈표〉 현행 시설물별 내진설계 기준

구조물	제정 년도	적용규모	구조물	제정 년도	적용규모
댐	1979	5.4~6.2	터널	1985	5.7~6.3
건축물	1988	5.5~6.5	철도	1991	5.7~6.4
고속철도	1991	5.5~7.0	교량	1992	5.7~6.3
수문	2000	5.7~6.1	지중 구조물	2000	5.5~6.0
공항	2004	5.5~6.0	지하철	2005 예정	5.7~6.3

출처 : 건설교통부

(3) 내진설계 및 미적용 시설물 보강대책

1) 시설물 보강대책

- 고속철도 노선과 댐(23개)은 모두 내진설계 적용
- 지하철 22개 노선 중 서울 9호선, 광주 1호선 등 6개 노선 적용
- 2005년부터 내진설계적용, 미적용 16개 지하철 노선은 내진평가 착수
- 교량터널 등 주요 교통시설 11,263개소 중 7,115개소(63%) 적용
- 교량 9,221개소 중 6,931개소(75%)는 내진설계 반영
- 내진보강이 필요한 교량 2,284개소에 대해 ' 2001년부터 낙교 방시 시실 등 보강을 시행 중 (136개소 완료)
- 당초 '2015년 완료 계획을 '2010년까지 조기시행 (총 5,742억 원 소요)
- 도로터널은 굴착 식 공법으로 건설되어 내진성능 확보(377개소)
- 철도터널 중 보강이 필요한 개착식, 기둥 식 터널(187개소)은 보강이 완료된 22개소를 제외하고 내진성능 평가에 따라 단계적 추진(165개소)

2) 6층 이상 건축물 97,784동 중 35,442동(36%)은 내진설계 적용

- 풍 하중을 감안한 설계가 되어있어 미적용 건축물도 내진성능 보유(규모 4~5 정도)
- 재건축시 내진설계를 반영하고 있으며, 리모델링 관련 내진보강을 의무화하도록 검토하고 경제적인 내진성능 향상기술과 공법 등을 마련, 보강 권장 (2005)

※ 일본의 경우도 주택 등 지진취약 건축물은 정부차원의 내진보강을 위한 특별한 대책을 강구하지 못하고 있음. 소유자 등에게 예산문제 등 부담가중으로 인하여 정부는 내진평가 및 보수보강매뉴얼 등을 보급, 권장하고 있음

(4) R&D 연구사업 추진

1) 지구 온난화에 따른 기후변화에 대응하기 위한 시설물 설계기준 강화(2005) 연구

2) 모의 지진실험 등이 가능한 「대용량 지진모사 실험시설」 설치

- 교량구조물, 초고층건축물, 라이프라인 등 내진성능실험
- 내진보강 건설재료 성능실험 및 지진 충격, 충돌시험
- 지진에 의한 지반 액상화 및 댐, 방파제 등 호안 내진실험
- 해저지진(쓰나미) 시뮬레이션 실험
- 비내진 구조물 내진성능평가 및 보수, 보강기술 연구

3) 교통수단 및 주요시설물 지진대응 시스템 개발

- 고속운행 철도나 이착륙 항공기 등 운행과 장대교량의 안전성 확보
- 터널 등의 안전성 확보를 위하여 지진 발생 후 극히 단기간 이내에 지진응답 계측 작동, 경보발령, 운행중지, 교통차단 등 예방조치 가능체계 구축

4) 고층 및 특수시설물 면진 공법 적용, 충돌 이탈 방지장치 의무화 및 품질확보 기준 마련

- 고층 및 특수시설물의 지진영향을 제어하는 면진 공법의 성능평가기준 및 제품생산, 품질확보 등의 인증제 도입으로 신뢰성 확보
- 교량의 충돌이탈 방지시설의 설계 상세도 · 시공 지침을 마련, 지진 발생 시 안전성 확보

5) 대도시 등 주요지역 지반 현황지도 작성

- 재난에 의한 시설물 지반 침하, 피해시설물 등의 신속한 복구, 위험 시설물의 조사, 보강시 지반 안정성 확인 등 필요

CHAPTER_03

지진에 대한 준비

3.1 지진이 일어나기 전에 해야 할 일

3.2 지진발생시 행동 요령

3.3 우리나라의 해안림 관리실태

3.4 일본의 대비책

3.1 지진이 일어나기 전에 해야 할 일

〈출처; 기상청, 소방방재청〉

3.1.1 사전점검 사항

- 지진에 어느 정도 견딜 수 있는지 미리 검사를 해 보고, 가구들은 가급적 벽에 고정을 시켜 놓는다.
- 유리가 파손되어 부상을 입을 수 있으므로 유리를 이중유리로 바꾸거나 비산 방지용 필름을 실내 쪽에 붙인다. 다만 필름은 일정 이상의 두께가 있어야 하고 강 접착제를 이용하여 접착한다.
- 불을 사용하는 제품들의 안전장치를 확인해 놓고, 소화기를 설치한다.
- 식량은 약 최소한 3일 분을 준비해 놓는다. 지진이 나서 구호물자가 배포되기까지는 조금 시간이 걸리기 때문이다. 쌀이나 건빵, 인스턴트식품, 캔 등. 물은 1인당 하루 3L를 먹는다고 생각해 준비한다. 물을 비축해 둘 때는 커다란 20L 폴리탱크보다는 페트병으로 모아두는 것이 편하며, 음료수를 살 때마다 하나씩 유효 기간을 보아 가면서 보충한다.
- 방재품(防災品)은 한 곳에 모아두면 꺼내기 힘들어질 수도 있기 때문에 여러 곳에 나누어 보관한다. 특히 집이 다 파괴될 경우를 생각한다면 자동차의 트렁크가 적당하다. 방재품으로는 식량, 간이 천막이 될 수 있는 커다란 비닐시트, 넘어진 가구나 기둥을 세우기 위해 자동차의 쟈키, 물이 부족한 상황에서 식기를 씻지 않고 계속

사용할 수 있도록 랩을 준비해 놓으면 편리하다.

- 베갯머리에는 호루라기와 슬리퍼를 놓아둔다. 호루라기는 만약 건물 밑에 깔렸을 경우 소리치는 것보다 효과적이며 슬리퍼는 유리창이 깨져서 떨어졌을 때 발을 보호한다.
- 어린아이가 있는 집에서는 육아 용품을 어느 정도는 보관해 둔다. (일본의 한신 고베 대지진의 경우 다른 구호물자에 비해 적었기 때문이다).
- 가족 간의 연락 수단을 미리 정해 놓는다. 지정한 대피 장소를 확인하고 이곳에 모이도록 한다.
- 평상시 이웃과의 관계를 잘 유지한다. (지진이 나서 피해를 입으면 최소 3개월 정도는 피난 장소에서 이웃과 공동생활을 해야 하는데 그럴 경우 서로 간에 심적으로 부담이 되지 않기 위해 이웃과의 관계를 잘 유지한다).

〈그림〉 지진대비 훈련

【사진설명】 대지진 발생을 가상한 방재훈련이 실시된 2005.10.1일 일본 도쿄의 제9 스나마치 초등학교에서 2학년 어린이 2명이 책상 밑으로 대피하고 있다.

출처 : 도쿄 AP=연합뉴스

3.1.2 평소의 대비

(1) 가정에서의 지진대비

- 라디오, 손전등, 비상구급함을 준비하고 가족 모두가 준비물이 어디에 있는지 숙지하며 배터리는 손이 닿는 곳에 보관한다.
- 응급 처리방법, 비상시 행동요령을 알아둔다.
- 가스, 전기퓨즈상자, 수도의 밸브위치를 알아두고 가족 모두가 잠그는 법을 알게 한다.
- 냉장고 책상, 난방장치, 가열기 등의 설치가 안전한지, 확인하고 가구들은 벽에 고정하는 것이 좋다
- 소방 기구를 비치해 두고 사용법을 숙지한다.
- 위험물의 보관 상태를 점검한다.
- 높은 선반 위에 무거운 물건을 놓아두지 않는다.
- 그 외 가구 등을 벽에 고정시키거나 지진 발생 후 가족이 헤어 졌을 때 만나는 방법을 계획해 둔다.
- 모든 가구의 문고리, 개폐장치가 튼튼한지 확인한다.
- 인화물질은 안전한 곳에 보관한다.
- 침대는 유리 창문 가까이 두지 않는 것이 좋다.
- 침대 머리맡에 무거운 장식품을 두지 않도록 한다.
- 항상 출구는 비워두어 비상시 장애가 되지 않도록 한다.
- 비상시 가족들이 담당해야 할 일을 미리 정해 둔다.
- 집 주위에 적십자사, 대피소, 학교, 공원 등을 알아둔다.

(2) 회사에서 지진대비

- 각 부서에 비상 조를 편성하고 담당업무에 대하여 자체훈련을 실시한다.
- 지진이 발생하는 경우 각자의 대비방법을 알아둔다.
- 작업장내의 시설물을 지진안전규정에 맞게 개선한다.
- 높은 곳에 인화물을 두지 않도록 한다.
- 전기를 끄고 가스와 수도를 잠그는 방법을 알아둔다.

- 비상탈출구를 확보해 둔다.
- 2층 이상의 층에 근무하는 직원의 안전한 대피계획을 세워둔다.
- 신체장애 · 노약자의 안전대책을 미리 세워둔다.
- 직장 내의 비상대피지역을 마련해 둔다.
- 소화기를 점검하고 사용방법을 익혀둔다.
- 직장 내에서 지진에 대비하기 위한 계획을 수립한다.
- 건물에 창문이 없는 경우 비상시의 통풍관계와 절전에 대비한다.
- 비상시 직원들과의 연락대책을 세워둔다.
- 전도방지를 위해서 전도 방지장치를 부착한다.

(3) 업무용 빌딩과 도서관

- 높은 곳에 올려둔 물건은 지진 발생 시 낙하로 인한 인명피해 우려가 있으므로 단단히 고정시키거나 낮은 곳으로 내려놓는다.
- 중량물 또는 키가 큰 물건 즉, 컴퓨터 터미널, 책장, 캐비닛, 락커 등은 출구를 막을 염려가 있으니 출구 부근을 피해 배치한다.
- 높이가 낮은 가구 위의 물건(컴퓨터, 본체, 프린터, 타자기 등)은 특수 테이프 등으로 위치를 고정시킬 것. 가능하다면 도난 방지용 잠금 장치를 활용.
- 컴퓨터의 활용도가 높은 경우, 비상 전원 등의 특별한 대비책을 수립한다.
- 창문이나 유리 칸막이벽은 지진 시 파손되기 때문에 일정거리를 확보한다.
- 모든 책장(사무용 가구)은 넘어짐에 대비하여 전도방지 장치를 부착한다.

(4) 실험실 및 창고

- 지진 시 재난을 초래할 수 있는 중장비, 가구, 화공약품, 가스 실린더, 실험장치 등에 대한 안전조치를 수립한다.
- 화공 약품들은 지진 진동 시 진동 방지 장치가 있는 사무용 가구나 캐비닛 속에 보관한다.
- 높은 곳에 올려진 무거운 물건은 바닥으로 내려놓는다.
- 고가의 실험장비나 컴퓨터는 파손 방지를 위해 고정해 둔다.
- 대형 실험 장비는 바닥에 확실히 고정시킨다.

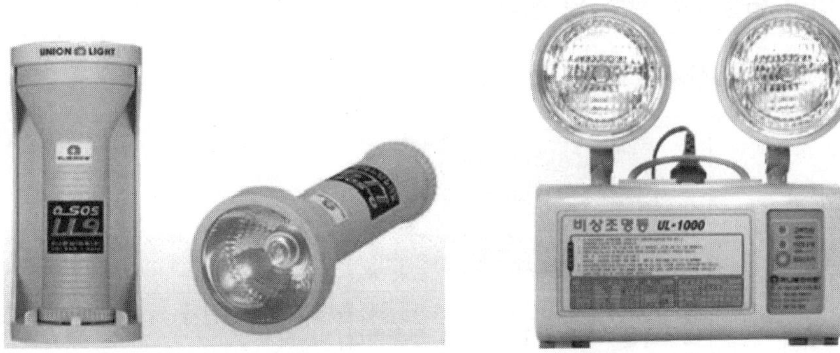

〈그림〉 휴대용 비상등과 비상조명등

(5) 비상 구급상자 및 비상용품확보

1) 비상 구급상자

소독용 알코올(소독약), 아스피린, 기침약, 안약, 진통제, 소화제, 설사약 솜, 붕대, 가제, 핀셋, 가위, 온도계, 위생용 헝겊 정수제 등

2) 비상용품

종이컵, 종이식기, 테이프, 장갑, 후레쉬, 라디오, 휴대폰 예비 배터리, 건전지, 생리대, 구급약품, 레인코트, 수건, 호루라기, 로프, 휴지, 마스크, 양말, 속옷, 고형연료, 비닐 백, 만능 서바이벌 나이프, 나이프, 비상용 쌀(5년 보관기능 100g × 4포) 물(5년 보관가능 500ML × 4병)

〈그림〉 일본에서 판매중인 재난 구급 세트

(6) 비상 탈출용품 확보 및 점검

1) 비상용 탈출상자

외 형	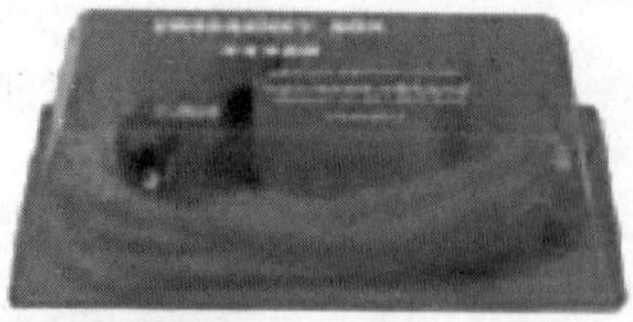
사용법	화재시 비상용 BOX를 깨고 내용물을 꺼내어, 랜턴을 켜고, 방염마스크를 쓴 후 고무줄을 턱에 걸고 입으로 호흡한다. 비상용밧줄을 단단하게 묶은 후 비상밧줄을 잡고 침착하게 내려온다.
비상용박스 구성	비상용 랜턴 : 가시거리 30m 비상 밧줄 : 3층4층 ~10층까지 방염 마스크 : 유독성가스 차단

2) 피난 사다리

외 형	 출처: 한국소방공사
사용법	화재시 계단 등의 피난시설을 이용할 수 없을 때 피난 사다리를 건물 외벽에 전개한 후 사용한다.
비상용박스 구성	사용하기에 간편하고 협소한 장소에서도 남의 도움 없이도 안전하게 하강.

3) 완강기

외 형	
사용법	화재시 계단 등의 피난시설을 이용할 수 없을 때 지지대에 걸어서 사용자의 몸무게에 의하여 내려올 수 있는 기구로 사용자가 교대하여 연속적으로 사용할 수 있음.
비상용박스 구성	노약자나 어린이가 사용하여도 안전하게 대피 가능. 사용하기에 간편하고 가속 없이 서서히 하강. 협소한 장소에서도 남의 도움 없이 혼자서 안전하게 하강.

3.2 지진 발생 시 행동 요령

(1) 기본 행동요령

- 당황하지 말고 침착하게 행동한다.
- 지진은 길어야 1분 이내에 종료되며 강한 진동이 계속되는 시간은 15초를 넘지 않으므로 멀리 대피하려 하지 말고 있던 장소에서 안전한 위치를 찾는다.
- 책임 있는 사람의 지시에 따라 행동한다.
- 인화성 물건인 성냥, 라이터, 가스레인지, 석유난로, 등은 사용하지 않는다.
- 평소 지진의 특성을 숙지하고, 지진 발생 시 침착하게 대처하는 자세가 필요하다
- 비상 통화를 위하여 전화는 가급적 사용을 사세한다.
- 지진 직후 자신이 무사하다면 먼저 도피하려 하지 말고 주변의 부상자 구호 등의 응급상황을 해결하여야 하며 여진은 이러한 일을 할 수 있을 만큼 시간적 간격을 두고 온다는 것도 알아둘 필요가 있다.
- 몸의 안전 확보. 튼튼한 테이블 아래로 들어가거나, 방석으로 머리를 보호하고 가구 근처에는 가지 않는다.(전도의 위험이 있으므로)
- 일단 지진으로 한 번 흔들리면 사용 중인 가스레인지나 난로의 불을 끄고, 화재에 대비하여 욕조에 물을 조금 받아 놓는다. 또한 화재 발생 시에는 이웃에게도 불을 끄라고 소리친다.
- 창이나 문을 열어 출구를 확보해 놓는다. 외국의 경우 현관문이 비틀어져서 열리지 않는 경우도 있기 때문이다.

- 실내의 유리 파편 주의. 슬리퍼나 전등은 손이 닿는 곳에 준비해 둔다.
- 낙하물(落下物)에 주의. 당황해서 집을 뛰쳐나가다 보면 머리 위에서 기와나 간판, 유리 등이 떨어져 내리기 때문에 잘 살펴보거나 헬멧을 쓴다.

(2) 화재예방

- 가스, 수도를 점검하고 파손되었다면 밸브를 잠근다.
- 가스가 샌다면 문을 활짝 열어 놓고 즉시 현장을 떠나서 해당기관에 신고한다.

〈표〉 지진화재의 발화 방지대책

	방지 대책
점검 항목	화기 사용설비(난로, 순간 온수기 등)는 어디에 있는가 화기 사용설비는 지진 시에 대비하여 전도방지가 되어 있는가 화기 사용설비는 지진 시에 자동적으로 꺼지도록 되어 있는가 화기 사용설비 주변의 가연물질은 없는가 전기배선 주위에 가연물은 없는가 전기배선주위에 무거운 물건을 올려놓았는가 가스관 주위 전기 배선 등 스파크가 발생할 가능성 있는 것은 없는가 유류등 발화 위험 또는 연소 확대 위험이 큰 것은 어디에 저장되어 있는가 유류 등의 저장방법은 안전한가

(3) 특수상황하의 행동요령

- 질서유지에 협조 : 백화점, 극장, 번화가, 지하시설 등에서는 낙하물 사고 및 정전에 대비하여 유도요원의 지시에 절대적으로 따른다.
- 열차, 버스, 지하철 내에서의 행동 : 열차, 버스, 지하철 내에서는 선반 위의 낙하물에 주의하고 특히 지하철에서는 감전 사고에 유의하여 함부로 외부에 나오지 말아야 한다.
- 운전 중인 때의 행동 : 차량을 신속하게 평지나 지하차고로 대피시킨 후 차에서 떨어진 곳으로 대피해야 한다.
- 유언비어에 현혹되지 말고 유언비어로 인한 공포분위기 조성에 침착하게 대처하고 정부의 지시에 따라 신속하게 행동한다.

(4) 행정관서(방재기관) 조치사항

- 재해대책본부 비상근무
- 상황파악, 전파 및 위험지역 주민 대피지시, 지휘통솔

- 민방위 및 예비군 비상대기 및 동원령 하달 검토
- 위험시설 안전대책 강구
- 유관기관 지원 및 협조체제 유지
- 재해발생 시 초동조치 및 응급 행동요령 등 계도
- 화재발생에 대비 예방대책 강구
- 초진 시 주민행동지침 전파
- 요동, 충돌, 낙하물에 의한 피해발생을 예방하고 화재 발생 시는 신속하게 초기 진화
- 지진 발생 후 상황을 판단하여 대피여부를 결정
- 혼란에 의한 인명 피해방지 대책 강구
- 긴급구출 및 구호활동 전개
- 유관기관 협조체제 강화

3.2.1 화재지 대처요령

지진에 의해서 발생하는 화재는 대부분 전기, 가스로 인한 화재이다. 지진 발생 후 화재가 발생하여 다행스럽게도 소방서에 화재 신고를 하였다고 하더라도 도로의 파손이나 건물의 붕괴 등으로 인하여 소방차의 접근이 어려울 수도 있을 것이다. 또한 많은 화재 신고가 소방서에 접수될 것이다. 다시 말하면 지진이 발생하였을 경우 내가 필요로 할 때 도움의 손길을 받지 못한다는 것을 인식해야 한다. 아무리 큰 화재라도 초기에는 소화기만으로 충분히 제압할 수 있다는 소방전문가들의 말을 명심하자. 즉 화재가 발생하면 가용할 수 있는 소화기나, 물을 이용하여 자체적으로 불을 끄는 것이 필요하다. 아래의 화재 대피요령은 일반적인 화재 대피요령이며 지진 발생 시에는 아래 상황보다는 훨씬 심각하게 상황이 전개될 수도 있을 것이다.

(1) 화재 대피요령

- 무엇보다도 화재가 발생하였을 때는 당황하지 말고 침착해야 한다.
- 아이들의 경우 무서운 나머지 커튼 뒤와 같은 구석으로 숨어서 오히려 더 큰 인명 피해를 가져오는 경우가 많으므로 주의해야 하며 초기 진화가 힘든 화재일 경우에

는 출입문의 문을 닫고 신속히 밖으로 대피한다.

- 화재가 발생한 경우 건물 내에 있는 사람에게 비상벨 또는 큰소리로 화재발생 사실을 알려 피난 할 수 있도록 한 후, 소방관서에 화재발생 사실에 대한 다음 사항을 신고한다.

  주소 : ○ ○ 구 ○ ○ 동 ○ ○번지 ○ ○건물

  인근 중요건물 : ○ ○ 사거리, ○ ○아파트 앞 20 m

  화재의 종류 : 가스, 유류, 전기화재 등

- 화재가 발생하면 전원스위치와 가스밸브를 차단하고 소방관이 도착하면 건물내부구조, 인명피해여부, 위험물질 여부 등을 알려준다.
- 가스계 소화약제가 방출(하론 소화설비 등의 소화설비)되는 경우에는 통상적으로 공기보다 무거워 바닥부터 가스계 소화약제가 확산됨에 따라 소화약제에 의한 질식의 우려가 있음으로 이에 주의하여 대피하여야 한다.
- 실내에 물이 있으면 불에 타기 쉬운 물건이나 칸막이, 커튼 등에 물을 뿌려 확산을 지연시켜야 하고 아래층으로 대피가 불가능할 경우 옥상으로 대피하여 구조를 요청해야 한다.

〈표〉 소화기의 종류별 진압 가능한 화재

소화기 종류	일반화재	유류화재	전기화재
분말소화기	○	○	○
하론 소화기	○	○	○
포말소화기	○	○	×

- 화재발생 상황을 판단하여 초기 소화가 가능하다고 판단되는 경우에는 준비된 소화기, 물 양동이, 소화전 등을 사용하여 화재를 소화한다.
- 비상구 등 개구부(開口部)를 통하여 대피할 때에는 반드시 개방되어 있는 개구부를 닫고 대피하여 화재와 연기의 확산을 지연시켜야 한다.
- 화재 시 사망원인의 가장 큰 사인은 질식에 의한 사망이므로 대피할 경우에는 물을 적신 손수건으로 코와 앞을 막고 안전한 곳으로 대피한다.
- 낮은 자세로 짧게 호흡하면서 출입구나 피난계단을 이용하여 대피한다.
- 출입구의 손잡이가 뜨겁거나 연기가 스며 나오면 절대로 문을 열지 말고 다른 곳으

로 대피한다.

- 연기가 창문이나 문틈 사이로 새어 들어오면 담요나 시트, 양말 등을 물에 적셔 틈을 막아야 하며, 낮은 자세로 바닥에 엎드려 짧게 숨을 쉬어야 한다.
- 가스계 소화설비가 설치되어 있는 경우에는 경고방송에 따라 신속하게 화재지역을 벗어나 안전한 곳으로 대피한다. 단 비상정지 스위치가 설치되어 있을 때에는 주위 사람과 협조하여 비상정지 스위치를 누르고 사람들이 완전히 대피한 후에 초기 화재를 진화한다.
- 건물 내에 화재가 발생하여 불길이나 연기가 주위까지 접근하여 대피가 어려울 때에는 무리하게 통로나 계단을 통하여 대피하기 보다는 건물 내에서 안전 조치를 취한 후 외부로 알려 구조를 기다려야 한다.
- 엘리베이터는 화재발생 층에서 문이 열리거나 정전으로 멈추어 갇히는 경우가 있기 때문에 화재시 승강기를 절대 이용하지 말아야 한다.
- 건물 내에 갇혀 있는 사람은 화기나 연기가 없는 창문을 통해 소리를 지르거나 흰 천을 흔들어 갇혀 있다는 사실을 외부로 알려야 한다.
- 화재지역으로부터 대피시 가장 주의하여야 할 점은 화상을 입지 않도록 하는 것이며, 수건, 커튼 및 담요 등을 물에 적신 후 뒤집어쓰고 대피 한다.

〈표〉 화재의 종류

구분	A급 화재(일반화재)	B급 화재(유류화재)	C급 화재(전기화재)
종 류	목재, 섬유, 종이, 합성수지 등	인화성 액체(유류, 구리스, 락카 등)	전기 설비와 전기기기 등 전기적인 화재
특 성	연소 후 재를 남기는 가연물의 화재	연소 후 아무 것도 남기지 않는 가연물 화재	연소 후 아무 것도 남기지 않는 가연물 화재 전류 차단 시 A급 또는 B급 화재로 발전
대 상	목재건조실, 고무창고, 섬유공장, 제재공장, 목조주택, 서적창고, 일반 업무빌딩 등	주유소, 도장(칠)업소, 보일러실, 유류창고, 약품실험실, 지하주차장	변압기실, 전산실, 통신기기실, 배전반실, 화력·수력발전소, 건물의 전기기기나 배선화재
소화기의 문자 및 색상	백색마크 A 일반화재	황색마크 B 유류화재	청색마크 C 전기화재

(2) 소화기사용 및 관리요령

1) 소화기 사용방법

① 소화기를 들고 불이 난 곳으로 신속히 이동.

② 손잡이 부분의 안전핀 제거.

③ 바람을 등지고 소화기 노즐을 불쪽으로 향한 후.

④ 손잡이를 힘껏 움켜쥔다.

2) 소화기 관리요령

① 소화기는 잘 보이고 통행에 지장을 주지 않는 장소에 비치한다.

② 직사광선을 받지 않는 장소로 습기가 없는 곳에 보관하여야 한다.

③ 화기를 사용하는 장소에는 반드시 소화기가 비치되어 있도록 하여야 한다.

④ 월 1회 이상 소화기의 상태를 확인하고 점검하여 어제든지 소화기를 사용할 수 있도록 한다.

(3) 화재지 사람의 행동 특성

화재로 인한 돌발적인 환경변화는 인간에게 흥분, 불안, 공포 등 심리적 장애를 초래하고 그 장소로부터 무조건 도피하려는 다음과 같은 행동특성을 갖게 됨으로 이러한 행동 특성을 고려하여 적절하게 대처하여 대피하여야 한다.

화재지 사람들이 보이는 특성에 대해 미국·일본의 '피난행동' 연구팀들은 90년대 다양한 화재 연구를 통해 10가지 정도의 특성을 정리하였는데 그 내용은 아래와 같다.

1) 온 길을 더듬어 달아나려 한다는 것. 에스컬레이터나 엘리베이터를 이용한 이는 각각 자신이 이용했던 수단으로 달아난다고 한다.(일상행동 지향성)

2) 친숙한 길을 선호한다는 것. 종업원의 경우는 보통 종업원 전용 계단으로 달려간다.(귀소성)

3) 어둠에 대한 두려움 때문에 관습적으로 빛이 있는 밝은 방향으로 도피하려는 경향이 있다.(향광성)

4) 폐쇄된 공간보다는 열린 공간을 향한다는 것이다.

5) 최초로 눈에 들어온 길을 선택한다는 것이다. 화재가 나면 등 뒤에 있는 계단 대신 다른 계단을 찾는 경우가 많다.

6) 지름길을 선택하려는 경향이 있다.

7) 곡선 대신 직진형의 통로를 선호한다는 것이다.

8) 눈앞의 위험으로부터 우선 탈출하고 보자는 심리 상태로서 연기나 불꽃으로 인해 미처 대피로를 찾지 못했을 때는 고층 건물의 창문이라도 뛰어 내리려는 행동이 이에 해당한다.(위험 회피성)

9) 안전하다고 평소 믿어왔던 경로를 선택한다는 것.

10) 비상시 판단능력이 저하되어 타인의 행동에 추종하려는 경향으로서 리더나 많은 사람이 가는 방향으로 따라가는 행동을 말한다(추종성).

좁은 복도를 통해 불을 피할 때 몇 명 정도가 한꺼번에 움직이는 게 효율적인지에 대해서도 연구 결과가 있는데, 쭉 뻗은 복도에서는 1㎡에 7~8명, 내리막 계단에서는 1㎡에 3~4명이 동시에 움직이는 게 피난에 적당하고 이 이상이면 병목현상이 일어난다고 한다.

화재지 피난하는 사람의 속도는 노약자의 경우 0.8m/s 정도이고, 심신이 선상하고 길에 익숙한 사람은 1.2m/s 정도이다. 자극적인 연기 농도는 피난 속도를 저하시키는데, 보통 피난 속도는 연기 농도에 반비례한다. 또한 연기 때문에 앞이 보이지 않는 경우는 피난 속도가 0.5m/s 이하로 내려가며 복도의 밝은 정도, 건축물 내부의 익숙함, 연기가 눈·목을 자극하는 정도에 따라서도 피난 속도가 영향을 받게 된다.

(4) 화재대피용 방독면 착용

〈그림〉 방독면 착용 예

1) 화재 대피용 방독면 착용방법

① 휴대주머니에서 방독면을 꺼낸다.
② 방습포장을 개봉하여 방독면을 꺼낸다.
③ 정화통을 앞쪽 아래로 향하게 하고 방독면을 머리에 쓴다.
④ 방독면 머리끈을 조인다.
⑤ 정화통을 손으로 막고 숨을 들여 마셔 착용상태가 양호한지 확인한다.
⑥ 착용 후 안전한 곳으로 이동하여 신속하게 대피한다.

3.2.2 지진 발생 시 장소별 대처요령

(1) 집안에 있을 때

1) 나와 가족의 안전

- 크게 흔들릴 때의 진동시간은 1~2분이므로 자신이 처해있는 상황에서 가장 안전한 장소로 피하는 것이다. 이때 머리 부분의 보호에 가장 신경 쓰도록 한다.
- 가구 등이 넘어지거나 떨어져서 상처를 입는 경우도 있으므로 평소부터 가구를 고정시키거나 생활용품 등이 떨어지지 않게 해두는 것이 중요하다.

2) 침착하고 빠르게 화재를 진화

- 불을 끄는 것이 우선이다. 불이 나면 침착하게 불을 끄고 사태를 살핀 뒤 안전조치를 취해야 한다.
- 석유, 가스 등을 사용하는 열기구와 전기 등 불이 날 수 있는 것들은 중간밸브를 잠그거나 스위치를 꺼야 한다.
- 옷에 불이 붙으면 담요로 몸을 감싸서 끄고 혼자일 경우 누워 뒹굴어서 끄고 연기로 인한 질식에 유의하여야 한다.

3) 놀라서 밖으로 나가지 말 것

- 건물이 무너질 가능성은 적다.
- 유리창이나 간판 등이 떨어지거나, 블록 담, 자동판매기 등이 넘어질 우려가 있는 집 밖은 더 위험하다
- 놀라서 허둥지둥 다니면 뜻밖의 부상을 당할 수도 있다.
- 창이나 문을 열어 출구를 확보해 놓는다. 외국의 경우 현관문이 비틀어져서 열리지 않는 경우도 있었다.
- 아파트 등 높은 건물에서는 비상대피 방법으로 문을 열고 나가는 곳을 확인하는 것을 잊어서는 안 된다. 외국의 경우 문이 틀어져 열지 못하게 된 사례가 상당히 많이 있었다.
- 만일의 경우를 예상하여 비상대피 방법에 대해서 평소에 늘 생각해 두며, 필요한 도구 등을 갖추어 둔다.
- 화장실, 목욕탕은 면적이 좁은데 비하여 벽면이 많아서 비교적 안전하다
- 만약 급박할 때는 위층으로 가는 것이 안전하다.
- 평소 대피로를 확인할 것.

(2) 번화가나 빌딩가에 있을 때

- 땅이 흔들리고 서있지 못할 정도가 되면 가까운 곳에 있는 기둥이나 담에라도 의지하고 싶어진다. 언뜻 보기에 튼튼해 보이는 이러한 것들이 실제는 위험한 것들이다.
- 번화가, 빌딩가, 사무실 등에서는 유리창이나 간판 등이 떨어질 때 가장 위험하다. 우선 갖고 있는 소지품으로 머리를 보호하는 것이 중요하다. 그리고 가까운 빌딩 안에 들어가 있는 것이 좋다

(3) 백화점, 극장, 지하, 운동장에 있을 때

- 혼란은 일으키지도 말고 혼란에 휩쓸리지 않도록 한다.
- 백화점이나 극장 등 사람이 많이 모이는 곳에서 무엇보다 두려운 것은 혼란이다.
- 백화점이나 극장, 지하상가 등에는 안내 담당직원이 있어 비상시에 안내하도록 되어 있다.
- 먼저 안내에 따르도록 한다. 특히, 출구나 계단으로 몰려가는 일이 없도록 한다.
- 지하는 지진 발생 시에 비교적 안전하나 정전 등의 불안에 의해 혼란이 발생할 우려가 있다. 그러나 정전이 되어도 곧바로 비상등이 켜지게 되어 있으므로 차분하게 행동하도록 한다.
- 운동장에서는 놀라서 한꺼번에 출입구로 몰려가게 되는데 넓은 운동장으로 대피하는 것이 안전하다

(4) 사무실에 있을 때

- 책상 밑에 들어가 몸의 안전을 확보한다. (넘어지는 사무용 가구나 책장은 위험)
- 사무실에서는 무너지는 사무용 가구나 책장 등으로부터 몸을 보호하는 것이 중요하다.
- 사무용 가구나 책장 등은 미리 벽에 고정시켜 둔다.
- 전열기나 전기기구 등, 화재 원인을 신속히 제거하도록 한다.
- 비상구를 확보하여 만일의 사태에 대비한다.

(5) 엘리베이터를 타고 있을 때

- 안전을 확인하고 가장 가까운 층으로 신속하게 대피를 한다.
- 갇혀진 상태일지라도 침착하게 구조를 기다린다.
- 지진이나 불이 났을 때에는 절대로 엘리베이터를 이용해서는 안 된다.
- 만일 엘리베이터에 타고 있을 때 지진을 느끼면 각 층의 버튼을 전부 눌러, 엘리베이터가 정지하면 신속하게 내려, 안전을 확인한 후 대피한다.
- 만일 갇히게 되었을지라도 침착하게 인터폰으로 관리실에 구조 요청을 하고 구조가 될 때까지 기다린다.

(6) 지하철을 타고 있을 때

- 혼란에 주의하고 먼저 몸의 안전을 확보한다.
- 넘어지지 않도록 고정되어 있는 것을 꽉 잡는다.
- 지하철 안은 비교적 안전하다. 만약 문을 열고 뛰어내리면 다른 차량으로 인해 부상을 입거나, 고압선에 감전되는 등의 사고가 발생할 수 있다.
- 갑자기 강한 충격이 올 수 있으므로 손잡이 등 차체에 고정되어 있는 것을 꽉 잡고 넘어지지 않도록 한다.
- 차내 안내방송에 따라서 움직인다. 개인행동은 혼란의 원인이 된다.
- 지하철역에서는 일시 정전이 되어도 비상등이 켜지게 되어 있다. 안내방송에 따르도록 한다. 놀라서 출구로 몰려가는 행위는 위험하고 혼란을 일으키게 된다.
- 열차 안에서 화재가 발생하면 반드시 밖으로 나가야 한다.
- 화재 발생 시나 긴급 상황 발생으로 지하철이 정차된 후 에는 지하철 출입쪽 의자 밑에는 비상 콕크 스위치가 설치되어 있으므로 이를 이용하여 지하철문을 열고 탈출한다. 이때에는 철로에 열차가 들어오는 가를 확인하면서 안전한 곳으로 탈출한다.

(7) 자동차를 운전하고 있을 때

- 지진이 일어나면 자동차의 타이어가 펑크 난 듯 한 상태가 되어 운전이 불가능하게 된다.
- 차간 간격을 충분히 확보한 후 도로의 오른쪽에 정차한다.
- 그 상태로 상황을 살핀 후, 대피할 필요가 있을 때에는 창문을 닫고 차문은 잠그지 말고 대피한다.

(8) 등산이나 여행 중일 때

- 산사태가 나거나 절벽이 무너질 우려가 있으므로 산 근처나 급경사지에서 큰 지진을 느끼면 곧바로 안전한 장소로 대피하도록 한다.
- 해안에는 해일이 닥칠 염려가 있으므로 시청, 소방서, 경찰서 등의 안내방송이나 TV, 라디오를 통해 해일 경보가 발령되면 신속하게 대피한다.

(9) 기타

- 유언비어에 속지 말 것
- TV, 라디오나 행정기관의 정보에 따라 행동한다.
- 대지진이 발생하면 사람들은 마음이 흔들리게 된다. 떠도는 헛소문이나 유언비어에 휩쓸리게 되면, 도리어 혼란을 더하게 할 뿐이다.
- TV, 라디오 방송이나 행정기관으로부터 직접 들은 정보만 믿고 사람들이 전하는 소문이나 출처불명의 정보에 휩쓸려 행동하는 일이 없도록 각별히 주의한다.
- 혼란을 막기 위해서는 모든 사람이 정확한 정보에 따라 침착하게 행동해야 한다.
- 혼란을 막기 위해 계엄 등의 비상상태가 선포될 수 도 있다.

3.2.3 지진 해일 발생 시 행동 요령

"해안가에서 큰 진동을 느꼈거나 바닷물이 순간적으로 빠져나가면 높은 지대로 피하라" 는 것이 지진 전문가들의 충고다. 이는 국내외 어디서든 마찬가지로 적용되는 지진해일에 대한 상황 판단법이자 대피법이다.

(1) 지진 해일 주의보 또는 경보 발생 시

- 지진 해일 특보가 발표되면 수영, 보트놀이, 낚시, 야영 등의 해안 활동을 즉시 중지하여야 한다.
- 격심한 지면 진동을 느끼면 가까운 곳에서 큰 지진이 난 것이므로 해안 지역의 주민은 즉시 높은 지대로 대피하여야 한다.
- 해안 가까운 곳에서 발생한 지진 해일은 수분 이내에 해안으로 밀려오므로 지진 경보를 듣고 대비할 여유가 없음.
- 해안에서 먼 거리에 발생한 지진 해일에 대해서는 기상청이 해일 특보를 사전에 발표하므로 이를 기준으로 하여 재해 대책 요원의 안내에 따라 대비하거나 필요한 안전 조치를 하여야 한다.
- 지진 해일은 약 10분 간격으로 반복되며 제 3~4파(약 30분 후)에서 최대가 되고 이러한 상태가 약 3~4시간 지속된 후 점차 약화되면서 하루 정도 지속된다는 점에

유의하여야 한다.

- 지진 해일 시 난 바다에서 조업 중인 선박은 해일 경보가 해제될 때까지 귀항 하지 말고, 시간적 여유가 있을 경우에는 항구 내의 선박도 먼 바다로 대피하는 것이 안전하다.
- 해일을 목격한 후에는 이미 대피 시간을 놓친 것이므로 이 때 항구 밖의 깊은 바다로 나가는 것은 매우 위험하다.

(2) 해안 지대에서의 행동 요령

- 상습 침수 지역 주민은 안전지대로 대피
- 방파제 및 바닷가에서 낚시, 사진 촬영 및 산책 금지
- 야간에 해일 내습 시 재해 예방용 주민 경보 체제를 구축 운영

(3) 선박에서의 행동 요령

- 항해나 조업 중인 선박은 주의
- 항내에 정박 중인 선박은 안전지대로 신속히 대피
- 조업 중인 모든 어선은 대피 준비 및 안전 조치 후 라디오 및 통신 장비를 가동 해 기상 정보 청취
- 항해나 조업 중인 모든 선박은 통신기(라디오) 개방 경보 청취

〈그림〉 2004.12.26 동남아 지진해일 피해

출처 : 국가 지진정보시스템 www.kmaneis.go.kr

〈그림〉 2004.12.26 동남아 지진해일 피해

출처 : 국가 지진정보시스템 www.kmaneis.go.kr

3.3 우리나라의 해안림 관리실태

〈출처; 녹색연합〉

2005.7.24일 우리나라의 환경단체에서 발표한 자료에 의하면 우리나라는 "연안재해를 막는 데 결정적 역할을 하는 해안림이 무분별한 해안도로 건설과 펜션 등 위락단지 조성으로 인해 파괴되고 있다"고 발표하였는데 "특히 지진해일의 피해 가능성이 높은 동해안 지역의 훼손 상태가 심각하다"고 밝혔다.

또한 이 단체에서 조사 한 바에 의하면 전국 해안선 5,920km 구간 중 (제주도 제외) 해안림의 길이는 933km(15.8%)에 불과한 것으로 조사됐다.

〈그림〉 동해안 연안에서 해안림 훼손이 심한 지역 출처 : 녹색연합

특히, 해안림이나 방파제가 없거나 있어도 심하게 훼손된 경우, 도로 주택 상가 등이 해안사구나 백사장까지 진입해 위험하거나 옹벽이 너무 낮은 경우 등을 기준으로 선정한 '아주 위험' 지역은 동해안 지역에서만 7곳으로 강원도 강릉시 주문진 해수욕장, 경상북도 포항시 죽천 해수욕장, 송도 해수욕장, 경상북도 경주시 봉길 해수욕장, 부산광역시 기장군 신리마을, 부산광역시 기장군 임랑 해수욕장, 일광 해수욕장 등이 그곳이다. 해일은 지진해일과 지구 온난화와에 따른 해수면 상승으로 인해 더욱 가중될 전망이지만 우리나라는 해일에 대해 고지대로 급히 피하는 것 외에 별다른 대책을 내놓지 못하고 있는 실정이다.

최근 산림청에서는 방재림으로서의 해안림 기능을 인식하고 2005년부터 해안림 조성 10개년 계획을 세워 2000ha 규모의 해안림 조성 계획을 세우고 있으나, 대상 선정과정이 구체적, 체계적이지 못할 뿐 아니라, 사유지에 대해서는 아무런 계획도 수립하지 못하고 있는 것이 현실이다.

〈표〉 재해위험 지역 선정기준

등 급	선정 기준
A 지역 (아주위험)	- 해안림이 없는 경우 - 방파제가 없거나, 있어도 심하게 훼손 된 경우. - 도로 · 주택 · 상가 등이 해안사구나 백사장까지 들어와 이격 거리가 짧고, 옹벽이 낮아 범람이 있었거나 예상되는 경우
B 지역 (보통위험)	- 해안림이 거의 없거나, 있어도 방풍 및 방조의 기능을 상실한 경우. - 방파제가 있으나 보강 중이거나 보강이 필요한 경우. - 도로 · 주택 · 상가 등이 해안가 가까이 위치해 이격 거리가 짧고, 옹벽이 낮아 범람이 우려되는 경우
C 지역 (조금위험)	- 해안림이 있어 바람과 파도를 막아주는 경우. - 방파제가 있어 바람과 파도를 막아주는 경우. - 이격 거리가 길고 옹벽이 높은 경우.

출처 : 녹색연합

〈표〉 동해안 연안에서 해안림 훼손이 심한 지역과 선정이유

주문진 해수욕장	행정구역	강원도 강릉시 주문진읍 주문진리
	선정기준	- 해안림이 있으나 해안도로, 주택 및 상가, 펜션 및 휴양시설 등이 곳곳에 있어 훼손이 심하다. - 모래가 퇴적되어 해안옹벽이 역할을 상실하였다.
죽천 해수욕장	행정구역	포항시 북구 흥해읍
	선정기준	- 해안림은 약간 있으나 방파제는 없다. - 백사장과 사구의 일부가 주차장으로 이용되고 있고, 주변에 주택과 상가가 있다. 죽천리에서 우목리에 이르는 지역에 해일피해가 우려된다.

〈표〉 동해안 연안에서 해안림 훼손이 심한 지역과 선정이유〈계속〉

송도 해수욕장	행정구역	포항시 남구 송도동
	선정기준	- 방파제는 있으나 멀리 떨어져 있고, 해안림도 없다. - 위락단지 뒤편으로 2차선??도로가 지나고 있고, 그 뒤에 해안림 있어 제 기능을 하지 못하고 있기 때문이다. - 백사장과 위락단지가 가까이 있어 모래유실이 심각한 상태이다.
봉길 해수욕장	행정구역	경상북도 경주시 양북면
	선정기준	- 해안림은 있으나 방파제는 없다. - 해안도로 바로 뒤에 위락단지가 위치해 있으며 해안사구를 주차장으로 이용하고 있다. 해안옹벽은 없다.
신리마을	행정구역	부산광역시 기장군 장안읍
	선정기준	- 방파제는 있으나 해안림은 없다. - 해수면과 이격 거리는10~15m이고, 만조수위선과 지표면의 높이 차이가 10cm 이내이며 범람할 때도 있다.
임랑 해수욕장	행정구역	부산광역시 기장군 장안읍
	선정기준	- 방파제는 있으나 해안림은 없다. - 연안침식으로 모래가 심하게 유실되었고, 만조 시 이격 거리는 20m 이내이다. 백사장 옆으로 폭 3m의 도로가 지나가고 있어 연안침식의 원인이 되고 있다. - 자연재해 대책법에 의거 경계구역으로 지정되었다.
일광 해수욕장	행정구역	부산광역시 기장군 일광면
	선정기준	- 방파제는 있으나 해안림은 없다. - 연안침식으로 모래가 유실되었고, 만조 시 이격거리는 10m 이내이다. 자연재해 대책법에 의거 경계구역으로 설정되었다.

출처 : 녹색연합

〈그림〉 포항시 죽천 해수욕장 출처 : 녹색연합

〈그림〉 경주시 봉길 해수욕장 출처 : 녹색연합

일본 학계의 연구결과, 해안림의 형성 정도에 따라 지진해일의 파괴력과 속도가 크게 약화될 수 있음이 확인되었다. 해안림이 스펀지처럼 해일을 막는 완충역할을 하기 때문에 거대한 숲이 천연 방파제 역할을 하는 것이다.

쓰나미의 속도와 에너지는 해안림 넓이(폭)에 따라 점점 줄어든다. 쓰나미의 유속과 파괴력을 저감시키기 위해서는 적어도 30m 정도의 폭이 필요하며, 우리나라 동해안까지 영향을 미치는 대규모 쓰나미의 경우 유속을 저감시키기 위해서는 60m 정도의 해안림이 필요하다. 최근 우리나라에서도 해안림의 기능에 대한 관심이 높아지고 있지만, 학계에서는 최근 20년 동안 전체 해안림의 30% 정도가 사라진 것으로 추정하고 있다.

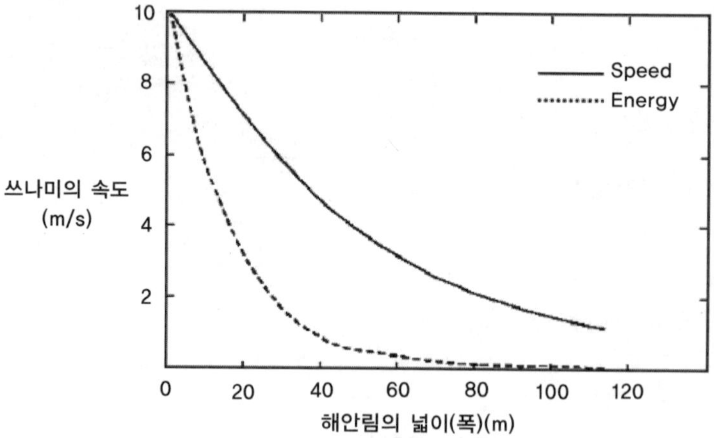

〈그림〉 쓰나미 속도와 해안림 폭과의 함수관계

출처 : 일본의 해안사방에 관한 연구 (전근우 외)

3.3.1 해안림의 훼손유형과 실태

해안림이 훼손되는 것은 재해나 병충해 같은 자연적인 원인도 일부 있지만, 그 보다도 인간의 무분별한 개발의지가 더 큰 원인으로, 해안도로, 펜션 및 위락단지, 농경지, 항만 및 공장, 건설부지, 병충해, 연안정비 사업 등이 주요 원인이다. 해안림의 훼손유형은 다음과 같다.

1) 해안도로

해변과 해안식생, 해안림이 상호 작용하는 곳에 해안도로가 건설되면 원래의 균형과 조화가 깨지게 되는데 특히 심각한 것은 해안도로가 사구와 잡목, 해안림을 모두 관통하여 백사장의 모래가 침식, 유실되고 식생이 파괴되며 그 지역에 있는 동식물의 이동에 장애가 된다는 것이 가장 큰 문제이다.

2) 펜션 및 위락단지

해안가에 펜션과 위락단지 건설이 급증함에 따라 불가피하게 해안림이 파괴되는 실정이지만 이렇게 훼손된 해안림은 대부분 복구되지 않고 방치된다.

3) 농경지

해안림이 농자물을 재배하는데 이로운 점이 많음에도 불구하고, 농경지를 이용하기 위해 해안림을 훼손하고 있다.

4) 항만 및 공장 등의 건설부지

항만이나 공장부지 승인이 나면 접근하기 위한 도로가 건설되고 해안림이 대규모로 훼손되며 쉽게 복원되지 않는다. 특별한 규제 장치가 마련되지 않는 한, 공해배출시설이 많아서 주변지역까지 오염시키는 경우가 많다.

5) 병충해

해송은 해안림을 구성하는 주요 식생인데, 소나무 제선충 등의 병충해에 취약하고 분비되는 송진은 건조할 때 산불피해를 가중시킨다는 단점이 있기 때문에 활엽수와 혼효림으로 식재하여 해송만으로 이루어진 해안림의 단점을 보완해야 할 필요가 있다.

6) 연안정비사업

해안생태계는 유기적으로 연결되어 있기 때문에 섣부른 연안정비사업은 해안생태계 전반을 무너뜨릴 수 있다. 파도의 피해를 막기 위해 설치한 호안과 방파제는 사구를 침식시키고 해안림을 파괴하며, 해안림이 사라지면 다시 사구가 침식되고 호안이 붕괴되는 악순환이 반복되므로 연안정비 사업 추진 시에 환경 영향에 대해서 면밀한 검토가 필요하다.

3.3.2 동해안의 지진해일 방재 대책

최근의 조사에 의하면 동해안 지역 대부분의 해안림이 심하게 훼손되었고 도로 주택 상가 등이 해안사구나 백사장에 인접해있어 지진해일로 부터 무방비로 노출돼 있다는 지적이 제기되었다. 특히 해안주민들은 지진해일 대피요령 등이 훈련되지 않은 상태이며 지진해일이라는 용어 자체부터 생소하게 느끼는 있는 실정이다.

(1) 매뉴얼

매뉴얼의 궁극적 목적은 사람의 생명과 재산을 지키는 것인데 지자체에서 추진하는 것이 주민들에게 실질적으로 전달되고, 위험 상황에서 순서에 맞게 행동하는 것이 중요하다. 대피지도에는 임시대피 장소와 침수 예상지 등을 표시해서 지역주민이나 사람들이 오가는 곳에 비치하여 숙지할 수 있게 하는 것이 필요하다.

(2) 방풍림이나 방조림 형성

지진해일과 관련해 해안림의 역할은 해일을 차단하는 것과 해일로 인한 강한 압력을 차단하는 것이다. 쓰나미 속도를 완화하고 침투율을 저감 시킬 수 있는 것이 해안림인데, 인도에서는 방재대책의 일환으로 해안선에서 500m는 그린벨트로 개발을 제한하고 있다. 우리나라는 상업시설에 노출되어 있고, 이러한 상업 시설을 옮기기 어려우므로 소프트한 구조물로 저감할 수 있는 대책이 수립돼야 한다. 위험지역에서 이주하는 것이 가장 간단한 방법이지만 이를 추진하기에는 경제적 문제나 주민반발 등의 어려움이 있다.

〈그림〉 일본 아키타현에서 직접 관리 · 실험 · 연구하고 있는 해안림 묘목 연구배양장

(3) 방재의식 교육 및 훈련

방조제 등의 적극적인 노력들은 경제성이 떨어지기 때문에 적극적인 예견이나 대피훈련, 사전준비를 통해 인명피해를 예방하는 것이 중요하다. 또한 각종 시설에 대한 내진성을 강화하고 대응시스템을 구축하는 업무도 필요하다.

주민의 방재의식이 부족하면 의미가 없으므로, 재난은 나에게 발생할 가능성이 있다는 것에 대한 위기의식의 변화가 중요하며, 훈련은 생활 속에서 자연스럽게 실시하여야만 위급한 상황에서 효과를 발휘 할 수가 있다. 행정기관 등 훈련을 실시하는 주체가 주민들이 자발적으로 참여할 수 있도록 하는 방안을 마련해야 한다.

(4) 방재 담당 전문 인력 확보

전문조직과 함께 방재 담당 전문 인력도 필요하다. 일시적이고 한시적인 것이 아니라 이러한 대책이 효과가 미치도록 지속적으로 추진해야 한다.

지진해일의 경우 지역여건과 상황을 잘 알 수 있는 인력이 대비책을 만들어야 하고 실천 가능한 것을 제시해야 한다. 한시적인 내용이 아니라 파급성 있고 연속적으로 추진할 때 방재효과를 극대화할 수 있다.

(5) 표지 시설 확보

재해 상황에서 대피를 위한 표지 시설을 확충할 필요가 있다. 특히 지진해일 발생 시 높은 곳으로 대피하여야만 인명피해를 줄일 수 있으므로 대피를 위한 통로와 경로의 확보가 필요하며, 특히 동해안은 관광객이 많으므로 주민들뿐만 아니라 관광객을 위한 대피방안을 수립하는 것도 필요하다.

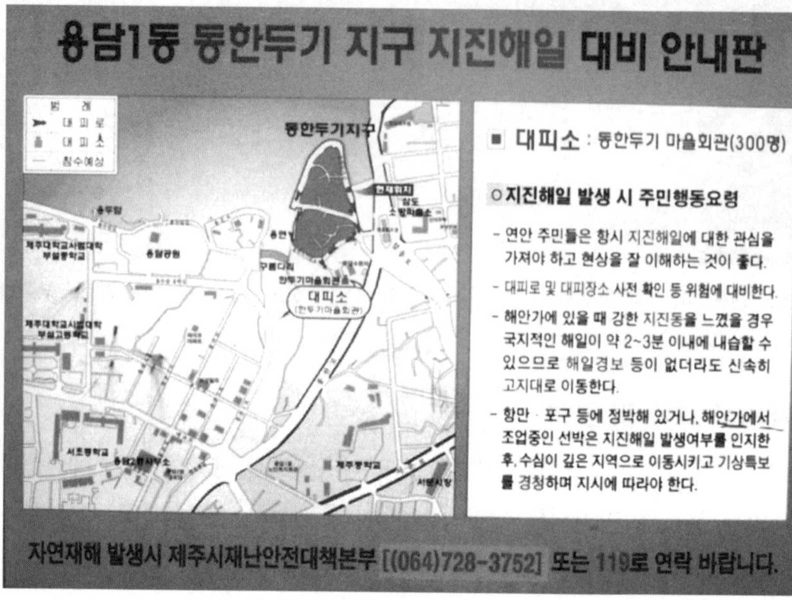

〈그림〉 제주시 용담1동 동한두기 지구 지진해일 대비 안내판

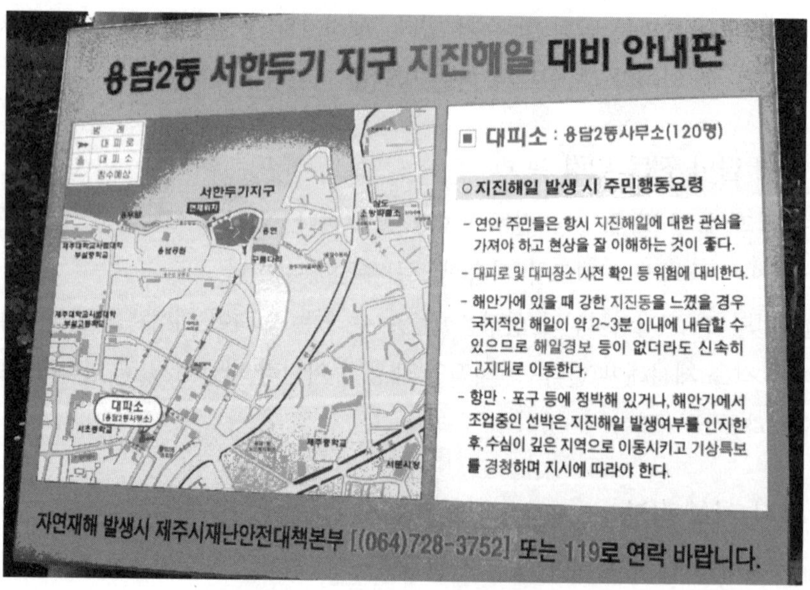

〈그림〉 제주시 용담2동 동한두기 지구 지진해일 대비 안내판

〈그림〉 강원도 고성 대진항에 설치된 풍랑위험 안내표지

〈그림〉 강원도 고성군 대진리 지진해일 대비 안내판

(6) 쓰나미 대비 구조물 건설을 검토

일본의 시즈오카현의 쓰나미 대책을 거울로 삼아 우리의 실정에 맞게 비용 대비 최대 효과를 얻을 수 있게 쓰나미 대비 구조물 즉, 쓰나미산(인공섬)이나, 방벽, 수문등의 건설을 검토할 필요가 있다.

〈그림〉 해변을 따라 펼쳐진 반달모양의 경남 남해군 삼동면 물건리 방조어부림

3.3.3 해안림 보전 및 복원을 위한 5가지 개선 방안

우리나라의 환경단체에서 제안한 해안림 보전 및 복원을 위한 방안은 아래와 같으며 이를 실현하기 위해서는 정부, 지자체의 법률적인 대책과 예산 그리고 위험에 대한 공통적인 인식의 전환이 필요하다.

(1) 해안림에 관한 제도와 사업방침, 해안림의 환경보전기능 증진과 평가법 등 해안림에 대한 기초조사를 통해 해안림에 대한 인식전환

(2) 해안림의 서식환경과 질병에 관한 연구, 바람직한 조성법과 관리법에 대한 연구를 통해 장기적이며 치밀한 해안림 조성계획 수립.

(3) 해안림의 보전을 위해 해안림 지역 내 개발과 건축 금지의 법제화.

(4) 각 지자체에서 지구별, 유형별로 재해위험 요인을 점검하고 재해위험지역에 해안림 복원계획을 수립할 것.

(5) 해안림을 개발할 경우 친 환경적인 개발이 가능하도록 계획 수립이 필요.

3.3.4 지진해일 예방법

(1) 해저 지진단층 탐사

이것은 외국의 해양도 탐지해야 하기 때문에 이웃국가와의 협조가 필요하다.

(2) 지진경보체제 구축

해일 정보시스템을 확충할 필요가 있다. 우리나라의 경우 울릉도 울릉읍 저동리에 유일하게 해일 파고계가 설치되어 있으나 후쿠오카와 가까운 부산 등에서도 추가적인 설치를 검토할 필요가 있고, 경보 발생 시 신속하게 대피하도록 민간인을 대상으로 홍보와 지진해일의 위험을 알리는 등의 노력이 필요하다. 실제로 일본에서는 경보 체제 구축 전에 14건의 지진해일로 6,000명이 사망했으나 경보체제 구축 후에는 20건의 지진해일에서 215명이 사망하는데 그쳤다.

〈그림〉 해일파고계 설치 장소 - 울릉도 동쪽 해안(울릉읍 저동리 9-1번지) 출처 : 기상청

〈그림〉 해일파고계 설치 모습 출처 : 기상청

〈표〉 울릉도에 설치되어 있는 해일 파고계 센서의 특징

General Information	
발신방식	초음파(Ultra Sonic Wave)식
측정범위	센서에서 15m까지
정확도	10 mm
작동온도	−30℃ ～ +45℃
자료간격	0.5초

출처 : 기상청

(3) 방파제, 방조제 구축

완전히 막을 수는 없으나 지진해일을 어느 정도 줄여주고 내륙 깊숙이 파도가 침투하는 것을 막을 수 있다.

(4) 해안림 보존 및 해안림 조성

일본 학계의 연구 결과 우리나라 동해안 지역의 쓰나미 유속과 파괴력을 저감시키기 위해선 폭 60미터 정도의 해안림이 필요한 것으로 지적하고 있다.

이 방법은 자연보존과 해양생태환경을 모두 고려한 방법으로 가장 이상적인 방법이지만 해안림이 조성되어 해안림으로서의 제 기능을 발휘하기까지는 장기간의 투자와 민, 관의 지속적인 노력이 필요하며 이와 관련한 관련 법규도 마련되어야 한다.

3.4 일본의 대비책

〈출처; 동경도 지진방재센터, 일본중앙방재회의〉

일본은 자연재해가 발생하기 쉬운 국토 조건으로 인해 재해대책기본법 등 관련법을 제정하여 재해의 예방이나 재해 발생 시 응급대책 등 종합적인 방재계획을 수립하고 방재시스템을 구축하고 있다.

일본은 재해, 발생 시 중앙과 지방기관은 물론 방재 관계기관과 도도부현을 중심으로 재해대책을 원활하게 수행하기 위해 방재 정보시스템을 구축하고, 대규모 재해 시에 효과적인 통신수단이 될 수 있는 무선통신시설을 정비해 나가고 있다. 재해대책용 무선망으로서는 중앙방재무선망, 소방방재무선망, 도도부현 방재행정 무선망, 시정촌 방재행정 무선망, 방재상호통신용 무선망 등이 있고 각 지방의 상황에 맞는 방재시스템이 구축되어 있다.

중앙방재무선망이라는 것은 한신(고베)대 지진 시에 유선통신 수단인 전화선은 모두 끊기거나 폭주로 불통이 되었기 때문에 방재 전용의 독립된 중앙무선망을 구축하여 재난이 발생하지 않은 평상시에도 전화망의 폭주지 활용하고 있다. 이 무선망은 인공위성을 이용하여 도서지역까지도 포괄하고 있다.

우리가 직시해야 할 사항은 일본 등과 같은 재해나 재난에 관한 방재시스템구축이 선행되어 있는 선진나라에서는 지난 몇 십 년 동안 이러한 각종 재해나 재난에 대한 연구개발이 꾸준히 진행되어 왔기 때문에 가장 기본적인 사항들이 우리 보다 잘 준비되어 있고 원활하게 운영된다는 것이다.

일본도 우리나라와 마찬가지로 재해나 재난을 막거나 해결하는 획기적인 계획이나 첨단장비와 인력 등은 없다. 오직 꾸준히 시간과 돈을 투자해 지속적으로 유지관리를 함으로써 경험과 노하우가 축적되어 보다 나은 계획, 보다 빠르고 신속한 구조복구 작업을 할 수 있는 것이다.

〈표〉 한신 대지진 이후의 주요지진

지진 명	발생 시기	규모(M)	사망 · 실종
한신 대지진	1995.1.17	7.3	6,435
돗토리현 서부지진	2000.10.6	7.3	
게이요 지진	2001.3.24	6.7	2
미야기현 앞바다지진	2003.5.26	7.1	
미야기현 북부지진	2003.7.26	6.4	
도카치 앞바다지진	2003.9.26	8.0	2
니가타현 주에쓰지진	2004.10.23	6.8	40

3.4.1 평소의 지진 대비책

(1) 방재조직 구성

– 각 지방단위, 회사 단위별로 방재조직을 구성 및 운용

(2) 시설물 유지관리강화

– 시설물 정기점검
– 구조물 보강
– 법적인 제도 마련

(3) 지진 안정성 확보

– 기존 시설물 점검 후 위험도에 따라 내진성능 보강
– 대규모 지진에 대비하여 내진설계
– 대형, 주요 시설물은 타 시설물에 비교하여 충분한 내진성능 확보
– 지반개량 등으로 액상화 방지, 대규모 개발 시 관계기관 협조
– 소규모 건축물은 액상화에 유효한 기초구조 보급 활용

(4) 교통, 통신 수단 기능강화

- 복수의 수송루트 및 대체성 확보
- 기간 통신시설정비, 통신네트워크 구축
- 안전한 귀가길 확보(토쿄)

(5) 도로시설 재해 안정성 확보

- 광역 간선도로 망 정비, 대체도로확보
- 지역 고립을 방지하기 위해 거점간 연결도로, 대체도로, 우회도로 확보
- 도로 시설 등의 내진성을 점검, 주요시설현황파악
- 재해정보 시스템 정비

(6) 해일 피해 대책의 추진

- 해안보전시설, 하천 제방등 하천관리시설정비
- 해일 피해 우려 지역 내 시설정비
- 해일 방재 장비 도입, 자동원격 조작시스템 도입추진
- 해일 피해 예상지역에서의 피난장소, 피난로 정비

(7) 시설물안전성 확보 및 지도

- 내진기준 준수 교육, 낙하물 대책, 블록담 등 안전화 대책 추진
- 기존 건축물 내진진단 보강촉진, 기술보급, 개발 상담창구 개성 등
- 주택 등 개축, 이전, 택지조성에 대한 융자지원

(8) 철도시설 안전성 확보 및 지도

- 기존 철도 시설물 내진보강추진
- 철도시설 내진기준 적용, 신설 구조물의 내진성능 향상

(9) 항만시설의 정비

- 내진성을 강화한 호안벽 등 정비, 해상수송 기능 확보를 위한 호안 벽의 내진성 강화
- 방재거점 관리 운영 매뉴얼 정비 보급
- 위기관리 정보 시스템정비, 피해 후 신속복구 가능하도록 사전 대비

(10) 항공시설의 정비

- 기존 시설물 내진성능 보강추진
- 공항 내진성능 기준등 향상추진

(11) 라이프라인 대책 추진

- 공동구 정비, 하수도시설 네트워크화, 주요구간의 이중화 추진
- 라이프라인 시설 사업자간 광역지원체제 정비

3.4.2 위기관리 체제의 정비

(1) 정보수집 연락체계정비

- 방재기관, 소속기관, 지자체 비상 연락망 사전정비
- 재해정보의 신속한 수집, 연락을 위해 체계정비
- 소속 기관의 초동 체제에 관한 매뉴얼 정비
- 비상용 발전설치, 연료 확보, 보급, 운반 체제 정비
- 방재 정보형식 표준화 및 수집, 전달 시스템의 IT화 추진

(2) 통신 수단 등의 정비

- 재해관측, 감시기기, 통신시설, 정보제공장치 정비, 정기점검 실시
- 전용회선의 복수 루트화, 디지털화 이동 무선전화 서비스 지역 확대, 위성통신 시스템의 정비, 화상전송 시스템 정비 등 종합적인 네트워크 정비
- 관계 기관 연계 및 종합적 방재 정보수집, 공유 시스템 정비

(3) 관계기관과 연계

- 관계기관과 연락망 점검, 각종 재해 응급대책 역할분담 협의

(4) 응급복구 시스템 체계구축

- 지도, 조언을 위한 지원, 전문가 등록, 관계 기관간 파견체제 정비

- 재해 대책용 기계의 정비계획 수립, 시행
- 응급 복구용 기자재 등에 대한 전국적인 비축기지 네트워크화 추진
- 긴급 시에 상호지원 및 협력을 위한 관계기관과 사전협정 체결

(5) 대체 수송체제의 정비

- 피해지역 내 수송에 지장이 없도록 수송체제 정비
- 우회루트, 대체 수송수단의 확보, 증편 및 협력체제 사전점검

(6) 2차재해 방지 체제 정비

- 2차 피해 파악 통보, 우려시설 제거계획 검토, 기자재 비축

3.4.3 방재용 무선 시스템 확보

일본의 재해대책이 큰 변화를 겪은 계기는 지난 1995년 1월 일본 간사이(일본 서부)지방을 덮친 리히터 규모 7.2의 '한신 대지진' 이었다. 당시 이 일대는 심각한 통신두절 상태를 겪었다. 이를 계기로 일본 정부는 같은 해 7월 '방재기본계획' 을 새로 개정하고, 중앙정부와 공공기관, 그리고 지방자치단체의 정보전달 체계를 유·무선과 위성·이동통신 등으로 강화했다.

일본은 중앙정부와 지방자치단체들을 연결하는 중앙방재무선망과 소방당국을 연결하는 소방방재무선망을 기반으로 지상통신망(유선망)과 위성통신망, 이동통신망 등을 이중 삼중으로 운용하고 있다. 소방방재망은 자치성 소방청과 전국의 소방서들을 연결하는 소방방재무선통신망을 기본으로 하고, 여기에 자치성 소방청과 47개 도·도·부·현(都道府縣), 그리고 소방청 소속의 216개 기지국을 연결하는 지상통신망을 별도로 설치했다.

또 위성통신망을 구축해 재해 발생으로 인해 통신이 폭주하거나 끊긴 지역을 연결하고 있으며, 각지의 이동통신 기지국과 통신차량을 이용한 이동통신망도 함께 구축중이다. 만약의 사태로 한두 가지 통신시설이 마비되더라도 네트워크의 생존성은 보장한다는 것이다.

〈그림〉 일본 효고현의 재해대책상황실

(효고현을 중심으로 한 칸사이 지방 일대와 쌍방향으로 유·무선 통신과 위성통신 등을 통해 정보를 교환할 수 있도록 네트워크가 구축되어 있다)

이 밖에도 경찰청, 방위청, 해상보안청, 기상청, 건설성 등의 지정행정기관과 일본전력, 전신전화(NTT), 일본은행 등의 지정공공기관 등은 업무의 원활한 운영을 위해 전국적인 통신망을 정비하고 있다.

앞으로는 위성통신, 화상통신 등 기능의 고도화와 대규모 재해가 발생했을 경우 정보수집·전달기능을 강화하기 위해 각 기관이 정비하고 있는 방재시스템이 호환될 수 있는 상호연계를 적극적으로 추진하고 있다.

동경도 방재센터의 경우 재해 발생 시 재해대책본부를 중심으로 각 방재기관과의 유기적인 협력체계가 구축되어 있다. 또한 재해 상황파악 및 복구 지원에 필요한 각종 정보를 유무선 통신망을 통해 원활하게 전달하기 위해 지진방재정보시스템(DIS) 및 응급대책지원시스템(EMS)을 활용하고 있다.

(1) 중앙 방재 무선

개 요	국토 보전청을 중심으로 지정 행정기관(중앙 성. 청 등 28개 기관), 관계기관(총리관저 등 5개 기관), 지정 공공기관(NTT, NHK, 동경전력 등) 및 광역 방재기지 내의 방재 관계기관(경찰청, 동경소방청, 동경도)을 연결하는 무선통신망 구축.
재해 시 이용	국토 보전청에 설치된 비상 재해대책 본부 등을 중심으로, 관계 상호 간에 재해정보의 수집 전달
평시 이용	재해 관계 사무의 조정 등 정보교환 및 재해 시에 대비한 훈련에 유효하게 활용
네트워크 구성	재난에 대응한 전용 무선통신망이며, 고정계, 이동계, 화상 전송계 및 위성 통신계로 구성

(2) 소방 방재 무선

개 요	자치성 소방청과 전국의 도도부현 사이를 연결하는 무선통신망으로써 소방청으로 부터의 모든 통보나 피해지에서의 재해정보 수집에 이용
네트워크 구성	지상계 마이크로 무선통신과 지역 위성통신 네트워크를 활용한 위성 통신계로 구성

(3) 도도부현(都道府縣) 방재 행정 무선

개 요	도도부현, 출장기관, 시정촌 등과의 지역 방재계획에 의거 재해정보의 수집, 전달을 위해 정비되어 있는 무선통신망
네트워크 구성	고정계, 이동계, 원격계측 검침계, 위성 통신계로 구성

(4) 지역 위성통신 네트워크

개 요	방재정보 전달 및 지역의 정보화 등을 목적으로, 지방 자치단체와 방재 관계기관 사이를 통신위성으로 연결하는 통신네트워크
네트워크 구성	통신위성 슈퍼버드 B를 이용하여 국가, 도도부현, 정령 지정도시, 시정촌 및 방재 관계기관 등의 지구국을 연결하고 있다. 지구국에는 차량 탑재형과 운반 가능형 지구국도 있어 유연하고 신속하게 회선 설정이 가능

(5) 시정 촌 방재 행정 무선

개 요	시정촌이 재해 정보를 수집하는 이외에, 지역주민에게 직접 정보전달을 목적으로 설치되는 무선통신망
네트워크 구성	시정촌 청사(재해대책 본부)에 설치된 통제국을 중심으로 시정촌 내의 자국을 연결하는 고정계, 차량 탑재형, 운반 가능형, 휴대형 무선기와의 이동통신이 가능한 이동계, 기상관측 데이터를 송신하는 원격계측 검침계로 구성

(6) 지역 방재 무선

개 요	교통 · 통신이 두절된 고립지역에서의 정보수집과 병원, 학교, 전력회사 등의 생활 관련기관과 시정촌 사무소 간의 통신 확보를 목적으로 한 무선 통신망
네트워크 구성	재해대책 본부에 설치된 통제국, 시정촌 내의 방재 관계기관, 생활 관련기관에 설치되는 육상 이동국과, 통제국, 육상 이동국 간의 중계를 하는 육상 이동 중계국으로 구성

(7) 소방 · 구급 무선

개 요	소방본부나 소방서 등에 기지국을 설치하고 소방차, 구급차에 탑재한 이동국과의 사이에 소화, 구급활동의 정보전달, 지도, 보고 등을 위해 활용되고 있는 무선망
네트워크 구성	주로 150MHz와 400MHz대의 주파수를 이용한 통신회선이 확보

(8) 방재 상호 통신용 무선

개 요	지진 재해, 공업단지 재해 등의 대규모 재해에 대비하여 재해현장에서 소방, 경찰, 해상보안청 등 각 방재 관계기관 사이에 피해정보 등을 신속하게 교환하고 원활한 방재활동을 목적으로 한 무선통신
네트워크 구성	150MHz와 400MHz대의 주파수를 이용한 단신 방식의 무선통신으로 통신거리는 수 Km에서 수십 Km의 근거리 통신으로 제한

(9) 전기통신 사업자가 운영하는 비상통신 시스템

재해 시 우선전화	재해 시 전화가 폭주할 경우, 전기통신 사업자는 재해복구나 구조 등을 하는데 필요한 중요통신의 확보를 위해 일반 통화를 규제한다
재해 응급 복구용 무선	
고립 방지용 무선	재해 시에 통신두절로 인해서 고립될 위험이 있는 시정촌에서의 긴급전화를 확보할 목적으로 NTT에서 미리 우체국과 시정촌 사무소 등의 공공기관에 설치한 무선

출처 : 동경도 지진 방재센터

3.4.4 일본 동경의 지진 방지 대책

리히터 규모 7급의 수도 직하지진(지표 20~30Km에서 발생하는 지진)의 발생 확률을 10년 이내 30%로 예상하고 있는 일본정부는 최근 잇따른 강진으로 국민의 불안감이 확대되자 대대적인 지진 대비 훈련을 펼치는 등 대책 마련을 위해 힘쓰고 있다.

〈표〉 지진 발생을 대비한 일본의 준비 대책

항목	예상피해 및 대책
주관기관	일본정부 중앙방재회의
발표일자	2005년 9월 27일
예상지진	도쿄(東京)만 북부에서 리히터 규모 7.3의 직하형 지진이 발생
예상피해	11,000명의 사망자 중상자수 약 37,000 명 부상자수 (중상자 포함 230,000 명) 112조 엔(원화 환산 1,200 조원)의 경제적 손실이 발생
복구목표	재난시 정치, 행정, 경제의 중추적 기능을 최대한 유지하는 것이 최우선 목표
대책의 주요내용	- 지진이 발생해도 업무를 계속할 수 있도록 국가와 지방자치단체, 기업이 3일간 비상전원과 식량 등을 확보할 것을 요청 - 금융기관은 국제적인 신용불안의 발생을 막기 위해 데이터 보호 기능을 강화하고, 금융 전산망 등이 파괴됐더라도 24시간 이내 회복할 수 있도록 할 것. - 최악의 경우 650만 명에 이를 것으로 예상되는 귀가 곤란자와 460만 명으로 추정되는 이재민에 대한 수용 대책등도 대책에 포함.
기타	일본 정부는 올해 안에 지진피해 확산 방지를 위한 구체적인 수치 목표를 담은 "지진방재전략"과 지진 발생 후의 행동요령을 알려주는 대응대책활동요강을 작성할 방침.
예상피해	화재 6,200 건 (55%) 건물파괴 3,100 건 (28%) 급경사지 붕괴 900 건(8%) 벽돌담 파괴등 800 건(7%) 교통피해 200건 (2%) 쓰레기 발생 9,600만 톤

출처 : 동경도 지진 방재센터

〈표〉 대지진 발생 시 일본정부가 예상하고 있는 피해

지진발생 원인	규모	사망자	중상자	건물 전복
수도 직하형 지진	M6.9	1만 2000명	3만 3000명	79만호
도까이(일본 동해: 東海) 지진	M8.0	1만 명	1만 5000명	46만호
도까이(일본 동해: 東海), 난까이(일본남해: 南海) 지진	M8.6	2만 1000명	2만 명	65만호

출처: 일본 중앙 방재회의

또한 지진 발생 시 피해를 최소화하기 위하여 공동구를 건설하고 있다.

한신 대지진 때 생명선(Life Line)이 끊겨 큰 대가를 치른 뒤 공동구 건설에 박차를 가하고 있는데 고베 주민들에 대한 최근 조사에서도 첫 번째 지진 대비책으로 생명선 보호가 꼽혔기 때문이다.

공동구는 전력선 · 가스관 · 통신케이블 · 상하수도관 등 '생명선'으로 불리는 기반설비를 모아두는 곳이다. 다른 나라에서는 도시미관이나 도로 굴착공사 감소를 위해 공동구를 만드는 반면, 일본에선 방재에 무게를 둔다. 지진 발생을 막을 수는 없지만 수도 · 전기 · 통신이 두절되거나 가스관이 터져 화재가 발생하는 등의 막대한 2차 피해를 막기 위한 것이다.

지름 7.5m 정도의 공동구는 24시간 작업을 통해, 시내를 지나는 국도 161km 가운데 65%인 106km가 완성되었다.(2005.1월 현재)

〈그림〉 도쿄 중심부를 지나는 국도 1호선 히비야 구간의 지하 40m의 지점에서의 공동구 건설작업 현장

3.4.5 일본의 지진해일(쓰나미)방지대책

〈출처; 서울신문 2005.3.8〉

일본은 지진해일 발생 시 피해를 최소화하기 위해 다양한 대비책을 세우고 있다. 그 중 시즈오카현은 쓰나미 방재 대책에 있어서 가장 모범적이라고 할 수 있으므로 시스오카현의 쓰나미 방재 대책을 타산지석으로 삼아 우리나라에서도 쓰나미의 위험을 인식하고, 우리의 실정에 맞게 미리미리 준비하는 노력이 필요하다.

"시즈오카현을 중심으로 "쓰나미(지진해일)를 동반한 지진 발생이 예상된다" 는 지진학자들의 예측에 따라 시즈오카현(縣)은 일본 내 어느 지역보다 지진, 쓰나미 대비를 철저히 하고 있다.

(1) 시즈오카현의 쓰나미 대비책

지진 · 해일 위험지역으로 알려진 일본 시즈오카현은 곳곳에 쓰나미 대피로와 거대 방조제 등의 쓰나미 대비 시설들이 완벽할 정도로 갖춰져 있다.

〈표〉 시즈오카현 개요

면 적	7,779 ㎢
인 구	379만 명(2003년)
주민자체 방재조직	5,100 개
쓰나비 방재훈련	매년 9월1일 쓰나미 종합훈련 실시

〈그림〉 시스오카현 쓰나미 방재시설

1) 쓰나미 대피산(山) 조성

쓰나미 엄습 시에 대비, 산으로 피할 수 있는 피난로 공사를 서두르고 있고 피난센터도 여러 군데 운영하고 있다. 주민이나 낚시꾼 등이 대피하도록 하기 위해서, 해변에는 높이 12m, 넓이 600㎡로 300명 정도가 긴급 피난할 수 있는 '쓰나미산'을 조성해 놓았다.

2) 수문 설치

지진발생 시 쓰나미 내습이 우려되는 누마즈 항에는 내항과 외항을 연결하는 항로상에 지난해 9월 대형 수문을 설치, 쓰나미는 물론 태풍에도 대비하고 있다. '뷰오'로 불리는 이 거대수문은 누마즈 시의 새로운 수호신으로 꼽히는데, 수문의 높이는 9.3m, 중량은 923t으로 일본 최대이다. 이 수문은 진도 '6약' 이상의 지진이 발생하면 이를 자동감지, 수문을 5분 내에 급 강하시켜 완전 폐쇄하여 해발 2~3m의 지역에 밀집한 20여만 시민의 생명을 지키게 된다.

〈그림〉 누마즈시 누마즈항 외항과 내항을 연결하는 높이 9.3m의 거대수문

3) 방조제 설치

쓰나미 피해를 막기 위해 시미즈와 누마즈 해변을 따라 높이 10m 안팎으로 80㎞나 이어진 거대한 방조제를 구축해 놓았다.

〈그림〉 높이 10m의 길이 80㎞에 달하는 쓰나미 방조제

4) 주민 방재조직 5100여개 구성 및 훈련

주민들의 자체 방재조직은 현(縣)내에만 5100여 개에 이른다. 이들은 종합 방재일인 매년 9월 1일 지진 발생을 예정하여, 훈련을 실시하고, 12월 첫 번째 일요일에는 재해발생에 대비, 지역방재의 날 훈련을 실시한다. 또 7월 1일~10일은 쓰나미대책 추진기간으로 설정돼 훈련을 실시하고 있다. 1997년에는 시즈오카현이 같은 지진대인 야마나시, 가나가와현 등 인접 지역과 재해대책 연합회의를 설치, 합동 연구와 훈련을 실시해오고 있다.

또한 50여 개소에 고성능 확성기를 설치하여, 쓰나미 내습시 안내방송을 하며 "8~9m의 쓰나미가 신칸센 열차의 두 배인 시속 500㎞의 속도로 엄습할 것"에 대비, 철저한 사전훈련을 하고 있다.

(2) 평상시 쓰나미 방재 시설의 활용

평시에는 관광자원, 교육자원으로도 활용하고 있으며, 높이 30m에 위치, 수문 양쪽 기둥을 연결하는 복도에는 전망대를 설치, 후지 산이나 쓰루가만을 한 눈에 볼 수 있게 했다. 방재시설이면서도 평소에는 관광자원, 교육자원으로 활용되고 있기 때문에 일본 국내는 물론 외국서도 쓰나미 방재시설 견학자가 많이 몰려들고 있다.

〈그림〉 일본 미에(三重)현 기세초(紀勢町)가 해안가 인근에 설치한 "쓰나미 타워"

CHAPTER_04

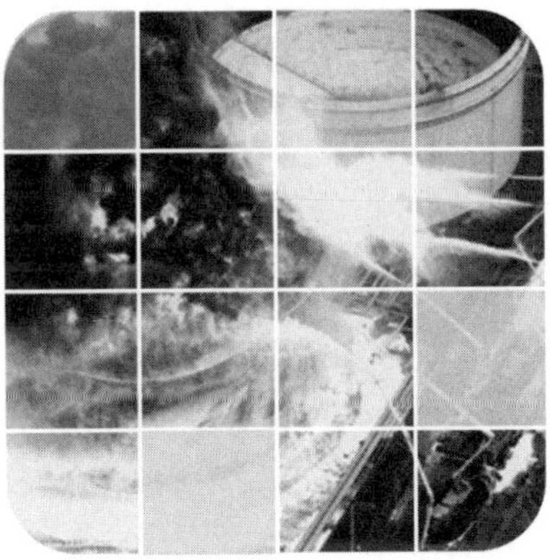

정보통신시스템 지진대책

지진 같은 자연재해를 인간의 힘으로 피할 수는 없다. 다만 지진이 발생하면 어떻게 행동하여 피해를 최소화 할 것인가에 대한 대책은 반드시 수립되어야 하고, 단시간 내에 재해를 복구하기 위해서는 여러 가지 피해 가능성에 대해 미리 복구계획을 수립하여 반복 숙달하는 것이 필요하다.

4장에서는 지진 재해 발생 시 정보통신시스템에서 입을 수 있는 예상되는 피해와 복구방안에 대해서 살펴보기로 한다.

우리나라의 대도시에 진도 6 정도의 대지진이 발생했다고 가정하여 정보통신 시스템의 피해 상황을 추정해보자. 단전(斷電)으로 인해 도시는 암흑세상이 될 것이며 구조요청을 할 수 있는 전화는 전화국의 피해나 통신회선의 피해로 불통되거나 부분불통이 될 것이고, 부상자들을 병원으로 후송할 연락체계와 후송방법도 확보되지 않을 것이다. 은행 같은 금융기관의 이용에도 통신회선의 피해나, 시스템의 피해 등으로 인해 서비스 이용에 많은 제약이 따를 것이다. 재해방송을 듣거나 볼 수 없을지도 모른다.

휴대폰의 사용도 기지국의 피해나 네트워크에 피해가 발생했다면 무용지물이 되고 전력시스템에 피해를 입게 되어 정보통신시스템 구축시 대부분 설치하고 있는 무정전 전원장치(UPS)의 정전보상시간이 경과 후 시스템들이 Down 될 것이며 비상발전기도 연료가 계속 공급되지 않는 한 안정적인 전원공급은 기대하기 어려울 것이다. 대중교통을 이용할 경우 막대한 돈을 투자해서 구축한 ITS(지능형 교통 정보 시스템 : Intelligent Transport System), BIS(버스 정보 시스템 : Bus Information System)등도 회선 문제 시스템 문제 등으로 제 기능을 발휘하지 못할 것이므로 교통소통은 매우 혼잡해질 것이고 지하철도 안전성이 확보되지 않는 한 운행에 상당한 제약이 따를 것이다. 인터넷 사용도 장담할 수는 없을 것이다.

또 지진에 반드시 동반되는 화재로 도시 곳곳은 불길에 휩싸일 것이고 무너진 건물 잔해물로 소방차의 진입은 더더욱 어려울 것이다.

과거와는 다르게 Network에 의존한 생활에 익숙해진 인터넷 선진국이라는 부러움의 대상이었던 우리나라는 한 순간의 재해로 인해 더 많은 피해를 겪게 될지도 모른다.

대규모의 지진 발생 시 정보통신시스템의 피해는 물리적인 피해와, 물리적인 피해로 인하여 전산시스템을 통해 서비스를 제공하지 못하는 서비스 피해로 구분할 수 있고 물리적인 피해는 정보시스템 피해, 통신시스템(Network)피해, 시스템 인프라 피해로 나누어 질 수 있다.

〈표〉 정보통신 부분의 피해 예측

<table>
<tr><th>관련기관</th><th>예상피해</th><th>공통사항</th></tr>
<tr><td>금융기관
(은행카드사,
증권회사
기타금융기관)</td><td>- Main system피해나 네트워크 피해시 전체적, 부분적 서비스 제공이 불가능.
- 수신, 여신, 결재지연, 예금 인출 등의 문제가 발생할 수 있음.</td><td rowspan="9">전원차단 시 UPS, 비상발전기 가동으로 해당시스템에 전원을 공급할 수는 있으나 전원의 복구 전까지 계속적인 유류공급이 보장되어야 함.(일본 고베지진의 경우 전원의 임시복구는 1주일 이내 이였음)

네트워크에 피해가 발생하면 부상자구조, 화재신고, 피해통계를 파악하는데 오랜 시간이 소요될 수 있음.</td></tr>
<tr><td>이동통신사</td><td>- Main system피해나 네트워크 피해시 기지국, 교환국에 문제 발생 시 지역적으로 서비스 불통 지역이 발생할 수 있음(이동전화를 통한 재해 신고 불가능)</td></tr>
<tr><td>기간통신망
(Telco, ISP
사업자)</td><td>- Main system피해나 네트워크 피해 발생 시 일부 지역 서비스 불가능</td></tr>
<tr><td>ITS
(지능형
교통망)</td><td>- Main system피해나 네트워크 피해가 발생하면 교통서비스를 제공할 수 없으므로 피해지역으로부터 탈출하려는 피난민들로 교통이 마비될 수 있음.
- 피해구조를 위한 차량 접근이 제한적일 수 있음.</td></tr>
<tr><td>방송시스템
(TV,라디오)</td><td>- Main System 피해시 재해방송에 문제가 발생하거나 중계시스템에 문제발생 시 지역에 따라 부분적으로 재해방송 수신이 불가능(TV)
- 지상의 Main System이 피해를 입지 않는 한 재해 방송가능(라디오, 위성방송)</td></tr>
<tr><td>인터넷거래</td><td>- Main system이나 네트워크 피해시 거래불가
- 인증시스템에 피해 발생 시 거래불가</td></tr>
<tr><td>공항, 항만</td><td>- Main system이나 네트워크 피해 발생 시 항공기의 이착륙, 선박의 입, 출항이 지연되거나 공항, 항만이 폐쇄되어 해당시설 이용이 제한 적일 수 있음.</td></tr>
<tr><td>보안업체</td><td>- Main system이나 네트워크 피해시 고객에게 보안서비스를 제공할 수 없음.</td></tr>
<tr><td>전력사업자</td><td>- 동시다발적인 장애로 인한 장애복구 상황발생
- 단전으로 인해 심리적인 불안감이 발생할 수 있음(재해방송 미 시청으로 인한 불안감, 상황 미파악, 전열기 사용 불가능)</td><td>임시복구에 2~7일 예상
(참고 : 고베지진)</td></tr>
</table>

현재의 재해 대책 중 백업센터를 확보하는 것이 가장 최적의 방법이지만 범위와 구축방법에 따라 백업센터를 통한 이중화의 방법은 다양하게 제시될 수 있고 상당한 비용과 준비를 필요로 한다. 재해 대책이 가장 활발하게 논의되고 있는 외국의 사례를 보면, 일본처럼 지진 등의 재해가 빈번하게 발생하는 국가는 일찍부터 재해복구 시스템을 구축하고 있고, 호주의 경우는 백업센터 구축이 법제화되어 있다.

안전성을 고려하면 이중화하는 방법이 우선시 되어야 하겠지만 이중화를 운영하기에는 많은 비용이 투자돼야 한다는 점도 고려하여야 한다. 여기에 센터를 이중화하려면 이를 운영하는데 필요한 인건비 자체도 적지 않은 부담이 되는 것도 사실이다.

데이터 센터 이중화라는 재해 대책에 대해 부정론 혹은 절충론을 제기하는 의견에 대하여 재해 대책에 적극적인 대비가 필요하다는 의견도 적지 않다. 이 견해를 가진 쪽에서도 재해 복구 대책으로 제시되고 있는 백업센터의 구축에 대해 비용이 적지 않다는 점은 인정하지만 비용대비 효과측면으로 가늠하기에는 재해로 인한 피해가 한번 생기면 돌이킬 수 없는 상태가 된다는 점에 주목해야 한다.

구미 선진국에서 재해대책을 수립하는 이유는 단순한 투자대비 효용성에 대한 결론이 아니라 비즈니스적인 인식에 기반을 둔 것이라는 점을 강조한다. 재해가 발생하더라도 지속적인 서비스를 제공할 수 있다는 고객에 대한 서비스 인지도를 제고하는 점에서 투자를 결정하고 있다.

또한 재해 대책이란 것이 실무자 선에서 결정되거나 판단할 상황이 아니라, 경영자의 선택이 핵심이 되는 사안인 만큼 재해 대책은 비즈니스적 관심, 서비스적 관심에서 제고되어야 할 것이다.

〈표〉 재해위협 구성표

	문제발생 가능성									
위협요소	접근불가	전력공급문제	가스라인 파열	전력선 다운	수해	부식또는 외형파손	연기매 연피해	화학적 피해	오염오물질 피해	전체적 손해
지진	O	O	O	O	O			O	O	O
화새	O	O					O	O	O	O
홍수	O	O		O	O	O		O	O	O
위험요소	O				O		O	O	O	O
허리케인	O	O	O	O	O	O		O	O	O
핵피해	O	O	O	O	O		O	O	O	O
순간전원중단 단전	O	O								
태업, 태러	O	O	O	O			O	O	O	O
폭풍우	O	O		O	O	O	O	O	O	
토네이도	O	O	O	O	O		O	O	O	O
폭설	O	O		O						
폭동				O						O

재해와 재난은 자연재해대책법과, 재난관리법에서 각각 구분하여 정의하고 있으나 이 책에서는 시스템에 위협을 주는 재해와 재난의 의미를 분리하여 사용하지 않고 "재해"라 함은 재난과 재해를 포괄하는 의미로 사용하기로 한다.

4.1 재해복구의 필요성

가트너 그룹에서 발표한 연구 결과를 보면 테러 및 전쟁등과 같은 대형 재해 사건을 겪는 경우 40%의 기업들이 5년 이내에 파산하게 될 가능성이 매우 높다고 지적하고 있다. 미국 미네소타 대학에서도 이와 유사한 연구 결과를 발표하였는데 재해 및 사고로 인해 기업의 주요 IT 시스템이 파괴될 경우 금융업은 2일, 유통업은 3.3일, 제조업은 5일 이상 시스템의복구가 지연될 경우 그 중 25%는 즉시파산하며 40%는 2년 이내에 파산할 것이라고 한다. 이러한 연구 결과는 기업에게 있어서 신속하고 효과적으로 위기에 대처하는 능력이 얼마나 중요한가를 시사하고 있다.

〈표〉 다운타임에 따른 평균 비용

산업별	비즈니스 운영	시간당 평균 다운타임 비용
금융	증권거래	79억8500만원
금융	신용카드 인증	29억7700만원
미디어	유료영화 시청	1억7100만원
유통	TV 홈쇼핑	1억2900만원
유통	홈 카탈로그 쇼핑	1억 300만원
교통	비행기 예약 시스템	1억200만원
미디어	전화티켓 예매시스템	7900만원
교통	택배사업	3200 만원
금융	현금자동 인출기 수수료	1600 만원

원화로 환산, 자료출처 : 데이터퀘스트, 펄스펙티브, 2003년 12월 31일

주 전산센터에는 모든 데이터와 시스템들이 통합돼 있다. 주 전산센터 내부에는 하드웨어나 네트워크가 이중화돼 있고, HA(High Availability / 고 가용성)를 이용해 지속적인 서비스를 제공하도록 설계되어 있다. 그러나 주 전산센터가 아무리 견고하게 지어졌다 하더라도 자연 재해, 테러, 화재 등 전산센터의 운영이 마비될 위험 요소는 존재한다. 주 전산센터에 심각한 천재지변이나 테러와 같은 재해가 발생할 확률이 높은 것은 아니지만, 그럼에도 불구하고 금융기관이나 공공기관, 기업들이 백업센터의 필요성을 느끼고 구축하고자 하는 이유는 재해 발생 시 즉각적인 복구 여부가 곧 그 기업의 흥망과 직결되기 때문이다. 재해가 발생하면 몇 년 동안 쌓아온 중요한 고객 데이터가 순식간에 날아가 버릴 수도 있으며, 서비스를 재개하기까지 몇 날, 몇 달이 걸릴지도 모르는 일이다. 가장 기본적인 재해복구 대책은 우선, 백업 사이트를 만드는 것이다. 주 전산센터에 재해가 발생하더라도, 서비스는 백업센터를 통해 지속해서 제공될 수 있도록 금융기관이나 기업들은 이미 백업센터를 구축하였거나 백업센터 구축을 검토하고 있다.

(1) 재해복구 센터의 구축 기준

금융권의 경우 현재 금융감독원은 재해복구센터 구축 시 다음과 같은 권고안을 제시하고 있다.

먼저 복구 시간을 기준으로 했을 때, 은행 · 증권사 · 신용카드사 · 증권 유관기관 및 통합 시스템 운영기관은 3~6시간 내에 복구해야만 한다. 또, 보험사(외국계 보험 회사 포함)는 24시간 내에 복구해야만 한다.

환경을 기준으로 했을 때 백업센터는 지진, 전쟁, 홍수 등을 고려해 동일 재해에 영향을 받을 가능성이 적은 100Km 이상의 원격지에 구축하는 것이 이상적이다. 설비는 출입자 통제 등의 물리적 보호와 비 인가자의 기기 접근 방지, 프로그램 및 데이터 사용 금지 등의 논리적 보호가 돼야 한다. 데이터에 대해서는 해당 기관의 담당자 이외의 접근을 제한해야 하며, 어떠한 상황에서도 안정적인 동작이 가능한 이중화된 통신망도 필요하다.

〈표〉 1994년 CRP(Contingency Planning Research)사의 미국 내 전산 재난 분포

재난 원인	퍼센트(%)	재난 원인	퍼센트(%)
전기 공급 차단	27.3 %	네트워크 문제	2.2 %
태풍	18.4 %	인재	2.5 %
홍수	10.1 %	HVAC(공조기)장애	2 %
폭파,테러	8.3 %	소프트웨어문제	1.5 %
화재	5.7 %	종업원파업	1.5 %
지진	5.6 %	송수관파열	1.5 %
하드웨어문제	5.5 %	기타	2 %
전기사고	5.5 %		

(2) 데이터 복제 방법

요즘과 같은 e비즈니스 환경에서 데이터는 말할 수 없이 중요하다. 이러한 데이터가 예기치 못한 상황, 즉 자연 재해나 시스템 장애, 네트워크 장애, 애플리케이션 장애와 같이 일반적으로 일어나는 장애, 테러나 운용자의 실수 등에 의해서 손실된다면 그 피해는 엄청날 것이다. 이러한 사태를 방지하고 데이터를 보호하는 데는 아래와 같은 방법이 사용될 수 있다.

1) 데이터 복제의 종류

가. RAID 기법

스토리지 내부에서 RAID 방식으로 구성해 1차적으로 보호하는 방식으로 RAID-0에서부터 RAID-5까지의 방식이 있다. RAID 기법은 스토리지 내부에서만 데이터 보호가 되므로 재난복구용 이라고는 할 수 없다.

나. 테이프 백업

테이프로 백업하는 방법인데, 여기에는 몇 가지 제한이 있다. 먼저, 스케줄링으로 일정한 간격을 두고 백업을 하기 때문에, 만약 백업을 받고 난 후 몇 시간 만에 장애가 발생했다면, 백업한 이후에 저장된 데이터는 모두 잃어버리게 되는 단점이 있다.

다. DBMS 복제

DB 로그를 복제(실시간 복제, DB만 복제할 수 있다)하는 방법으로, 데이터 백업 중에 시스템이 다운된다면 그 데이터는 무용지물이 되고, 데이터의 양이 많을수록 백업 시간

도 길어지게 된다. 복구 시에도 테이프를 순서대로 복구해야만 하므로 복구 시간이 길어지게 된다.

라. 스토리지 간의 데이터 미러링

스토리지 간의 전용 광 망(네트워크)을 이용해 실시간 복제하는 방법으로 최근 각광을 받고 있는 방식이다.

마. 네트워크 데이터 미러링

TCP/ IP 네트워크 망을 이용한 실시간 복제방법으로 네트워크를 이용하기 때문에 거리상 제한이 없다. 주 전산센터 시스템에 업데이트되는 데이터의 양에 따라 적절한 네트워크 라인을 선택하면 실시간 복제가 원활하게 수행된다.

2) 네트워크 대역폭을 산정하는 공식(TCP/IP)

가. Network Bandwidth[NB]의 설정 변수

- Network Efficiency[NE]: 네트워크의 효율
- Replication Compression Ratio[RC]: 복제 시 압축률
- Network Reliability Percentage[NR]: 네트워크의 신뢰도
- Update Rate(G bytes/day)[UR]: 하루 동안 업데이트되는 데이터의 양
- Number hours in a day[H]: 업무 시간

나. NB(Kbytes/sec) = 1/(NE×NR×RC)×UR×1,024×1,024/(H×3,600)

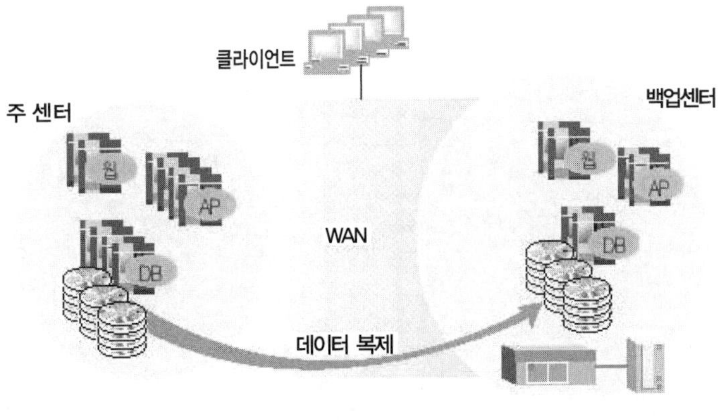

〈그림〉 실시간 데이터 복제

출처 : 시사정보기술

(3) 백업센터 구축의 어려움

자체백업센터 구축은 많은 예산과 비용이 투입되는 사업이다. 뿐만 아니라 백업센터를 운용할 수 있는 기술 인력과 운영예산의 확보가 필요하기 때문에 백업센터 구축을 산업체나 해당기업에 의무화할 수 없고 다만 권고하고 있는 것이 사실이다.

한편 백업센터를 구축했다고 하는 기관 중에는 데이터를 소산하는 장소가 원격지 백업이라고 볼 수 있는 위치에 있지도 않는데다, 백업 시스템들도 백업센터 용도로 지어진 건물이 아닌 일반 건물에 설치되어, 통신회선 이중화라든가 방재 및 방습시설이 데이터센터에 비해 열악하기 때문에 평상시에도 위험에 노출돼 있을 뿐만 아니라 유사시 백업센터 기능을 제대로 발휘하게 될지 의문이다.

〈표〉 금융기관 재해복구센터구축 권고안

금융기관	복구 목표	비 고
은행/신용카드	3 시간	예금 입출금 등 계정계 업무
증권/거래소 등	3 시간	매매주문 및 시세업무, 증권거래소, 선물거래소, 코스닥 증권 거래소등
보험	24 시간	보험금 지급업무, 외국계 보험사 포함.
기타 금융기관	자율	재해당일 거래내역의 복구가능 수준, 재해발생 시 복구대책에 대한 적정성 검토

출처 : 금감원

4.2 재해대책 수립

재해 대책의 시작은, 백업센터 같은 큰 그림을 그리기 이전에 지금 당장 시행할 수 있는 주기적인 백업 작업, 백업 데이터의 원격지 소산관리 등의 기본적인 대책부터 마련하는 것이 재해 대책의 시작이라 할 수 있다. 재해대책은 멀리 있는 것이 아니다.

재해에 대비하여 안전한 시스템을 구축하고 운영하기 위해서는 분산화, 경로의 이중화, 매뉴얼, 재해방재에 관한 교육과 언제든지 재난이 발생할 수 있다는 의식 전환이 필요하다. 정보통신시스템의 의존도가 높아진 오늘날의 현실을 감안해 볼 때 48 시간 내에 혹은 단시간 내에 장애를 극복하지 못하게 되면 금융시스템, 전자상거래, 인터넷 쇼핑 등의 피해는 상상을 초월할 것이므로 재해에 대비한 사전 준비가 필요하다.

일본의 경우 1995년 한신 대지진(고베 지진) 이후 10년간 국가적인 재해 방재 시스템 구축으로 2004년 니카타 지진 발생 시에는 피해규모가 대폭감소 된 것을 주시할 필요가 있다.

〈표〉 지진 및 재난에 대비하여 점검해야 할 점검 리스트

분류	위험 및 조치내용	비고
일반적인 내용	어떤 위험이 존재하는가	
	재해를 대비한 시나리오가 준비되어 있는가	초동 대응 매뉴얼
	비상계획은 수립되어 있는가	
	비상 연락처는 확보하고 있는가	
	재해대비한 반복적인 훈련학습은 실시하고 있는가	
	재해 시 구성원들 각각의 행동계획은 수립되어 있는가	

〈표〉 지진 및 재난에 대비하여 점검해야 할 점검 리스트 (계속)

분류	위험 및 조치내용	비고
시스템 다운대책	재해선포 책임자는 선정하였는가	
	재해선포 후 행동 계획은 수립되어 있는가	
	시스템이 다운되었을 경우 예상되는 피해는 무엇인가	금전적인 피해, 서비스적인 피해
	시스템이 다운 되었을 경우의 대책은 수립되어 있는가	재난선포 책임자 선정
	이중화가 되어있는가	IDC 활용, 별도의 백업센터 구축
	무엇을 이중화 할 것인가	
	시스템 가동의 우선순위는 수립되어 있는가	
	재난에 대비한 교육훈련 계획은 진행하고 있는가(시스템 복구 매뉴얼)	화재, 비상탈출 훈련 시스템 교육 매뉴얼
	비상 매뉴얼의 평준화 교육(누구든지 조작이 가능 하도록)은 실시하고 있는가	반복적인 훈련 학습
	응급조작법과 비상 연락처는 준비되어 있는가	매뉴얼 확보
통신설비	비상시에 연락할 수 있는 네트워크는 준비되어있는가	무전기 확보 및 무선망을 이용한 통신 확보
	백업장비는 준비되어 있는가	통신장비, 케이블, 잡자재
	회선이중화, 경로 이중화는 되어 있는가	각각 다른 기간통신 사업자의 임대망 사용
	케이블 라벨링은 되어 있는가	
방진건물	시스템 전용건물이 완비되어 있는가	
	재해에 대비한 구조물인가	방진 구조물 설치 여부
	저지대나 충적층에 건물이 위치하고 있는가	액상화 피해, 침수피해
	시스템 전용건물이 완비되어 있는가	
인프라 설비	인프라설비의 조작방법을 얼마나 많은 사용자들이 알고 있는가(UPS, 항온항습기, 비상발전기, 전원설비, 소화설비)	매뉴얼 확보 및 교육
	UPS의 상태 및 점검	매뉴얼 확보
	항온항습기의 상태 및 점검	매뉴얼 확보
	비상발전기의 상태 및 점검	매뉴얼 확보
	전원설비의 상태 및 점검	매뉴얼 확보
	소화설비의 상태 및 점검	매뉴얼 확보
	비상발전기는 충분한 연료를 확보하고 있는가	최대가동시간은?
기타	보안위협은 어떤 것이 있는가	
	재난발생 시 인력조달계획은 수립되어있는가	
	복구를 위한 인력의 숙식 문제에 대한 대비책은 준비되어 있는가.	
	RACK 전도방지 장치는 부착 되어 있는가	
	비상물품은 확보되어 있는가	의약품, 비상 식품
	부상자의 응급처치 요령을 숙지하고 있는가	
	화재시 행동요령은 알고있는가	화재진압, 탈출로 확보

4.2.1 비상계획 수립

(1) 전체적인 재해계획수립

일본의 한신(고베) 대지진 교훈에서 알 수 있듯이 "초동 대응 매뉴얼은 반드시 필요하다" 대규모 지진이 발생한 직후에 행동해야 하는 사항을 규정한 매뉴얼은 비상 상황시에는 항목만이라도 정해두면 그것이 행동의 지침이 되어 초동 대응 상황이 완전히 달라질 수 도 있기 때문이다. 따라서 세심한 초동 대응 매뉴얼과 그에 상응하는 적절한 훈련은 필수적이다.

초동 대응 매뉴얼에 포함되어야 할 사항

- 임시 조직도 (비상대책 조직)
- 긴급연락처
- 대처방법
- 시스템 운용자 연락처
- 시스템 운용자 ID, Password
- 시스템 백업방법
- 시스템 ON- OFF 매뉴얼
- 시스템 인프라 조작 매뉴얼
- 화재진압 매뉴얼
- 부상자 구급 매뉴얼
- 장비별 조작 매뉴얼
- 기타 필요한 사항이나 조치 매뉴얼

〈표〉 재해발생 시 임시 조직과 역할

팀 구분	해당 업무	비 고
비상 관리팀	– 재난선포 및 백업에 관한 사항 – 장애상황파악 비상운영 및 복구 총괄업무 – 시스템의 가동여부 판단 – 장애복구 인력의 조달 및 공급 – 장애관련사항을 기록 – 팀 간의 업무분장에 관한 업무 – 대외 홍보 – 대외기관(외부기관)과의 협력에 관한 업무	
시스템 운영팀	– 시스템운영(서버, 메인 시스템) – 시스템 운선순위 선정 – 해당업체와의 연락 – 프로그램 관리	
네트워크 운영팀	– 통신망운영(WAN) – 인터넷 운용 – 구내전화망 운용업무 – 해당업체와의 연락	
인프라 팀	– 전기,비상발전기,항온항습기 가스소화설비 전산부대설비운용 – 비상발전기 유류확보에 관한 업무 – 해당업체와의 연락	팀 간의 유기적인 협조가 필요.
보안 팀	– 외부 침입자 보안 – 물리적 보안 – ID, Password 관리	
행정지원 팀	– 기관, 타사와의 연계업무지원 – 구체적으로 다른 팀에 속하지 업무(총괄업무) – 비상운영요원의 식수, 식료품, 숙소 확보에 관한 업무 – 소요자금조달	
구호 팀	– 부상자의 구급, 후송에 관한 업무 – 비상약품 준비 – 전염병 예방을 위한 소독	
수송 팀	– 비상용품 수송 – 원격백업의 DB 수송 – 안전한 경로확보	
소방방재 팀	– 화재 우려가 있는 곳 점검 – 화재발생 시 진화	
안전관리 팀	– 물리적 피해복구업무 – 주변 환경 정리정돈 – 청소	

출처 : 재해복구전략, 존 윌리엄 토이고

(2) 재해복구 계획 작성 요령

재해복구 계획을 작성하기 위해서는 가장 우선적으로 발생할 수 있는 모든 재해를 구분하고 그 다음 단계로 재해복구시스템 구축에 소요되는 총 비용을 산정해야 한다.

먼저, 재해복구 계획을 작성하기에 앞서 재해를 구분한다. 재해의 종류는 정전, 홍수, 화재, 고의적인 파괴, 폭탄 테러, 폭동, 지진, 폭풍, 케이블 고장, 전쟁에 이르기까지 일

일이 열거할 수 없을 정도로 많다. 그러나 모든 재해에 대해서 똑같은 비중을 두어 대책을 마련할 수는 없을 것이다. 따라서 재해가 발생했을 경우, 회사의 컴퓨팅 시스템에 영향을 미치는 정도와 중요도에 따라 재해 발생 시 복구 순서를 구분하여 관리하는 계획을 작성해야 한다.

그 다음은 재해복구시스템을 구축하는 예산을 확보하고 집행하는 것이다. 재해복구시스템을 구축하기 위해서 무한정으로 예산을 들일 수는 없다. 한 번에 모든 시스템을 구축하기 위해 필요한 모든 장비를 구매할 수 없는 것이다. 따라서 원격지에 미러링된 재해복구 사이트를 구축하기 전에 현재 보유하고 있는 인프라에 대한 상세한 파악이 우선시 되어야 한다.

마지막으로 재해복구 계획에 반드시 들어가야 할 내용은 시스템 구축의 아웃소싱 활용 여부를 결정하는 것으로, 기업이 자체적으로 시스템을 구축하는 것에 비해 아웃소싱은 다른 회사가 그 조직의 재해복구시스템 전체 또는 일부를 관리해주는 것이다. 아웃소싱은 인 하우스(In- House)에 비해 상대적으로 비용이 적게 들기 때문에 많은 기업들이 재해복구시스템 구축을 위해 아웃소싱을 적극 활용하고 있다.

〈표〉 복구 계획과 성공의 가능성

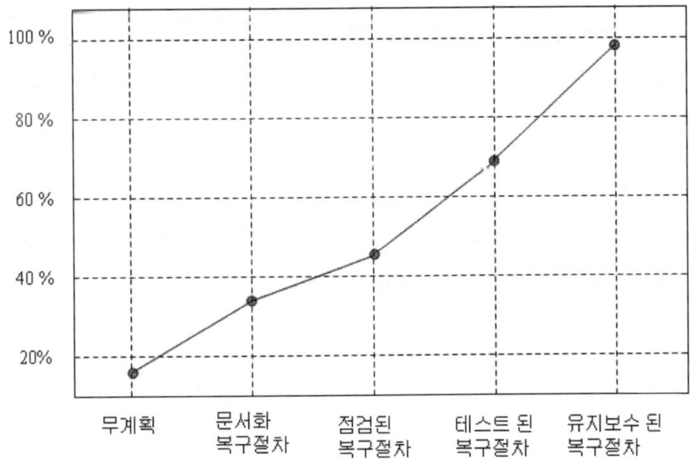

출처 : Wall street journal

(3) 재해복구 계획의 문서화

공식적인 재해복구 계획의 문서화는 업무 분장과 책임 영역을 명확히 해주고, 재해 발생 시 행동 요령을 알려준다. 따라서 계획을 잘 작성하는 것만으로도 훌륭한 재해복구시스템을 절반은 완성한 것이라 할 수 있다. 다음은 재해복구 계획 문서의 필수 기재 사항이다.

1) 재해복구시스템을 복구하는 항목별로 책임자 지정

작은 규모의 조직은 보통 2~3명 인력이 모든 시스템을 관리하기도 하지만, 대규모 조직의 경우에는 시스템 운영, 애플리케이션, 그리고 네트워크, 인프라 등으로 업무부서와 책임자를 나누어 정한다. 이 경우 각 부서에 해당하는 재해복구 항목에 대한 책임을 부여하여 재해발생 시 분야별로 전문적인 관리를 할 수 있게 된다.

2) 의사소통을 위한 방법, 절차, 장소 지정

재해복구를 시작하기 전에 재해 복구 팀이 어디에서 어떻게 모여야 할 것인가를 정한다. 이것은 주로 물리적인 장소 또는 컨퍼런스 콜(conference call : 전화회의) 등이 될 수 있다. 이것에 대해 분명히 규정해 놓는다면 시간을 낭비하거나 시작부터 혼란에 빠지지 않게 된다.

3) 비상연락망 확보

H/W와 S/W 공급업체의 연락처를 확보하는 것이 필요하다. 만약 재해복구시스템을 아웃소싱으로 구축했다면, 아웃소싱 업체에서 그 조직을 담당하고 있는 책임자 및 부 책임자의 이름과 연락처를 반드시 계획에 기입하고 쉽게 눈에 띄는 곳에 비치해 두어야 한다. 또한 이러한 책임자들에게 그 조직에서 누가 연락을 담당할 것인가를 정해 두어야 한다.

재해 발생을 대비하여 비상 연락망을 확보 할 경우에는, 관련 직원 외에도 장비 및 소프트웨어 업체의 담당자, 각종 용품 및 기기 공급업체의 담당자, 인프라 설비 담당자, 복구시설 담당자등의 비상연락처를 확보하는 것이 필요하다.

〈표〉 긴급연락처 LIST 작성 사례(정보, 통신 시스템)

	구분	직급/직책	성명	비상연락처	비고
총괄	재난선포 책임자	임원/대표이사	홍길동		
	재난선포 책임자	임원	장길산		재난선포 부 책임자
	시스템 운영자 책임자	팀장/부장/실장	이순신		
정보시스템	시스템 운영자	팀원	양만춘		
	시스템 운영자	팀원			
	시스템 운영자	팀원			
	시스템 운영자	팀원			
	시스템 운영자	팀원			
	서버	팀원			
	서버	팀원			
	Router	팀원			
	Switch	팀원			
	F/W	팀원			
	기타 시스템 장비	팀원			
통신시스템	통신장비	팀원			
	통신회선A	팀원			
	통신회서B	팀원			
	구내통신	팀원			
	LAN	팀원			
	기타 통신 장비	팀원			

〈표〉 긴급연락처 LIST 작성 사례(인프라, 관련기관 및 협력업체)

대분류	소분류	성명	비상연락처	비고
인프라설비	UPS			
	전원설비			
	항온항습기			
	비상발전기			소모품 확보
	주유소			비상발전기 연료 확보
	소화설비			하론소화설비,소화기
	보안설비			
관련기관 및 협력업체	방송국/언론기관			출입기자
	경찰서/지구대			
	소방서			부상자수송
	병원			부상자수송
	통신회사			
	전력사업자			정전공급상태확인
	가스회사			가스차단방법
	상수도			단수에관한내용
	식수공급처			식수
	식료품공급처			식품
기타 관련회사				

4) 재해복구 절차 규정

재해복구 절차는 발생할 수 있는 재해를 예상하여 각 상황별로 대응 시나리오(업무절차)를 작성하여, 문서화 한다. 재해복구 절차에는 다음과 같은 내용이 포함되어야 한다.

- 시스템 별로 비상 운영지침
- 정보시스템 관리 및 운영지침
- 통신망 관리 및 운영지침
- 시스템 인프라 관리 및 운영지침

또한 중요한 인프라 구성요소가 사용 불가능하게 되는 상황을 가정하여 다양한 피해상황을 모델화해서 복구 프로세서를 작성하고 시스템별로 운영지침을 수립하여야 하는데 이 운영지침은 실제 상황에서도 적용이 가능하도록 상세하고 현실적으로 작성하여야 한다.

5) 우발 상황에 대해 준비

우발 상황은 전 계획을 한 순간에 물거품으로 만들어 버리기도 한다. 이럴 경우를 대비해 재해복구 계획에는 예상치 못한 일이 발생했을 경우의 대비책에 대해서도 규정지어져야 한다. 재해복구 최고 책임자를 선정하여 그 책임자 하에 각 부서의 팀장을 위원으로 하는 위원회를 조직하여 우발 상황에 대비해야 한다.

(4) 핵심자산에 초점

가장 중요한 자산은 대체할 수 없다. 재해복구 전략은 교체와 이중화라는 두 가지 전략을 가지고 있다. 숙련된 인력과 데이터를 교체하기는 불가능하므로 이중화 전략을 실행하여야 한다. 이는 데이터 측면에서 데이터 미러링이나 테이프 백업 전략을 의미하며 전략을 신중히 검토하고 정기적으로 테스트가 필요하다.

인명피해가 예상되는 만큼 이중화 전략은 중요한 작업(mission critical 미션 크리티컬)을 수행하는 인력을 가능한 많이 교육하여 유사시 활용할 수 있도록 해야 한다.

(5) 개인용 PC가 갖고 있는 정보도 소중히 관리

30~100 기가바이트 하드 디스크 드라이브를 가진 개인용 PC나 주요기업 재정 거래에 사용되는 엑셀 스프레드시트는 비즈니스 복구관점에서 기업의 ERP 시스템의 모든 데이

터 보다 도 중요도가 높을 수 있다. 재해로부터 생존하기 위해서는 이렇게 작지만 중요한 모든 어플리케이션으로부터 중요한 자산을 추출해서 오프사이트로 복제할 수 있는 역량을 갖추어야 한다. 미국의 911 테러를 통해 얻은 교훈은, 개인용 PC 하드 디스크에 저장된 데이터를 매우 과소평가해 왔다는 것이다. 유사시에는 각각의 개인용 PC의 자료들을 모으면 아주 유용한 자원일수도 있다는 것이다.

(6) 재해의 선포를 위한 방법과 절차를 규정

재해발생 시 메인 시스템의 피해로 인하여 백업센터의 데이터를 활용하여 서비스를 지속할 경우를 대비하여 재해선포 요령과, 재해 선포후의 대책, 행동요령, 재해선포 담당자, 재해선포 시간, 보안을 위한 사항 등을 사전에 준비하고 관련된 사항에 대해서 수시로 변경관리를 실시한다.

○○금융기관 전산실이 전력설비에 문제가 발생하여 주 전산센터가 Down된 사례가 있었는데, 이때 백업센터를 통한 서비스의 지속여부를 결정하는 결정권자가 누구인지를 몰라 시스템 복구에 오랜 시간이 소요된 사례가 있다. 이 경우에는 재해를 선포하는 결정권자가 빨리 재해선포를 하고 백업센터에서 서비스를 개시했다면 고객의 불편을 최소화 할 수 있었을 것이다. 위의 사례에서처럼 재해는 언제든지 발생할 수 있고 재해를 신속히 복구하고, 극복하기 위해서는 절차와 방법이 중요하다는 것을 명심하여야 하며, 재해선포 결정권자를 누구로 해야 하는 문제는 최고경영층의 판단과 결정에 의한 것이어야 한다

〈재해선포권자의 역할〉

재해선포권자는 재해 발생 시 주 전산센터에서(Main System)피해가 발생하여 고객서비스가 불가능 한 상황이라면 Back-up센터로 이관하여 서비스를 지속해야 할지를 결정하는 사람이다. 또한 재해선포권자는 재해의 피해상황과 복구상황을 체크하여 최고의사 결정권자에게 상황을 보고하며 재해복구 업무를 총괄한다.

다시 말하면 비상계엄시의 계엄사령관과 같은 역할을 수행하는 것이다. 재해선포권자가 올바른 판단과 적시에 Back-up사이트로 시스템을 이관해서 고객들에게 서비스 제공의 연속성을 보장하기 위해서는 각사(各社)에게 적합한 재해대비 업무프로세스와 복구업무 프로세스를 수립해야 하는 것은 두 말할 필요도 없다.

신속한 의사결정에 따라 Back-up센터로 이관하여 서비스를 지속하기 위해서는 어떤 경우라도 재해선포권자와 주 전산센터와는 연결이 되어야하기 때문에 통신로의 확보가 필요하며 재해선포권자는 주(主), 부(副)를 임명할 필요가 있다. 재해 시 주(主) 재해선포권자의 부재, 연락 두절시에 부(副) 재해선포권자 재해를 선포할 수 있도록 하여야 하며 재해선포 방법을 구두로 할 것인가, 문서상으로 할 것인가에 대해서도 사전에 계획을 수립하여야 한다. 또한 재해선포권자의 직급은 주 전산센터를 담당하는 임원이나 차(次) 하위 임원중에 임명할 필요가 있다.

(7) 백업장비 확보

기업들은 재해 발생 시 하드웨어를 교체하기 위한 전략 중 "넥스트 박스 오프 더 라인"(next box off the line) 방식을 계속 사용해 오고 있다. 이것은 재해 발생 후 가능한 빨리 공급 업체로부터 새로운 물품의 우선적인 발송을 요청하여 손상된 부분을 대체하는 것이다.

그러나 광범위한 지역에서 재해가 발생하여 백업 장비 등의 수요가 증가할 수 도 있기 때문에 정상적인 시스템의 가동과 신속한 복구를 위해서 각각의 시스템과 소요 부품들에 대해서 적정규모의 백업장비를 확보해 놓고 지역적으로 분산 관리하는 것이 필요하다. 통상적으로 백업 장비는 사용 중인 장비의 5~10% 범위 내에서 확보하지만 이것은 대규모 재해를 예상하지 않은 수치이므로 실제로 대규모 지진 발생 시에는 더 많은 백업 장비가 필요할 수도 있을 것이다.

(8) 직원을 위한 공간을 확보

재해가 발생하면 재해의 충격은 직원들에게 정신적인 피해를 입힌다. 근무시간 단축, 2교대 근무 ,현장상담 및 기타 특별고려 사항들은 통합된 모든 물류나 계획들보다도 성공적인 복구에 더 많이 기여할 수 있다.

지진 재해로부터의 생존자들 상당수가 악몽에서 시달리고 신경쇠약, 노이로제, 불안, 불면증을 호소하고 있는 일본의 경우를 보면, 재해 발생 시 직원들에게 최대한의 정신적, 육체적 휴식을 제공하는 것이 필요하다. 아무리 power full한 시스템이라 할지라도 사람만큼 훌륭한 자산은 없다는 것과 실질적인 재해복구를 담당하는 것은 사람이라는 것을 명심해야 할 것이다.

(9) 비상시 행동 요령 숙지 및 교육을 실시

지진 발생 시 정보통신시스템에 피해가 입었을 경우를 대비하여 각 시스템을 관리하고 있는 회사나, 부서는 수시로 훈련을 실시하여야 하고 훈련 결과에 대해서는 전사차원에서 공유가 필요하며, 훈련과정을 보완하여 다음 훈련에 반영되도록 한다. 시스템의 복구 계획뿐만 아니라 실제 지진이 발생했을 경우를 대비하여 부상자 구호 훈련이나 화재진화 훈련도 필요하다.

〈표〉 지진대책에 관한 계획에서 정한 주요사항〈일본의 사례〉

총 칙	지진 계획의 기본방침 / 지진 계획의 실시조직
지진 재해의 예방대책	– 방재에 관한 업무분담 – 건축물 공작물 및 시설 등의 안전 확보를 위한 점검과 보강 – 위험물 고압가스등의 점검 – 불을 이용하는 설비, 기구 등의 점검과 안전조치 – 소화기 등의 준비와 적정관리 – 건물로부터의 안전 피난의 확보와 점검 – 구조, 구호 등의 기자재 및 비상물품의 준비 – 방재에 관한 교육 및 훈련
지진시의 응급계획	– 지진시의 업무분담 – 발화방지 및 초기소화활동 – 위험물, 고압가스 등의 유출 누설시의 긴급조치 – 구조, 구호 등의 인명안전 – 피해 상황의 파악, 정보 수집 및 전달 – 피난장소와 피난방법 – 지역주민에 대한 초기소화 활동 등의 협력

또한 지진에 의한 피해를 줄이기 위해서는 예방대책 수립과 방재이식을 고취하는 것이 필요하고, 재해 발생 시에 복구를 수행하기 위해서는 각자가 무엇을 해야 하는가에 대해서 사전에 계획하여 알려주어야 한다.

1) 재해방재의식 교육

2) 재해방재 계획의 작성

3) 재해발생 시의 행동계획

   – 실효성 있는 계획수립

   – 방재의식고양

   – 방재교육

4) 방재훈련실시

5) 부상자 구호훈련실시

〈표〉 구명 조치의 순서

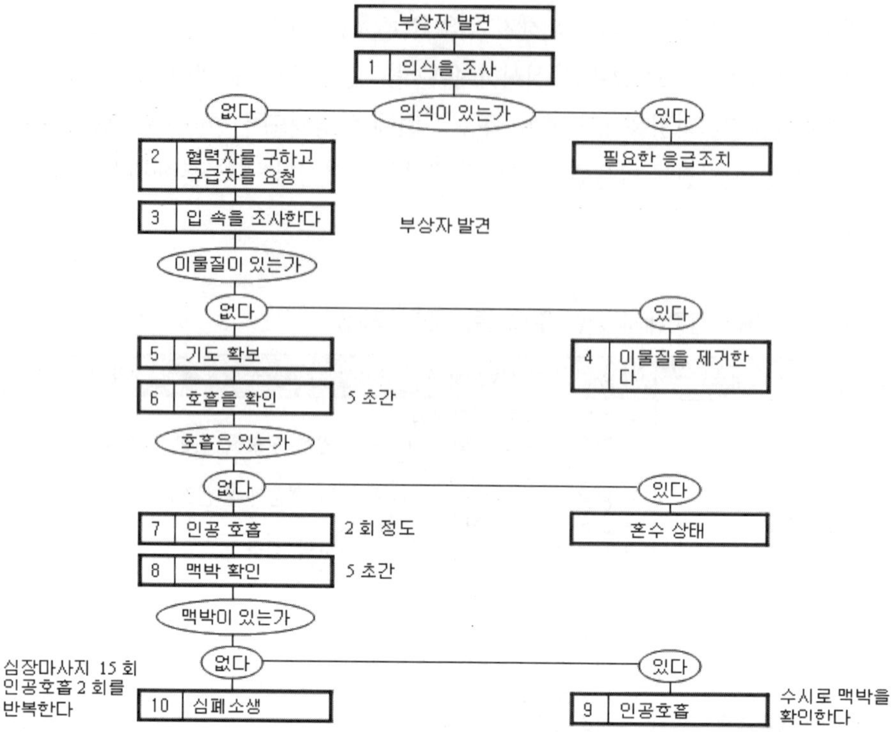

〈표〉 방재훈련의 주요내용

훈련병	훈련내용
방호훈련	– 낙하, 전도 물 등으로부터 신체 방호
초동 조치훈련	– 가스, 전기 등 발화원의 점검 – 비상조명, 전원 등의 확보 – 활동, 기자재 등의 준비 – 피해 상화의 조사
소화 조치 훈련	– 소화기, 옥내 소화전등의 조작취급
구호구출 훈련	– 부상자의 구출 – 응급조치의 방법 – 구호소의 설치
피난훈련	– 건물 내로부터의 피난 – 피난장소로의 피난
본부운영훈련 정보전달 훈련	– 본부 시설의 설치운영 – 정보기기의 설치 – 재해 상황을 파악 – 각 관련 부국과의 정보전달 – 통보훈련

※ 상기의 내용을 각 항목별로 개별 훈련과 종합훈련을 병행하여 실시한다.

4.2.2. 시스템 보안 대책 수립

재해발생 시 어떠한 보안 위협 및 침해가 발생할 수 있는가에 대해 미리 파악하여 재해발생 시 적용할 수 있는 비상보안대책을 수립한다. 비상 보안대책에는 관리적 보안, 물리적 보안, 기술적 보안과 보안침해에 관해서 계획을 수립한다.

시스템 운영자들의 ID와 Password를 확보하여 비상 상황시, 시스템 조작에 활용할 수 있도록 하며 이때는 운용자들의 ID와 Password가 외부에 누출되어 보안사고가 발생하지 않도록 관리에 주의해야 한다.

〈표〉 시스템 운용자 ID와 Password

성명	ID	Password	비상연락처	비고

(1) 시스템 보안의 목적

시스템보안의 목적은 취약성을 찾아내고, 시스템을 위협으로부터 보호하는 것에 있다. 가장 위협적인 요소, 가장 취약한 약점들은 무엇이며, 또한 그것들이 우리의 자산에 어떤 영향을 미치는가를 파악할 필요가 있다. 작은 범위뿐만 아니라 광범위한 침입 행위 모두에 대하여 보안대책을 세워야 하며, 효과적이고 빠르게 침입을 탐지할 수 있어야 하고 기술과 그것을 책임지고 있는 사람들을 융화시켜야 한다.

(2) 시스템 보호의 영역

정보보호의 영역은 매우 광범위하며 아래의 표와 같이 분류 할 수 있다.

〈표〉 시스템 보호영역의 분류

구분	상세분류
기술적 보안 (정보보호를 위한 기술적 보안시스템)	가상 사설망(VPN-Virtual Private Network)
	침입탐지 시스템(IDS-Intrusion Detection system)
	침입차단 시스템(Firewalls)
	PC 보안 및 문서 보안(DRM)
	인증(OTP, PKI, SSO), 데이터 암호화 및 Data Base 보안
	정보유출 탐지 시스템
	통합보안관리
	서버 보안 및 어플리케이션 개발 및 운영 보안
	바이러스 방지 및 탐지 시스템
관리적 보안 (조직을 운영하는데 필요한 관리상의 보안시스템)	보안관리 조직 체계
	정보보안 지침과 절차
	비상대책 수립과 보안사고 대응책
	자산의 보안등급 분류 및 가치 평가
	인사상의 보안 관리 및 보안교육 실시
물리적 보안 (물리적 위협에서 정보가 저장된 시설을 보호하기 위한 보안시스템)	입출입 통제 시스템
	자연 재해(화재,수해, 지진) 통제 시스템 및 환경(온도,습도) 통제
	데이터 백업 및 저장매체 반출입 통제시스템
	전원 및 케이블 보호
	재난복구 시스템

4.2.3 비상물품확보 및 안전 대책 수립

여기에서는 재해발생을 대비하여 준비해야 할 물품이나 안전대책등에 대해서 거론하기로 한다. 재해가 발생하여 정전이 되었을 경우 인원을 소개 시키는데 필요한 라이프라인(Life Line : 안전유도 표시장치)은 적은 비용으로 효과적인 안전대책이 될 수 있으며, RACK의 전도(넘어짐)나, 전도로 인해서 Connection Cable이 장비와 분리되는 것을 방지하기 위한 대책 수립도 필요하다. 설사 Connection Cable이 분리되었다 하더라도 Cable에 라벨링이 되어있다면 쉽게 연결시킬 수도 있을 것이고 Connection Cable List가 있으면 케이블을 제작하는데 많은 도움이 될 수 있을 것이다. 재해를 입었을 경우 손상된 시스템은 언젠가는 복구될 것이다. 문제는 복구하는 것이 아니라 얼만큼 짧은 시간에 복구하는가가 기업의 생존과 직결된다는 것이다.

(1) 비상 물품 확보

- 응급 처치함과 응급처치 교본 준비.(응급처치교육을 실시할 것)
- 규모가 큰 지진이 발생하여 피해지역이 광범위할 경우 구조를 기다리기에는 너무나 많은 시간이 소요될 수 있으므로 비상 사다리, 로프 등 자체적인 탈출 설비를 확보하는 것이 필요하다.
- 비상용 물품은 가정이나 사무실, 자동차의 트렁크에 분산하여 보관할 것.(의복, 신발, 식수통, 냉동 분말식품, 담요, 응급 처치함, 손전등, 예비배터리, 소화기, 구급약품, 비상식량, 휴지, 라디오 등)

(2) 안전대책 수립

- 무거운 물건은 아래쪽에 둔다.
- 지진 충격으로 유리창이 파손될 경우 유리 파편에 의한 피해를 줄이기 위해 안전유리로 시공하거나 투명 테이프를 부착한다.
- 비상시 행동요령, 비상구, 화재경보, 소화기의 위치를 숙지하고, 비상시 행동지침과 행동절차에 대한 주기적인 안전회의 실시한다.
- 각 분야별 비상계획을 수립 할 것.
- 비상탈출설비 확보
- 대책반편성(구급, 화재진압, 보안, 복구, 총괄)
- 유선 통신망의 손상에 대비 무전기 확보
- 소화설비 점검 및 화재진압 훈련

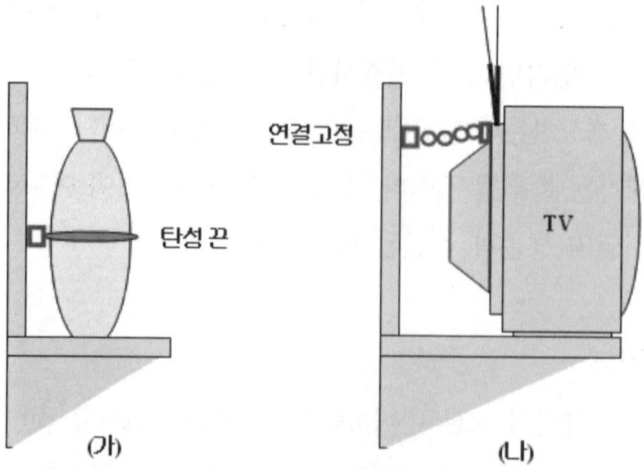

가. 선반에 있는 물건은 탄성 끈으로 안정하게 묶는다.
나. 선반 위의 TV등은 선반 위의 볼트에 연결되는 쇠줄을 부착한다.

〈그림〉 선반 위에 물건을 안전하게 두는 방법

(3) 라이프 라인(Life Line/안전유도 표시장치)확보

라이프 라인(Life Line)은 대구지하철 화재사고 (2003.2.18)등 각종 대형화재사고에서 법정 피난유도설비(유도등, 조명등)만으로는 화재 시 발생하는 연기 및 정전에 의하여 피난방향을 유도할 수 없음이 증명되어, 2004년부터 우리나라 소방방재청과 소방서에서 쓰이기 시작한 새로운 개념의 안전유도표지 방법이다.

최근에는 각종 테러위협 및 재해에 대비한 새로운 Life Line 설치가 요구되고 있고 미국 911사태에서 라이프라인 개념이 세계무역센터에 적용되어 1만 명 이상이 신속하게 계단을 통해 탈출한 이후 미국의 국방성, 요코하마 지하철, 상해 무역센터 등 전 세계적으로 확산되고 있는 상황이다.

라이프라인을 가능하게 하는 것은 축광물질(야광물질)을 계단이나, 비상구, 대피로 등에 부착하는 것인데, 축광물질(야광물질)이란 일정시간(20분) 빛을 축적하면 장시간(3시간이상) 빛을 발산함으로서 어둠속에서 탈출로를 인지시켜 줄 수 있는 물질을 의미한다.

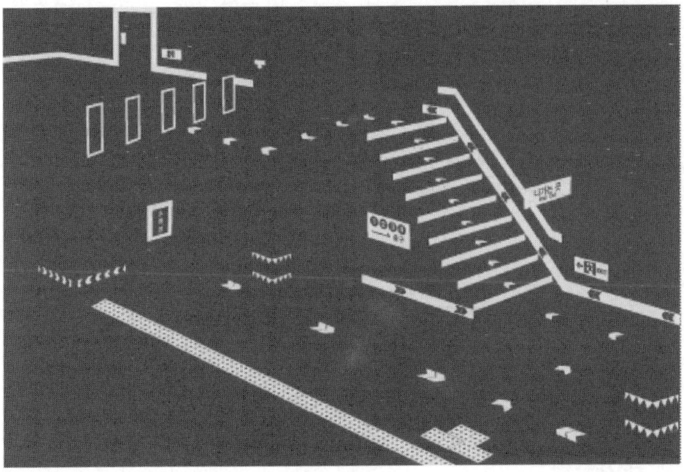

〈그림〉 라이프 라인(Life Line)

출처 : www.saechiro.com

(4) 시스템 운용의 생존성 확보

1) 시스템(RACK) 전도방지를 위한 준비

RACK이 전도되어 발생할 수 있는 인명피해 및 시스템 피해를 방지하기 위하여 전도방지장치를 부착한다.

〈그림〉 전도방지 장치를 부착한 RACK

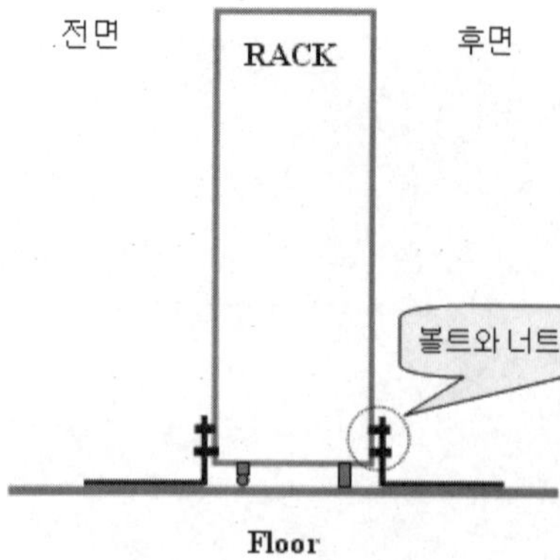

〈그림〉 전도방지 장치 설치 방법

2) 라벨링 및 케이블링

지진으로 인하여 System Rack이 전도될 경우 시스템과 시스템을 연결하는 cable이 빠질 수도 있고, cable이 손상될 수 있으므로 시스템 간을 연결하는 케이블은 견고하게 고정(연결 볼트를 조임)시키고 name -tag 등을 이용하여 케이블을 라벨링 한다. 또한 케이블 라벨링을 작성하기에 앞서 운영 중인 시스템과 시스템간의 Connection 구성을 파악하여 문서화 한다.

〈표〉 시스템과 시스템간의 Connection List 작성 사례

번호	시스템명	Port No	연결 시스템명	Port No	연결 형태	Cable type
					Rj-45	Cross Cable
					Rj-45	1:1 Cable
					RS-232C	Async
					RS-232C	Sync

- 장비의 정면에 비상시 행동요령과 긴급연락처 부착
- RACK 전면에 라벨링
- 포트와 연결되는 부분에 대해서도 라벨링 작업
- 케이블 태그나 별도의 장비를 사용하여 케이블 라벨링
- 장애복구를 신속히 하기 위해 불필요한 장비나 케이블 정리 및 철거
- RACK 뒷면의 케이블을 케이블 타이나 클램프, 와이어새들 등을 이용하여 정리
- 케이블 제작시 충분한 여유 공간을 두고 제작

타이 마운트(Tie Mount)

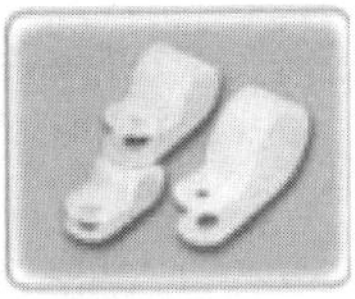

케이블 클램프(Cable Clamp)

퀵 클램프(Quick Clamp)

케이블 타이(Cable Tie)

외이어 새들(Wire Saddle)

와이어 새들(Wire Saddle)

케이블 태그(Cable tag)

스파이럴 슬리브(Spiral Sleeve)

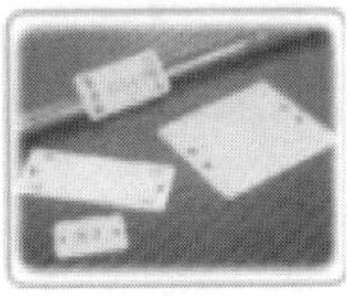

마킹 플래이트(Marking Plate)

〈그림〉 Cable 잡자재

케이블 라벨링이 작성된 예)

케이블 라벨링이 되어있지 않은 예)

〈그림〉 Cable 라벨링 작성 예

3) 전원콘센트 생존성 확보

일반적으로 전산실의 경우 전원콘센트가 Floor 밑에 설치되어 있으므로 전원작업이나 케이블 작업 중에 콘센트가 빠져 전원이 OFF 될 수 있고 실제로 이와 같은 사례가 있으므로, 전원플러그가 콘센트에서 외부 충격이나 압력에 의해 분리되는 것을 방지하기 위한 대책 수립이 필요하다.

- (A) 테이프를 이용하여 테이핑 하는 방법
- (B) 안전커버를 덧씌우는 방법

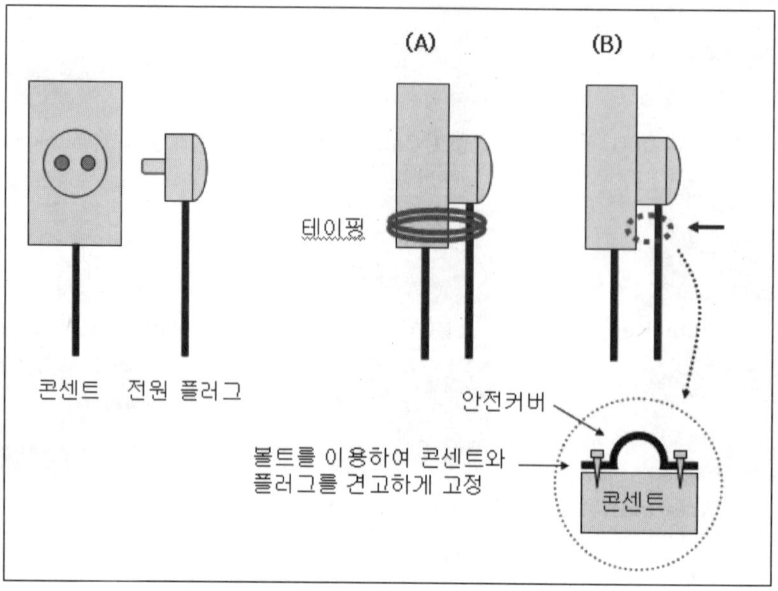

〈그림〉 전원콘센트 고정법 (예)

4) 교육

비상 상황시 시스템을 운용할 수 있는 운용자의 기술수준을 동일하게 유지하고 가능한 다수의 운용요원을 확보한다. 비상시 행동 요령 숙지 및 비상 활동 조직 구성과 더불어 신속한 연락과 복구를 위해서 비상시 대응 매뉴얼은 PC내에 데이터로 보관하기 보다는 문서화해서 보관하는 것이 필요하다. 대응 매뉴얼은 여러 본(本)을 확보하여 관련 인원이 공유해야 하며 관련 내용은 항상 최신의 데이터로 관리하고, 재해 훈련 및 교육 시에도 이 매뉴얼을 활용하도록 한다.

4.3. 정보시스템 재해 대비 방안

정보시스템 재해 대비 방안의 핵심요소는 이중화와 백업, 대응 매뉴얼(직무수행 계획 포함)과 시스템을 운영하는 인력 관리라 할 수 있다. 이중화와 백업은 같은 의미로 볼 수 있으나, 이중화는 즉시 서비스가 가능한 체계이며 백업은 서비스를 개시하기에는 다소 시간이 소요되는 체계라 할 수 있다.

여기에서는 BCP (Business Continuity Planning / 비즈니스 연속성 계획)와 재해복구계획(Disaster Recovery Plan), IDC (Internet Data Center) 그리고 Back-up과 RAID(Redundant Array of Independent Disks)에 대해서 알아보기로 한다.

4.3.1.BCP (Business Continuity Planning / 비즈니스 연속성 계획) 수립

정보시스템 재해복구방안은 BCP(Business Continuity Planning : 비즈니스 연속성 계획)와DRP (Disaster Recovery Plan : 재난복구 계획)등에서 거론되고 있고, 그 목적은 재해가 발생했을 때에도 비즈니스의 연속성이 확보될 수 있도록 하는 재해 시 시스템 복구에 대한 대책이라고 할 수 있다. 시스템의 복구는 각각의 복구방법에 따라 장단점이 있으며, 실제 구현에 따라 비용의 차이가 발생할 수 있다.

또한 복구전략 수립 시에는 CPU와 대량의 스토리지 장비 그리고 주변기기도 고려해야 하고 복구인력이 일할 장소와 프로세서, 테이프 드라이브, 디스크 드라이브와 기타 장비를 운용할 환경도 제공해야 한다.

본 계획의 수립에 참여할 부서로는 지원서비스 부서, 현업 부서, 정보처리 지원부서, 네트워크 관련부서 등이다.

BCP는 에서 말하는 비즈니스에 위협 (Hazard)을 주는 원인은 다섯 가지 정도로 구분되어지는데, 자연적인위협 (Natural Hazard)은 자연적인 재해에 의해 발생되는 지진, 호우, 태풍, 폭설, 가뭄, 해일 등이 있고, 인간, 기술에 의해 발생하는 기술적인위협 (Technological Hazard) 에는 산불, 가스사고, 화재, 교통사고, 원자력 발전소사고 등이 있다. 사회적 위협(Civil Hazard)은 공공성이 큰 국가기관이나 시설물에 의해서 발생하는 재난으로 도로, 교량, 터널, 댐, 공항 시설, 정보통신 시설, 에너지 시설 해상사고 등이 있다. 경영위협 (Managerial Hazard)은 경영부실로 인한 주식폭락, 제품결함, 파업, 불매운동, 악설루머, 명예훼손, 성차별, 뇌물제공 등이 있고, 환경적인 위협 (Ecological Hazard)은 오염물질 방출, 기름유출, 오존층파괴 등이 있다.

〈표〉사고의 분류

구분	사고의 분류	특 징
Hazard (위협)	Disaster (재난)	자연적인 재해에 의해서 발생(지진, 태풍, 홍수, 폭우) 국가적인 차원에서 사용
	Crisis(위기)	매우 험난하고 어려운 상황이 전개될 수 있는 불안정한 상태로 인간적, 기술적 재난으로 중동위기, 오존층위기,911테러, 사스 등이 있음.(기업적인 측면에서 사용)
	Emergency (응급)	인명이나 재산 등이 위험한 상황에 처하게 되는 예측하지 못한 Event.(개인적인 차원에서 사용) 발생 시 절차가 있고 방침, 규정, 지침이 있고 즉시 대응이 가능.
	Risk(손실)	발생될 확률 손실의 규모, 영향력으로 표현

(1) BCP(Business Continuity Planning)의 목적

BCP의 목적은 각종 재해로 인한 긴급사태 발생 시 조직의 핵심 업무를 지속하고, 적정 시간 내에 비즈니스 사이클을 회복하는데 있다.

(2) BCP 정의

각종 재해 발생 시 사업 연속성을 유지하기 위한 방법론으로서 사업을 진행하는 과정에서 관리적, 기술적, 물리적, 또는 환경적인 요소에 의하여 발생하는 사고 또는 비상사태로 인하여 사업상의 일부 요소 또는 전체 체계가 마비되어 원활한 사업 지속에 장애가 발생하는 것에 대비하기 위하여, 이를 사전에 분석하여 이에 대한 예방(Prevention), 대비(Ready), 대응(Response), 복구(Recovery)와 관련된 체계를 구축하는 일련의 과정을 의미한다.

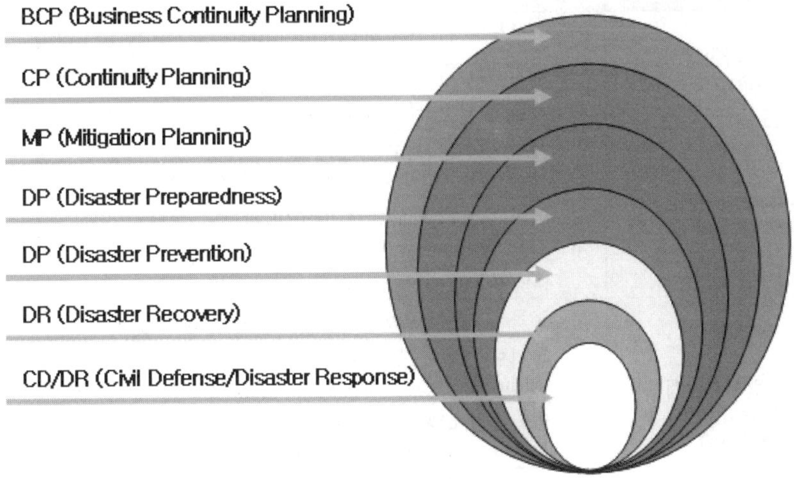

〈그림〉 BCP영역

출처 : NYS Forum for Information Resource Management

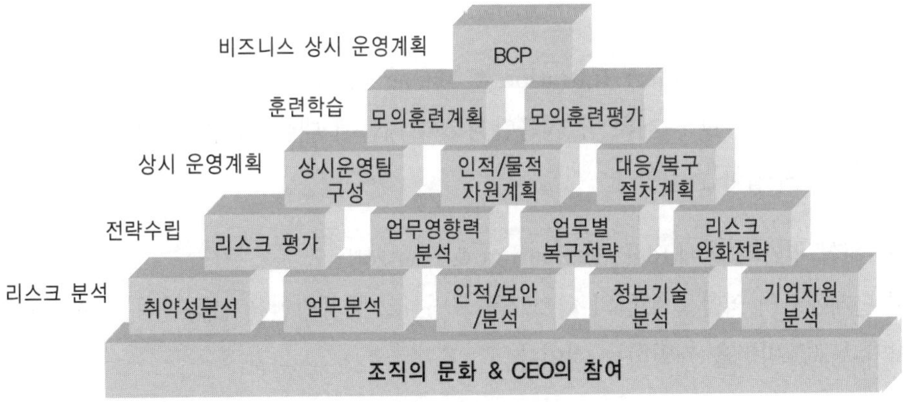

〈그림〉 BCP의 구조

출처 : 재난관리사 교육교재, BCP 협회

(3) BCP 절차

〈출처; BCP입문, 재난관리사 교육교재〉

BCP 계획을 수립하기 위한 절차로는 크게 계획수립 사전단계, 계획수립단계, 계획수립사후 단계로 나누어지며 각 단계별로 세부 항목으로 나뉜다.

〈표〉 BCP 절차

대분류	소분류
계획수립사전단계 (Pre-Planning Section)	가. 프로젝트 관리(Project Initiation & Management)
	나. 위험 평가와 통제 (Risk Evaluation & Control)
	다. 사업 영향평가(Business Impact Analysis)
계획 수립단계 (Planning Section)	라. 사업 연속성 확보전략 개발 (Developing Recovery Strategies)
	마. 비상 대응과 운영(Emergency)
	바. 사업 연속성 확보 계획의 개발 및 구현 (Develop & Implement the Plan)
계획수립사후단계 (Post-Planning Section)	사. 교육 및 훈련(Awareness and Training Program)
	아. 유지보수 및 모의훈련 (Maintaining and Exercising Business Continuity Plan)
	자. 위기 커뮤니케이션과 홍보 (Public Relations and Crisis Communications)
	차. 공공 기관과의 협력 (Coordination with Public Authorities)

출처 : 한국 BCP협회

1) 계획수립 사전단계(Pre-Planning Section)

가. 프로젝트 관리(Project Initiation & Management)

프로젝트 관리는 BCP 계획 중 처음단계로서 재난에 대한 정의와 사업연속성 확보 계획의 정의를 수립하는 것이다.

나. 위험 평가와 통제(Risk Evaluation & Control)

이 단계에서의 역할은 위험의 리스크를 규명하고 통제방안을 분석하며, 위험요인을 저감시키고 권고방안을 개발하는 것이다.

다. 사업영향 평가(Business Impact Analysis)

이 단계에서의 역할은 조직의 업무기능을 분석하여 특정한 재난 발생 시 업무에 미치는 영향을 분석하고 재난복구를 위하여 필요한 자원을 분석하는 프로세서로서 위험 분석을 통해서 도출한 재난상황이 실제 발생하였을 때 조직이 입을 수 있는 피해를 규명하고 사업영향 평가를 통해 분석한 결과를 토대로 사업연속성 확보를 위한 전략을 수립하고 계획을 개발하는 것이다.

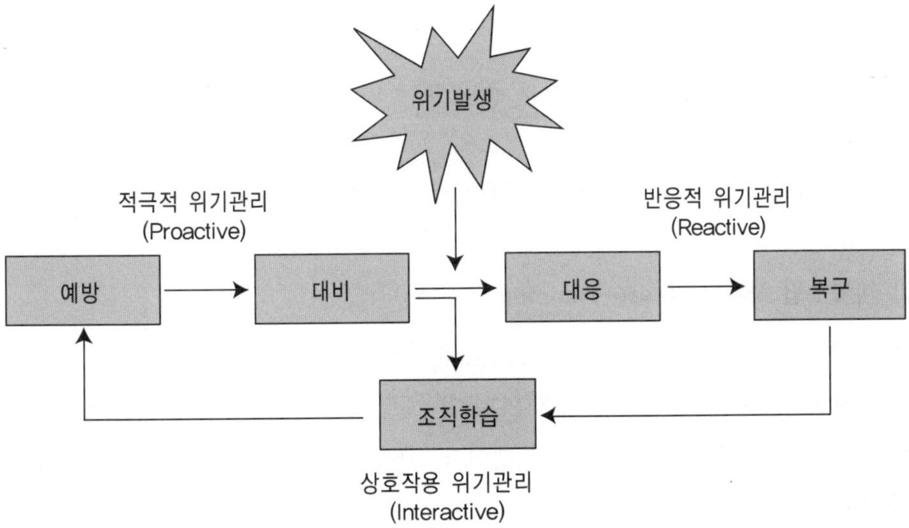

〈그림〉 BCP 조직 위기관리 체계

출처 : 한국 BCP협회

2) 계획수립 단계(Planning Section)

라. 사업연속성 확보전략 개발(Developing Recovery Strategies)

이 단계에서는 사업의 연속성을 확보하기 위한 전략을 수립하고 비용, 수익을 분석하며 업무기능 영역에 대한 복구전략을 정의하는 것과, 조직 내의 사업연속성 확보와 복구전략을 통합하는 것이다.

마. 비상 대응과 운영

이 단계에서는 예상되는 재해에 대비하여 대응할 수 있는 절차와 방법을 수립하는 것이다. 여기에는 비상사태를 위한 명령과 통제 요구사항을 정의하며 비상대응 절차를 구현하기 위한 담당자 교육이 되었는지를 검증하는 것도 포함한다.

바. 사업 연속성 확보 계획의 개발 및 구현(Develop & Implement the Plan)

이 단계에서는 사업의 연속성확보를 보장하는 데 필요한 제반 절차를 수립하는 것이며 아래의 내용을 포함한다.

- 핵심기능의 조직의 연속성확보를 보장하는데 필요한 강화된 계획과 계약내용
- 재해발생 시 대응을 위한 준비 및 구현절차
- 파악된 위협으로부터 발생되는 사업상의 위험을 탐지하고 위험을 감소시키기 위한 절차
- 물리적 설비의 전면중단이나 부분 중단 또는 파괴가 발생하였을 경우 대응할 수 있는 계획
- 핵심기능을 위한 장비와 인력의 가용성과 절차가 포함된 계획

3) 계획수립 사후단계(Post-Planning Section)

사. 교육 및 훈련(Awareness and Training Program)

이 단계에서는 사업의 연속성 계획(BCP)의 교육 및 훈련 대상자에 대한 계획을 수립하는 것으로 교육 대상자는 누구로 할 것인가, 교육의 강도와 시간 범위 등에 대한 계획을 수립하는 것이다.

아. 유지보수 모의 훈련(Maintaining and Exercising Business Continuity Plan)

이 단계에서는 재난을 입었을 경우를 가정하여 시스템 복구 절차와 프로세서에 대해서 계획을 수립하는 것이다.

〈계획 테스트를 위한 가이드라인〉

- 처음 시작하는 테스트는 소규모로 한다.
- 상세절차에 대한 테스트는 바로 수행되어야 한다.
- 테스트 시에는 백업 데이터와 비상연락망에 대한 검증이 수행되어야 한다.
- 충격테스트를 실시한다.
- 테스트시 실제 시나리오를 포함한다.
- 테스트 시나리오는 테스트 수행시 마다 바꾸어서 실시하여야 한다.

자. 위기 커뮤니케이션과 홍보(Public Relations and Crisis Communications)

이 단계에서는 재해 발생 시 재해선언 절차에 대한 계획을 수립하는 것이다.

차. 공공기관과의 협력(Coordination with Public Authorities)

이 단계에서는 관련된 분야의 적용 법률과 규정, 관련된 정보 출처를 확인하고 계획이 모든 법률과 규정에 대하여 요구 사항을 만족하여야 하며 해당 공공 기관과의 협력 부분에 대해서 협의 하는 것이다.

(4) BCP의 구성요소

BCP는 전반적인 위기관리(Crisis Management)를 기반으로 하여 재해복구(Disaster Recovery), 업무복구 및 재개(Business Recovery & Resumption), 비상계획(Contingency Planning)등을 포함하고 있다.

〈표〉 BCP의 구성요소

구분	재해복구 (Disaster Recovery)	업무복구 (Business Recovery)	업무재개 (Business Resumption)	비상계획 (Contingency Planning)
대상	- 핵심업무지원 - 응용프로그램 및 전산자원	- 핵심업무 프로세스	- 업무프로세스 전반	- 내/외부로부터의 사건
산출물	- 제헤복구계획	- 업무복구계획	- 대체 프로세스 계획	- 업무비상대응 계획
위기관리(Crisis Management)				

출처 : Gartner , 2001

〈표〉 BCP와 DRP의 비교

순서	BCP (Business Continuity Planning / 사업 연속성 계획)	DRP(Disaster Recovery Plan / 재난 복구 계획)
1단계	프로젝트의 범위결정 및 계획서 개발	
2단계	BIA(Business Impact Analysis : 사업 영향 평가) 수행	목적설정
3단계	복구전략 개발	데이터 처리 연속 계획
4단계	복구계획 개발	백업방법 설정
5단계	실행, 시험 및 운용	
6단계	공지 및 프로세스 측정실행	
주요관점	사업 연속성을 위한 IT뿐만 아니라 기업의 모든 것을 재난에 대비하려는 관점.	IT 복구관점

(5) BCP 계획 수립 시 필요한 사항

1) 업무수행 대체공간 확보

- 비상사태나 중대 사태 발생 시는 어디에서 대체업무를 수행할 것이며 어디에서 복구업무를 총괄할 것인가에 대한 물리적인 공간의 확보

2) 비상연락망 확보

- 외부고객, 내부고객
- 재해복구를 담당할 수 있는 정보시스템 직원 및 최종 사용자의 연락망 명시
- 의사결정 권한을 가진 담당자 선정 및 우선순위로 구성된 연락처 리스트 작성
- 재해복구 시설 담당자 연락처, 장비와 S/W 판매사 주소 및 연락처 리스트 확보
- 인프라 및 관련분야 연락처 확보

3) 시스템 위험 등급분류 및 복구행동요령 작성/ 복구목표시간 / 복구우선순위설정

- 서비스 중단 후 사업을 재개하는 데 필요한 시간에 대한 민감성과 중요성에 따라 시스템 우선순위를 분류
- 핵심 업무(Ⅰ), 중요업무(Ⅱ), 기타업무(Ⅲ)등으로 분류

4) 복구에 필요한 물품의 확보 및 공급품의 백업확보

- 복구에 필요한 물품 (전화, PC, FAX, 책상 등등)
- 정상적인 비즈니스 활동을 계속하기 위하여 필요한 모든 공급품을 복구 활동기간 동안 제공할 수 있는 체계 반영
- 절차서, 수표, 청구서, 주문서 등 특별한 양식지를 오프사이트에 보관

5) 긴급대응조직 및 책임분담

- 재해 대응 조직을 구성하고 각 조직별 책임과 역할을 부여

6) 통신 네트워크(통신회선)

- 통신회선의 이중화, 경로 이중화를 통한 네트워크의 생존성을 증대

- 가공으로 구성하는 것 보다는 생존성을 높일 수 있도록 통신회선 매설에 대해서 검토

7) 재해복구 보험

- 발생 가능한 위험으로부터 보상을 받기 위한 재해복구 보험을 검토
- 우리나라에서는 풍수해 자연재해 보험을 2006.5월부터 판매하기 시작함.

(6) 기대효과

1) 24시간 비즈니스 상시 운영체제를 보장

- 고객 서비스의 지속성 보장
- 고객 신뢰도 제고
- 안전한 기업으로서의 마케팅 효과

2) 재해 발생 시 신속한 데이터 복구 및 업무 복귀

기업의 경쟁력 제고
- 재해 복구비용의 최소화
- 재해/장애 예방에 의한 수익의 증가

〈표〉 위기관리를 위한 체크리스트

재난재해를 포함하여 기업의 위기를 관리하는 계획서를 작성하는데 있어서는 다음의 25가지 사항을 먼저 체크하여 실제 관리계획서에 다음의 내용이 포함되도록 한다. (1) 위기관리에 대한 회사의 미션 및 방침이 명확하게 제시되어 있는가. (2) 위기관리의 목적 및 목표가 명확하게 제시되어 있는가. (3) 위기관리계획서가 작성된 이유와 동 계획서가 어떻게 사용될 것인가에 대한 설명이 있는가. (4) 위기에 대한 대응방안 검토 시 대상이 되는 피해상황을 정의해 두었는가. (5) 위기발생에 따른 악영향이 커 모든 사업을 지속하기 어려운 경우, 회사 차원에서 최소한 진행시켜야 할 업무를 명확히 해 두었는가. (6) 위기관리를 추진하는 체제가 명확히 마련되어 있는가. (7) 대응계획을 추진하는 시스템 및 절차가 제시되어 있는가. (8) 실시한 정책 등의 기록을 보관하는 시스템 및 절차가 제시되어 있는가.

(9) 위기관리조직도 및 각각의 역할이 명시되어 있는가.
(10) 상기의 조직 책임자의 대행 순위가 명시되어 있는가.
(11) 대책본부를 설치하는 경우 및 그 대체장소는 제시되어 있는가.
(12) 긴급 시 체제로 이행하는 조건이 제시되어 있는가.
(13) 긴급 시 진행할 업무를 정리한 일람표 등을 준비해 두었는가.
(14) 위기관리에 관한 종업원의 교육 및 훈련에 대해 실시내용이 제시되어 있는가.
(15) 위기발생 시 대외적인 정보공개에 대해 회사의 방침이 명확하게 제시되어 있는가.
(16) 위기관리계획의 재수정에 대하여 그 실시요령이 제시되어 있는가.
(17) 위기관리계획서가 개정된 날짜가 기록되어 있는가.
(18) 위기관리계획을 감사하는 조직이 구성되어 있는가.
(19) 긴급 시 연락망은 명확하게 제시되어 있는가.
(20) 긴급 시 종업원의 행동요령은 작성되어 있는가.
(21) 악영향이 발생했을 때 거래처 등에 대한 연락요령 및 대외적인 대응방안이 제시되어 있는가.
(22) 필요한 연락처를 일람표로 작성해 두었는가.
(23) 긴급 시 필요한 매뉴얼과 계획 추진 등에 필요한 매뉴얼이 분류돼 있는가.
(24) 기재내용 별도 페이지를 분류하여 구성해 두었는가.
(25) 위기관리계획서의 보관요령에 대해 제시해 두었는가.

출처 : 한국 BCP 협회

4.3.2 재해복구계획(DRP : Disaster Recovery Plan)

재해는 인재(테러, 전쟁, 인위적 장애 등)나 천재(지진, 홍수 등)등으로 인해 발생할 수 있는 피해이며 재산 손실뿐만 아니라 인명 손실까지 발생할 수 있으므로 재해에 대비하기 위해서는 발생할 수 있는 모든 위험이나 가능성, 복구방안에 대해서 준비하고 계획을 수립하여야 한다. BCP가 사업의 연속성을 위한 IT를 포함한 종합적인 재해, 재난 대비 방안이라면 DRP는 IT를 중심으로 한 복구 위주의 계획이라고 할 수 있다. 재해복구계획(DRP)의 한 부분인 재해복구센터는 단순한 데이터 백업이 목적이 아니라 장애에 대비하여 관련된 전산장비의 이중화 및 데이터소산 설비를 갖춘 재해복구센터를 의미한다.

재해 복구 사이트에 별도 전문 인력을 파견하여 재해 발생 시를 대비해 복구 사이트를 항상 유지하거나 보수 관리하여야 한다. 왜냐하면 RTO(Recovery Time Objective)는 결국 투자비용에 반비례하며, 재해 시 발생 손실에 비례하기 때문이다.

〈표〉 재해복구 계획 수립시 고려사항

	대항목	세부항목
1	RSO(Recovery Scope Objective) 복구 영역은?	– 계정계, 정보계, 대외계 – 원격지 단순 데이터 백업 – 재해대비 시스템 복구를 위한 백업
2	RTO(Recovery Time Objective) 몇 시간 안에 복구할 수 있는가?	– 2시간 내, 4시간 내, 8시간 내, 24시간 내
3	RPO(Recovery Point Objective) 어느 시점까지의 데이터로 복귀할 것인가?	– 특정 백업 시점 데이터 복구 – 전일 마감 데이터 백업 시점 – 재해발생 시점 데이터 복구
4	RCO(Recovery Communications Objective) 네트워크 복구는?	– 네트워크 복구 수준 – 지역 모점, 주요 영업점, 전 영업점
5	BCO(Backup Center Objective) 백업센터는?	– 자체 2nd 센터에 재해복구시스템 구축 – 자체 2nd 센터에 전문 업체와 재해복구 시스템 구축 공조 – 재해복구시스템 구축 전문 업체에 위탁

출처 : 마이크로 소프트

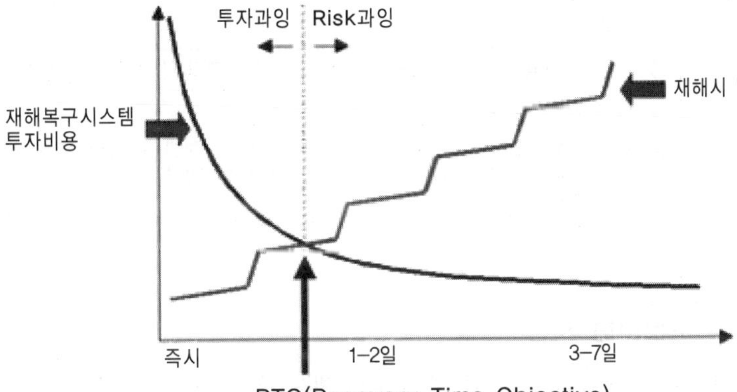

〈그림〉 DR 구성시 Trade-Off 그래프

출처: 마이크로 소프트

재해 복구 시스템은 주 전산센터와 반드시 동기화되어 있어야 하며, 주 전산센터와 백업 센터와의 DR(Disaster Recovery)구성시, 동기화의 백업 병목지점을 판단하고 그 성능을 고려하여야 한다. 지역적으로 고려되어야 하는 요소는 '테이프 드라이브에 따른 용량과 성능', 그리고 '데이터 버스에 따른 성능' 등이다.

〈표〉 DR 구성시 필요한 네트워크 대역폭

통신회선	대역폭	초당 전송량	사용용도
T1	1.5Mbps	0.15Mb/s	소량의 트랜잭션
T3	45Mbps	4.5Mb/s	중간급의 트랜잭션
ATM OC-3	155Mbps	15.5Mb/s	중간급의 트랜잭션
Fiber	1024Mbps	100Mb/s	대량의 트랜잭션
DWDM	2.5Gbps	2.5Gb/s	대량의 트랜잭션

출처 : 마이크로 소프트

〈표〉 데이터가 재해 복구 센터로 옮긴 이후의 점검사항

대 항목	세부항목
데이터 reading?	- 백업 테이프가 재해 복구 사이트에서 읽혀질 수 있는가?
	- 읽어 들이기 위해 특화된 소프트웨어가 필요한 것은 아닌가?
	- 소프트웨어 라이센스를 요구하는 것은 아닌가?
	- 라이센스 키 등은 가지고 있는가?
	- 라이센스 키를 입수하는 데 시간이 얼마나 걸리나?
데이터 복원 전 테이프 인덱스 구성은?	- 데이터 복원을 시작하기 전에 테이프 인덱스를 재구성해야 하는가?
	- 얼마나 걸리나?
응용 프로그램은?	- 실행 가능한 응용 프로그램들이 재해 복구 사이트에서 갖추어져 있는가?
	- 가장 최신 버전인가?
	- 응용 프로그램이 최신 버전으로 갖추어져 있다고 한다면 재해 복구 사이트에서 실행하기 위해서 별도의 라이센스 키가 필요하지 않은가?
	- 관련된 데이터가 재해 복구 사이트의 응용 프로그램 버전에서 사용 가능한가?

(1) 재해복구의 우선순위 지정

재해 발생이 확인된 다음에는 시스템 관리자가 핵심 응용 프로그램을 재해 복구 사이트로 이전하여 필요한 모든 절차를 빠짐없이 수행해야 하는데, 필요한 사항들을 절차와 우선순위에 맞게 나열하면 다음과 같다.

첫째, 어떤 프로그램이 먼저 실행되어야 하는가? 어떤 데이터가 먼저 복원되어야 하는가?. 둘째, 재해 복구 사이트에서 필요하지 않은 응용프로그램은 무엇이 있는가?. 셋째, 재해가 계속되는 경우 서비스를 대체할 어떤 프로그램이 필요한가?. 넷째, 희소 자원에 대한 우선순위는 누가 갖는가?. 다섯째, 특정 그룹이 다른 그룹에 앞서 서비스를 받을 수 있도록 하는 결정은 어떤 근거로 내려지는가(최고 결정권자가 없다면 대체 결정권자가 자리에 있어야 한다).

〈표〉 Back-up 서비스와 재해복구 서비스 비교

	기존Back-up & Recovery 서비스	재해복구 서비스
대상 범위	- 시스템 일부기능의 문제발생으로 인하여 제한된 시간 내에 복구가 가능한 상태 - 문제발생의 원인이 명확하고 대처방안이 알려진 상황	- 지진, 화재, 수해 등 전산실 운영을 완전히 불능 상태로 빠뜨리는 재해까지 대비 - 장애발생의 원인이 불명확하여 일반적인 대처 방안으로 복구가 불가능한 상태
구축 방안	- 전산센터 내부에 구축 - Dual System 구축 - High Availability Solution 구현 등	- 주전산 센터 외부원격지에 재해복구시스템 구축 100km 이상 원거리 확보(권고) - 내진, 보안시설 등 재해에 대비한 설비를 갖춘 전산센터에 위치
운영 방안	- 문제발생 원인에 따른 대처 방안이 다양하므로 제한된 범위의 Test 수행 - Dual System에 의한 Service Take-over	- 평소 운영 Procedure에 의해 Main center 내의 Data, 시스템 변경사항 등을 재해복구센터에 반영 - 최소 년 2회 사전 수립한 Procedure에 의해 Test 수행
복구 방안	- 문제발생 원인을 파악하여 원인을 제거함으로서 복구	- 사전 수립된 Procedure에 의해 재해복구 센터에 위치한 Resource를 이용해 업무 및 서비스 재개

(2) 재해 복구 계획의 구성 (DRP의 구성)

재해복구 계획수립에 앞서 간과하지 않아야 할 것은 재해복구 조직의 업무 연속성과 생존을 궁극적으로 책임지는 사람은 최고경영진이고 전사적 DRP를 수립하도록 위임 받은 사람은 고위경영진(Senior Management/임원)이란 것이다. 왜냐하면 최고경영진이 관심을 갖고 계획을 수립하고 지속적으로 점검 평가해야만, 회사나 기업전체가 관심을 가지고 계획을 구성할 것이고 재난발생 시 피해를 최소화하여, 시스템을 복구할 수 있다는 것이다.

또한 재해복구 계획은 사업연속성 계획이 실행 가능하도록 항상 최신의 것으로 유지되도록 요구하는 것도 경영진의 책임이다. 조직의 업무, 요구사항 변화, 새로운 응용 시스템의 개발 또는 구입, 사업전략의 변화, H/W, S/W 아키텍처의 변화 시 DRP는 정기적으로 검토되고 갱신되어야 한다.

1) 비상 계획 (Emergency Plan)

비상조치 계획(Emergency Action Plan)으로 이해되며, 돌발 상황 발생 직후 인명 구조와 피해 확산 방지 및 피해 산정을 위한 계획을 수립한다.

2) 백업 계획 (Back-up Plan)

조직의 생존력에 심각한 영향이 미치기 전에 핵심 서비스 제공을 재개하기 위한 계획으로 H/W 백업, Data 및 S/W 백업, 직원 백업(백업 인력)등이 포함된다.

- H/W 백업: 대체처리장소, 대체처리설비, 대체설비에 설치하는 시스템소프트웨어
- Data 및 S/W 백업: 운영절차, 시스템 및 프로그램 문서, 특수 절차 및 지시사항 입력 원시 문서 및 출력 문서.
- 인원 백업: 직무순환, 교차훈련, 외부인력 활용 등

3) 재배치 계획 (Relocation Plan)

돌발 상황으로 인해 발생한 전체 피해액과 원상회복에 소요되는 총 비용을 정확히 산정하고, 완전 복구를 위한 절차에 대한 계획을 수립한다.

4) 테스트 계획 (Test Plan)

DRP에 대한 문서 검토, 부서별 테스트, 전사 단위의 테스트 등에 대한 계획으로, 각종 백업에 대한 테스트 절차를 포함한다.

(3) 재해복구 계획 (BCP/DRP) 수립 절차

1) 프로젝트 착수

재해복구 계획 및 지침을 정의하는데 필요한 명확한 범위와 요소를 식별한다.
프로젝트팀 : 최고경영진, 사업단위 고위 관리자, BCP 위원회, 기능 사업부서

2) 사업 영향 분석 (BIA : Business Impact Analysis) : 복구우선순위를 결정

- 중요한 정보 자원 식별
- 한계 복구 시간
- 시스템 위험 등급

3) DRP 전략 수립 : 고위 경영층이 여러 대안 중 선택

4) DRP 계획 수립

비상대응, 재해공지, 백업과 오프사이트 저장소, S/W Escrow(에스크로)계약, 외부와의 통신, 시스템 인프라(UPS, 비상발전기, 항온항습기, 소화설비 등), 물류와 지원, 화재/수해에 대한 방어 등을 문서화 한다.

5) 구현/Test/유지보수

사전테스트, 사후테스트, 도상테스트(Paper Test), 준비성테스트, 전체운영테스트, 체크리스트, 구조적 워크스루, 모의실험, 병행테스트, 완전중단테스트 등을 실시한다.

(4) 정보시스템 관리자 및 부서관리자의 역할

- 중요 사업기능의 복구우선순위 설정, 한계복구시간 확인
- 필요자원의 명세확인
- 인력관리(사람이 가장 중요한 자원)
- 계획의 개발과 구현에 대한 책임
- 계획달성을 위한 목표일자 설정

(5) 전체 테스트 실시

데이터가 재해 복구 센터로 옮긴 이후의 점검과 재해복구의 우선순위 지정이 끝났으면 이제 남은 것은 재해 복구 절차의 전체 테스트이다. 전체 테스트는 재해 복구 절차를 모두 테스트하는 것으로서 실제 재해가 발생했을 때를 가정하여 그 동안 수립한 장애복구 계획을 모두 테스트 하는 것이므로 가장 중요한 과정이라고 할 수 있다. 목적의식과 위기의식을 갖고 테스트를 실시해야만 실제 재해 발생 시 피해를 최소화 할 수 있다. 피해의 최소화가 기업의 생존성에 얼마만큼 영향을 미치는 가는 시스템 운용자들이 너무나도 잘 알고 있을 것이다.

전체 테스트는 충분한 시간을 갖고 실시하는 것이 필요하다. 주말이나 연휴기간을 택해서 관련된 사용자 및 운용자들이 모두 참석한 가운데 실제 재해 상황을 완벽하게 구성하여 놓고 모든 시나리오와 재해 단계별 복구 테스트를 실시하여야 한다.

최악의 경우에서부터 충돌 레벨이 낮은 단계까지 절차적으로 우선순위에 따라 진행하여야 하며, 각 단계별, 시나리오 별 복구 시간을 기록하여 복구 계획에 역으로

반영하여야 한다.

발생할 수 있는 장애 프로세스대로 테스트를 진행한 후 전체 테스트에서 발생되는 문제점을 문서화하고 재해복구 계획에 반영하여 차후의 전체 테스트에 반영하여야 한다. 또한 관련교육 계획을 수립하여 시스템 운용자 모두에게 교육을 실시하여야 한다.

재해를 테스트하는 일은 수고스럽고 번거로운 일이지만, 소홀히 다룰 경우 재해 발생 시에 막대한 대가를 치를 수도 있으므로 반드시 거쳐야 하는 필수 절차이다. 테스트가 제대로 되지 않는 재해 복구 센터를 운영한다는 것은 재해 복구를 위한 모든 노력과 비용이 수포가 될 수 있다는 것을 명심해야 한다.

4.3.3 IDC (Internet Data Center)

(1) IDC 의 목적

IDC는 네트워크 설비와 무정전 전원시스템, 항온 항습, 방재시설, 보안시설 등의 전산 관련 시설을 갖춘 전산시스템 및 인터넷 서비스를 위한 전문 센터(시설 또는 건물)를 말하는 것으로 이러한 센터를 여러 고객이 함께 이용함으로서 이용고객은 자체 전산실을 구축 하는 것에 비해 저렴하게 전산시스템을 구축/운영 할 수 있고, 고 대역폭의 Network을 확보 할 수 있으며,센터에서 제공하는 보안이나 백업서비스 등을 공동으로 이용함으로서 경제적이고 안정적인 시스템을 구축 운영할 수 있다.

또한 서버 등 전산 시스템을 구입하는데 드는 비용을 IDC의 Server-Hosting(서버 임대)서비스를 이용하면 서버구매에 따른 경제적인 부담을 줄일 수도 있다.

〈그림〉 IDC 센터 내부

(2) IDC 서비스 종류

1) 코로케이션(Co-Location)

코로케이션 서비스란 고객의 인터넷 서비스용 서버, 네트워크 장비 등을 IDC의 임대 공간(상면공간)에 설치하고 IDC의 초고속 대용량 인터넷 백본에 연결하여 고 품질의 인터넷 서비스를 제공할 수 있도록 서버 설치 공간 및 인터넷 접속 제공과 기본적인 서버 운영 등을 대행하는 서비스이다.

2) 서버 호스팅(Server Hosting)

서버 호스팅 서비스는 Enterprise IDC의 대용량 인터넷 백본에 호스팅 전문 업체에서 제공하는 최신 사양의 서버를 Package화하여 임대 또는 구매 방식의 고객전용 서버로 제공하는 서비스이다.

3) 웹 호스팅(Web Hosting)

인터넷 홈페이지를 대신 운영해 주는 서비스업을 말한다. 대형 통신업체나 전문회사가 자신의 인터넷 서버를 고객에게 할당해 주고, 고객이 직접 홈페이지를 운영하는 것과 같은 효과를 제공하는 서비스이다. 별도로 홈페이지를 갖추기 어려운 개인이나 개별 사업체가 많이 이용하는데, 'http://www.회사이름.co.kr(혹은 com)'과 같은 형식을 지닌 홈페이지의 90% 가량이 이 서비스를 이용하고 있다.

〈표〉 IDC 서비스의 비교

구분	Co-Location	Server Hosting	Web Hosting
서버보유	보유	IDC 업체의 서버임대	IDC 업체의 서버 일부 임대
요금내역	회선사용료 공간임대료	회선, 서버, 공간임대	회선, 서버, 일부임대
장점	고속의 백본망에 자신의 서버를 연결	서버구입에 대한 부담이 적다	가장 저렴한 요금

〈표〉 IDC 백업서비스와 자제 백업시스템 도입 시의 비교

구분	IDC 백업서비스	자제 백업 시스템 도입
비용	자체 시스템 운영에 비해서 인건비와 관리비를 제외한 최소 35% 이상 절감 효과	S/W, H/W, 백업 서버와 IDC의 상면비용의 추가로 인한 초기 구축 비용의 부담
운영	전문요원의 운영	백업전문 운영자가 필요하며 운영자의 교육이 필요함
운영내용	별도의 Network을 구축하므로 서비스에 미치는 영향을 최소화 함.	서비스에 운영되는 Network를 공유하여 서비스에 영향을 미침
시스템 확장 또는 Data량 증가시 대응	서비스 레벨의 조정만으로 용이하게 확장할 수 있음	용량의 확장 시 추가 장비의 도입과 시스템 재구축의 번거로움이 있음.

(3) IDC 서비스의 특징

- 24시간 3교대로 365일 상주 근무 체제를 통한 백업 결과에 대한 모니터링을 위해서 중앙 집중화된 백업 관제센터를 운영
- 24시간 긴급대응을 위한 장애 및 복구 전담팀 운영
- 이중화 구성으로 장애대비
- 장비 업그레이드 및 교체 시에도 무 정지 작업이 가능
- 안정적이고 확장성 있는 네트워크 인프라설비
- 고객의 백업 데이터의 증가와 백업데이터 보관주기의 변동 시 서비스 레벨의 조정만으로 완벽하게 대응하는 편리한 확장성을 제공
- 자체 시스템 구축 운영과 비교 최소 35%의 비용절감

〈그림〉 IDC 내의 케이지

〈표〉 IDC 평가항목

평가항목	세부 내용
개패 장치	– 이중화된 잠금장치
출입기록	– 기준일로부터 6개월 이상 중요 시설물에 대한 출입기록을 보관, 유지기타 시설물에 대한 출입기록은 기준일로부터 2개월 이상 보관.
장비보안	– 전산실의 각 가입자 장비를 그룹별로 보호 할 수 있는 별도의 잠금 장치가 있는 케이지 또는 쉘프를 설치. – 전산실의 출입권한은 있나 하더라도 해당 장비의 열쇠를 보유하고 있는 자에 한해서만 접근을 허용.
데이터 보관실	– 접근통제 시설 및 소화시설을 갖춘 안전한 데이터 보관실을 따로 둠.
종합상황실	– 주요시설 모두에 대해 각 시설의 기능별 작동상황 및 사고발생 여부를 확인하여 CCTV가 촬영한 영상을 24시간 감시할 수 있는 모니터가 설치되어야 하고 각종 보안감시센터 및 화재감시 센서의 작동상황을 실시간으로 파악하여 사고발생 시 이상 징후를 즉각적으로 감지할 수 있어야 함.
CCTV	– 주요출입구와 시설, 내부, 복도 건물의 외곽에 설치 – 전산실 내부에 설치된 CCTV 성능은 사각지대가 없고 감시대상 물체의 식별이 가능할 수 있어야 함.
보안센서	– 건물외벽 침입가능 예상지역에 움직임 감지센서 설치 보안 경보장치와 연동되고 종합 상황실로 연결되도록 함.
보안경보장치	– 여러 곳에 설치된 보안 경보장치 중에서 어떤 경보장치가 울렸는지 쉽게 확인할 수 있도록 종합상황실에 경보장치 현황판 설치.
전력통제실	– 한 건물의 일부를 사용할 경우에도 전력통제실은 종합상황실과 연계되어 항상 신속한 조치가 이루어지도록 하며 축전지실, 수배전실, 자가 발전실에 대한 상황파악 및 통제가 가능해야 함.
전원공급	– 변전소가 다른 두 곳의 인입 전기를 사용해야 함.
UPS	– 40분 이상의 전원공급이 가능하고 n+1 이상의 이중화된 UPS 장비를 설치
축전지실	– 별도의 축전지실을 둠.
자가 발전실	– 정격 부하가 12 시간이상 발전 가능한 시설을 보유해야 함.

수배전실	- 별도의 수배전실을 두고 배전반에 과전류, 누전차단 및 누전 경보기를 설치하며 전력통제실과 연동되어야 함.
IDC 전원장치	- 이중화된 별도의 IDC 전원공급장치를 설치
접지	- 전원장비와 각 시스템에 대한 접지시설을 설치
백업장치	- 온라인으로 백업이 가능하도록 백업장치를 설치
항온항습기	- 24시간 온도와 습도를 측정 기록하고 냉방장치 및 공조장치의 통합제어가 가능한 장비설치, 종합상황실에서 인지할 수 있도록 함.
비상설비	- 주요 시설과 관련된 건물 내부 시설에도 비상용 조명시설이 설치되어 기존 조명설비의 고장 및 정전시 활용 - 유도등과 유도표지가 있어야 함.
벽면구성	- 전산실은 천정을 통해 외부와의 왕래가 불가능 하도록 함.
유리문설치	- 전산실로 통하는 건물외벽 창문 및 건물 내부 창문은 창문의 개폐 및 분리가 방지되고 투시가 불가능하도록 설치하며 기존의 일반창문일 경우에도 블록으로 창을 막거나 강화유리로 교환하고 철재로 만든 덧문을 설치.
하중안전성	- 하중이 큰 장비들의 단위면적당 중량과 건축물의 구조 계산상 확인된 적재 하중치를 비교하여 건축물을 감당할 수 있는 수치가 되도록 유지. - 단위 면적당 허용 적재 하중을 초과할 경우 보다 넓은 범위에 하중이 가도록 금속판을 깔아 하중을 분산시킴.
화재진압	- 화재 감지를 위해 연기 및 열 감지 센서를 공기흐름의 방향과 장비가 설치된 지역, 화재발생 잠재지역 등을 고려하여 천정 및 공조장치, 배관 등을 설치. - 방화문의 설치는 자동과 수동 모드로 조작이 가능해야 함.
건물입지	- 매립지나 앞에 물이 있는 지역, 연료보관지역 지하에 송유관이나 도시가스 파이프가 지나는 지역과 폭발이나 화재의 우려가 있는 위험물을 수용하는 시설은 피하거나 혹은 충분한 방어대책을 수립하여야 함.
건축자재	- 2시간 이상 화재에 견딜 수 있는 내화 건축자재를 사용 - 건물내부 자재도 불연 재료 또는 난연 재료 사용.
수해방지	- 방수 시공을 해야 하며 누수발생 예상지역 및 전산실 천정 및 바닥에 누수 검지기를 설치하여 사전에 피해를 차단할 수 있도록 함.
내진설비	- 물리적 충격을 견디기 위하여 철골조, 철근 콘크리트 등의 내구력이 강한 건축물을 사용하고 지진동에 의해 건축물이 흔들릴 경우 장비를 보호하기 위해 건축물의 전산실내 장비 및 장치들이 고정되도록 함.
상근경비원	- 24시간 교대 근무를 수행하는 상근경비원
전문기술자	- 전문기술자를 통해 시스템 관리 및 장애 해결 등을 수행.
보안 관리자	- 보안 관리자는 IDC내의 모든 보안사항을 계획, 감독, 통제.
교육요원	- IDC내의 모든 인적 자원에 대한 교육을 담당.
내부운영 지침서	- 사설관리, 인력, 제도적 운영에 대한 내부 운영지침서를 작성.
비상계획서	- 시설 인원에 대해 재난 발생부터 사후 복구까지의 모든 행동 지침을 포함.
보안계획서	- 보안 계획을 담은 보안 계획서 작성

4.3.4. 제3의 사이트 활용

제3의 사이트 사용에 관한 계약 조항에는 다음과 같은 것들이 포함되어야 한다.

〈표〉 제3 사이트 활용시 평가항목

관련요소	내 용
구성요소	- 판매자의 하드웨어나 소프트웨어 구성이 시간이 흐르면서 달라지기 때문에 이를 충족시킬 수 있는지 확인해야 한다.
재해	- 재해의 정의가 예상되는 필요를 충족시키기에 충분한가.
가용성의 신속성	- 재해 후 얼마나 빨리 시설의 사용이 가능한가.
사이트 이용자 수	- 계약서에 각 사이트 당 이용자수에 제한이 있는가.
지역별 이용자 수	- 계약서는 하나의 빌딩이나 지역에서 이용자 수를 제한하고 있는가.
우선순위	- 만약 동일한 또는 지역적인 재해 발생 시 누가 우선권을 가지는가. 백업 시설에 대한 백업이 있는가. - 판매자는 이용자들이 사용할 수 있는 한 개 이상의 시설을 가지고 있는가.
보험	- 백사이트의 직원을 위한 적절한 보험에 가입되어 있는가. 현재의 보험 비용이 이 비용을 보상할 수 있는가.
사용기간	- 얼마나 오랫동안 시설을 사용할 수 있으며 이 기간이 적절한가. - 사이트 운영자는 어떤 기술적인 지원을 제공할 수 있으며 이것이 적절한가.
통신	- 통신시설이 적절한가. - 백업사이트의 통신연결이 충분하며 필요한 경우 대체 사이트에 제한 없는 통신을 허용하는가.
보증	- 그 시설의 적정성과 시설의 가용성에 대하여 판매하는 어떠한 보증을 하고 있는가. - 책임 한도가 있으며 회사는 그것들을 수용할 수 있는가.
감사	- 감사를 할 권리 조항은 사이트의 논리적, 물리적, 환경보안을 평가할 수 있게 한다.
테스트	- 계약서에는 어떠한 테스트 권한이 포함되어 있는가. - 백업 사이트의 가용성에 따라 보험료의 감소가 있을 수 있는지를 보험회사에 확인해야 한다.
신뢰성	- 판매자는 제공되는 시설의 신뢰성을 증명할 수 있어야 한다. - 이상적으로 판매자는 무정전 전원장치,제한된 이용자, 적절한 기술적 관리, 그리고 컴퓨터 하드웨어, 소프트웨어의 호환성을 보증하여야 한다.

(1) 콜드 사이트(Cold Site) 방식 〈출처; 시사컴퓨터〉

콜드 사이트 방식은 평상시 주기적으로 주요 데이터를 테이프에 백업해 내화 금고에 보관하거나 원격지에 소산해 두었다가 재해 발생 시 복구 불능 상태의 시스템의 운영을 재개할 수 있도록 하는 방식이다.

이 경우에는 하드웨어를 설치할 수 있는 물리적인 공간과 전원 및 배전설비, 복구요원이 작업할 수 있는 공간 및 외부와의 통신을 위한 통신설비 등이 포함된다. 흔히 업무복구 서비스(Business Recovery Service)라고 하며, 아웃소싱 형태로 운영된다.

이 방식은 재해 복구 방안 중에서 가장 적은 비용으로 해결할 수 있다는 강점을 갖고 있으나 기술적으로는 가장 초보적인 형태라고 할 수 있다.

이 방식은 지속적으로 처리하는 데이터양이 늘어나게 되면 이에 따라 백업 시간 자체가 늘어나는 현실적인 문제가 있다.

또한 24시간×365일 영업체제의 시스템 운용이 이뤄지고 있는데 백업 시점 차에 따른 트랜잭션에 대한 복구대책이 없다는 것이 단점이다. 실제 백업데이터가 많으면 복구시간도 늘어나는 점과 테이프의 데이터를 시스템에 복구(Restore)하는 시간도 오래 걸리며 정합성에 대한 신뢰수준도 낮다고 할 수 있다.

(2) 웜 사이트(Warm Site) 방식 〈출처; 시사컴퓨터〉

웜 사이트 방식은 콜드 사이트에 비해 발전된 형태의 방식으로 평상시 주요 데이터를 테이프로 백업해 내화금고에 보관하거나 원격지에 소산하는 점은 동일하다. 하지만 로그 데이터를 실시간 원격지(Warm Site)에 복제하여 재해 발생 시 재해 시점까지의 로그 데이터를 이용해 주요데이터의 손실을 방지하는 방식이다.

웜 사이트 방식은 콜드 사이트 방식보다는 비용이 많이 들지만 복구 시간이 상대적으로 신속한 편이고 실시간 주요 데이터의 복제로 인한 데이터 손실을 최소화 할 수 있다는 점이 장점이지만 로그데이터만으로 시스템을 복구하는데 많은 시간이 필요하다는 것은 단점이다.

〈표〉 유형별 장단점 비교

기능별 유형	내용	장점	단점	복구 시간	복구율
Mirror Site	– 메인 센터와 대등한 시스템을 원격지에 구축 – 데이터보호 및 서비스의 가용성 까지 보장(실시간 데이터 복제)	– 가장 빠른 복구 (분 단위) – 가장 최근의 데이터 유지 – 최고의 안정성 신속한 업무 연속성	– 기기의 중복 보유로 인한 고비용	2시간 이내	100%
Hot Site	– 구성내용은 Mirror site와 비슷함 – 백업시스템을 계약에 의거 보유하며 평상시에는 복구 테스트를 하고 재난시 백업 데이터를 이용하여 24시간 이내 복구 지원 – 데이터의 보호만 적용(실시간 데이터 복제)	– 비용이 Mirror site보다 저렴함. – 가장 최근의 데이터 유지	– 서비스의 가용성은 보장이 안됨. – 장애 판단과 업무의 복구를 인력으로 수행하여야 함.	24시간 이내	100%
Warm Site	– 정기적으로 데이터를 테이프에 백업해 두거나 백업한 테이프를 백업센터로 이송함 (스케쥴링 백업) – 로그데이터만으로 시스템을 복구하는 방법	– 비용이 저렴 – IDC 센터에 서비스위험시 장비 투자비용이 전혀 들지 않음	– 데이터의 손실이 많이 발생 – 복구시간이 가장 길다(수일~수십일)	1~2일	90% 이하 백업 이후 데이터는 손실
Cold Site	– 주기적으로 주요 데이터를 테이프에 보관하여 원격지에 소산 후 장애발생 시 시스템의 운영을 재개하는 방식	– 비용이 가장 저렴한 백업 방법	– 복구시간이 길고 데이터 정합성이 저하할 수 있다.	1개월 내외	

(3) 핫 사이트(Hot Site) 방식

1) 개요

〈출처; 시사컴퓨터〉

핫사이트 방식은 주요 데이터 및 시스템과 애플리케이션 환경을 실시간으로 원격지에 복제해 재해 시 최단시간 내에 재해 발생 시점까지의 데이터를 유실 없이 복구하는 방식이다.

이 방식은 재해 복구를 위해 이상적인 방식이기는 하지만 시스템과 애플리케이션 환경을 원격지에 이중화하는 방식이어서 하드웨어 및 소프트웨어에 대한 비용투자가 상당히 크다는 단점이 있다. 또한 웜 사이트 방식이나 핫 사이트 방식은 기본적으로 데이터 복제를 위해 전용회선을 이용하게 된다.

웜 사이트 방식은 전송되는 데이터가 로그만으로 한정되기 때문에 필요한 회선의 대역폭이 비교적 적은 편이지만 핫 사이트 방식은 데이터와 DB를 모두 이중화하는 방식이어서 회선 대역폭이 충분히 확보되지 않으면 데이터 정합성에 한계가 있을 수 있다.

이를 위해 충분한 대역폭을 확보하기 위한, 전용회선 비용을 고정비용으로 지출해야 한다는 것이 기업에게 큰 부담으로 작용하고, 전용회선 유지비용이 핫사이트 방식 구현에 부담이 되고 있다.

〈표〉 중앙시스템 복구 전력 및 확산 레벨

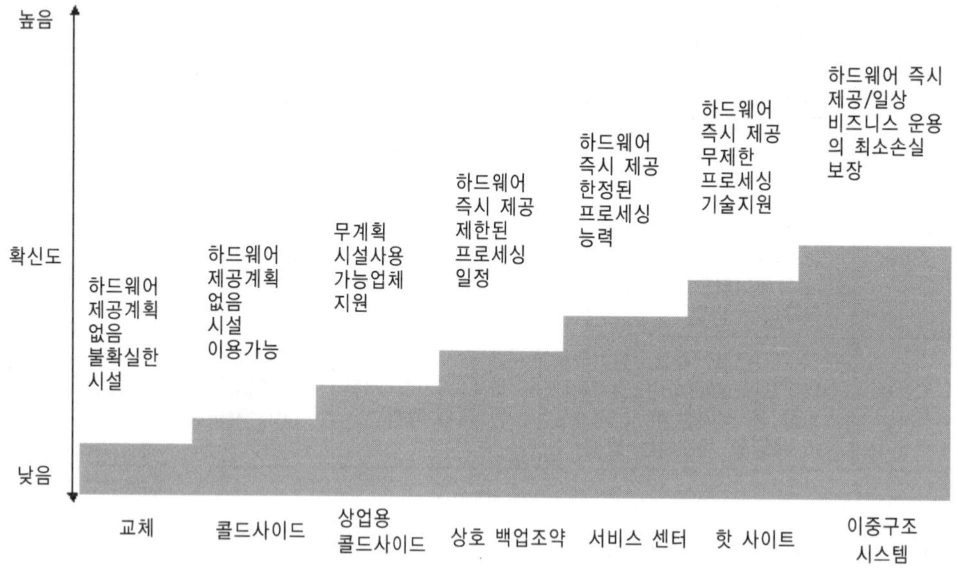

출처 : 재해복구전략 / 존 윌리엄 토이고

2) 핫 사이트를 선택 시 검토해야 할 내용 〈출처; 재해복구전략 / 존 윌리엄 토이고〉

가. 기본사용료

가입자 사용을 위한 기본 장비 구성비용으로 일반적으로 월 단위 금액으로 표기한다.

CPU, 스토리지 장비, 통신 장비 등으로 구성되며 비용이 포함하는 정확한 장비 목록은 반드시 계약서에 명시해야 한다.

나. 추가 장비사용료

이 사용료에는 가입한 회사만이 비상시 사용할 수 있도록 핫 사이트에 마련된 대부분의 사용자가 사용하지 않는 특별 하드웨어를 포함한다. 이 비용 또한 월 단위로 표시한다. 또한 추가 스토리지, 테이프 드라이브 및 기본 구성에 포함되지 않는 기타 장비를 포함한다. 추가 장비는 계약상 목록에 명시한다.

다. 연간 테스트 비용 및 추가 테스트 비용

핫사이트 계약서에는 가입자가 추가비용 없이 테스트 계획을 위해 일 년에 몇 시간을 사용할 수 있는지에 대해서 명시해야 한다.

라. 재해 발생 시 일일 사용료

재해 상황시 핫 사이트의 비용은 일 단위로 계약서에 포함되고 기타 관련 비용은 기술지원, 유지보수 서비스, 관리 사무실 임대 등에 대해 부과한다.

마. 장애처리의 우선권(priority)

동시에 다수의 장애가 발생하였을 경우 장애처리의 우선권(priority)을 계약서에 상세하게 명시하여야 한다.

priority가 "0" 일 경우 사용료도 증가하게 된다.

바. 동시에 다수의 장애 발생 시 자원할당 방법

동시에 장애가 발생한 고객들에게 자원을 할당하는 방법을 계약서에 상세하게 명시하여야한다. 몇 가지 경우 자원은 선착순으로 할당하지만 여러 시설을 갖춘 업체는 제1, 제2의 복구 사이트를 제공할 수 도 있다.

사. 장비변경 및 추가

계약서에는 구성비용 내에서 장비 및 컨설턴트의 변경이 이루어질지 명확하게 설명해야 한다. 일반적으로 계약서는 60일전에 계약했던 구성안에 상당한 영향을 줄 하드웨어 변경을 통보해야 한다. 장기 계약일 경우에는 고객에게 연간기준의 계약비를 상당히 초과하는 계약 변경 비용을 알려야 한다.

아. 책임범위 명시

핫 사이트 계약에는 서비스 제공을 위한 책임 범위를 명시해야 하는데, 대표적 조항으로는 합당한 관리 조항과 포스 메쥬레(force majeure)조항이 있다.

합당한 관리 조항은 가입자 매체와 데이터를 처리하고 프로세싱 하는데 업체가 합당한 관리의 실시를 보장하는 내용으로 업체는 클라이언트에게 확신을 주어야 한다.

포스 메쥬레는 천재지변, 핵전쟁 등에 의한 장애의 책임으로부터 업체를 해방시켜준다. 이와 같은 주의 사항은 어떠한 형식의 서비스 계약에도 공평하다. 이는 핫 사이트 시설 즉 일반적인 비즈니스 IT 데이터 센터의 위치를 고려할 때 각별히 중요하다. 만일 고객에게 똑 같은 영향을 끼치는 국지적인 재해를 전재로 하는 핫 사이트가 채택된다면 포스 메쥬레는 고객 재해 지원 업무에서 업체를 해방시켜 줄 수 있다. 이는 핫 사이트가 지진이나 허리케인 같은 국지적인 재해를 입는 것을 방지하기 위해 충분히 멀리 떨어진 핫 사이트를 선정하는 또 다른 이유이다.

자. 기타 필요로 하는 사항

(4) 미러링 방식

미러링이란 특정 지역의 사용자들이 더욱 빠르게 액세스할 수 있고, 원래 사이트에 집중되는 부하를 분산시키기 위해, 한 사이트에 있는 파일의 일부 또는 전부를 복사하여 다른 웹사이트에 저장, 운영하는 것으로 자신에게 요청되었던 모든 것에 대한 복사본을 유지하는 캐시나 프록시(proxy) 서버와는 달리, 대체로 특정 원격 서버에 있는 전체 디렉터리나 파일들에 대해 이루어지며 미러링 방식으로는 디스크 미러링 방식과 데이터베이스 미러링 방식이 있다.

1) 디스크 미러링

하드 디스크를 이중화하여 똑같은 데이터를 2대의 하드 디스크에 동시에 기록하고 보존하는 처리 방법으로 디스크 미러링에서는 2대의 하드 디스크에 똑같은 정보가 동시에 기록되므로, 만일 한쪽 디스크의 데이터가 파손되거나 손상(corrupt)되는 사태가 발생하더라도 다른 한쪽 디스크(mirror disk)가 손상되지 않은 데이터를 보존하고 있기 때문에 아무런 데이터의 손실 없이 작업을 계속할 수 있게 된다.

디스크 미러링 방식은 구축이 용이하고, 주 시스템과 완벽하게 동일한 데이터를 백업 센터로 빠르게 복제할 수 있다는 이점 때문에 금융권 업무에서 많이 사용하고 있다.

가. 디스크 미러링 방식의 종류

① 동기 방식

타겟(target) 서버에서 데이터가 완전히 복제될 때까지 소스(source)서버의 어플리케이션은 대기한다.

타겟 서버나 네트워크 장애 시에는 데이터가 복제되지 않으므로, 소스 서버의 어플리케이션은 계속 대기 상태로 있게 된다. 이때 'Time out' 을 지정해 놓으면, 응답이 없을 때 일정 시간 경과 후 비동기 모드로 사용된다.

- 네트워크 및 타겟 쪽의 문제 발생으로 복제되지 않을 때는 소스 쪽에서 큐(queue)를 쌓아둔다.
- 소스와 타겟의 상태 및 데이터의 일치성이 100% 보장돼야 할 경우에 사용한다.
- 네트워크가 안정적이어야 하며 충분한 대역폭이 확보되어야 한다.

② 비동기 방식

어플리케이션과 복제 프로세싱은 독립적으로 운영된다. 어플리케이션은 복제 솔루션이 없을 때와 마찬가지로 동작하고, 소스 서버에서 타겟 서버로 정상적으로 데이터가 복제되었는지 여부는 소스 서버에서 따로 관리한다. 네트워크나 타겟 시스템이 다운되어도 소스 어플리케이션에는 영향을 미치지 않는다.

- 낮은 네트워크 대역폭에서도 실시간 복제가 가능하다.
- 어플리케이션의 성능 저하가 없다.

〈표〉 재해복구 전송방식 동기식, 비동기식의 비교

구분	동기 방식(Sync)	비동기 방식(Async)
데이터 처리경로	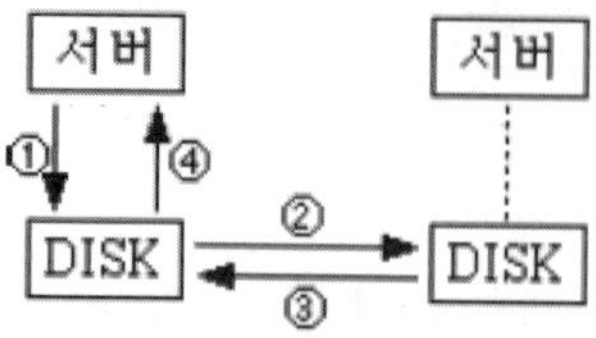	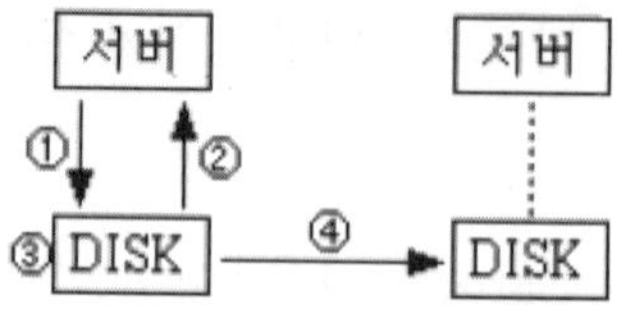
개념	- 주 센터 Disk내 특정자료가 변경되면 같은 데이터가 백업센터 Disk로 즉시 전송되어 복제됨. - One Step 처리 - 정상적으로 복제가 완료되면 같은 결과가 주 센터 Disk로 전송되고 이를 주 센터의 CPU가 확인하여야 복제 과정이 종료됨.	- 주 센터 CPU는 디스크 내 특정 자료를 변경하고 작업 처리를 종료함. - Two Step처리 - 주 센터 Disk는 변경된 자료를 처리 순서대로 처리하고 시간을 기록(Time Stamp)하여 백업센터Disk로 즉시 전송하여 복제
장점	- 재해 시 데이터 보존성이 뛰어남 데이터 일치성 정합성 우수	- 백업 센터로의 데이터 복제와 무관하게 시스템에 Write 동작의 완료 신호를 보내므로 온라인 업무 수행에 최소한의 영향을 줌 - 주 센터에서 백업센터로 데이터 복제시 Time Stamp를 사용하여 데이터의 일치성을 보장(데이터 발생 시간 기록) - 대용량의 데이터 처리에 유리 - 중/장거리에 적합 - I/O 오버헤드가 없음
단점	- 백업센터로의 데이터 복제를 확인한 후 다음 Transaction의 수행이 가능하므로 온라인 응답 및 배치작업 수행 시간에 영향을 줌 - 거리제한이 있음(약 30 Km) - 대용량 데이터 처리 미흡 - I/O 오버헤드 발생	- 많은 부하를 주는 배치작업이나 주 센터와 백업센터간의 네트워크 용량 부족 시에는 데이터가 손실될 수 있음. - I/O 오버헤드 발생

나. 디스크 미러링 방식의 특징

① 모든 디스크 데이터 변경을 미러링

디스크 전송방식은 모든 데이터베이스 영역을 미러링 하므로 선택적으로 특정 테이블이나 특정 스키마만 선택하여 복제할 수 없다.

디스크의 모든 변화를 미러링 하므로 오류데이터까지 미러링 된다.

② 초고속 전용회선 필요

전송되는 데이터양이 많으므로 초고속 전용회선(T3급 45Mbps)을 이용하여 데이터를 전송해야 하며 특히 동기식 전송방식은 초고속 전용회선에 의해 시스템의 부하가 결정된다.

③ 평상시에는 백업 서버 활용불가

디스크 미러링 방식은 원본 디스크에서 타겟 디스크로 데이터 전송 시 디스크가 서버에 인식되어 있으면 복제가 불가능하므로 디스크에 대한 인식이 제거(vgexport 명령)된 상태에서만 복제가 가능하므로 재해가 아닌 평상시에는 백업서버 등으로 활용할 수 없다.

④ 비동기식과 동기식의 차이

원본 시스템이 매우 과도한 트랜잭션이 몰리는 시스템이면 비동기 방식을 사용하여야 하고 동기식일 경우에는 디스크 성능이나 주 백업 센터간 네트워크 속도가 높아야 한다.

⑤ 재해 발생 시 복구시간 소요(1시간 내외)

서버에서 디스크를 평상시에 인식하고 있지 않기 때문에 인식 후 Crash Recovery 를 진행하는 데 1시간 정도가 소요된다.

⑥ 일부 데이터 유실가능

비동기 방식의 경우 네트워크 장애 또는 매우 부하가 많은 시점에 재해 발생 시 일부 데이터는 유실될 수 있다.

⑦ 이 기종간 백업 시스템 구축 불가

서버와 디스크 기종, 특히 디스크가동일 기종이어야만 구축이 가능하다.

2) 데이터베이스 미러링

데이터베이스 미러링이란 원본서버(Source)의 데이터베이스를 원거리에 WAN또는 LAN으로 연결된 백업서버(Target)로 실시간 복제하여 주는 동시에, 운영서버와 백업서버의 데이터베이스를 동시에 사용할 수 있도록 하는 방법이다.

가. 특징

① 비동기 방식의 복제

Source 서버의 트랜잭션과 Target 서버로의 복제 트랜잭션을 비동기 방식으로 처리함으로서 Source 서버의 트랜잭션 성능에 영향을 주지 않고 실시간으로 복제가 가능하다.

② 데이터베이스의 자동 동기화

Source 서버와 Target서버 사이의 네트워크 이상이나 Target 서버의 이상시에도 Source 서버의 트랜잭션은 계속 처리가 가능하며, 장애가 복구된 후에도 자동으로 Source 서버의 큐(Queue)에 기반을 두어 양쪽의 데이터베이스를 동기화 시킨다.

③ Multi Tier Architecture

복제 전략에 의하여 서버를 계속 증가시켜가며 복제할 수 있고 양측 서버가 동시에 Source 또는 Target이 될 수 있으며 master-slave, master-master, 1:n, n:1, n:n의 복제가 가능함으로 시스템의 확장에 유연한 대처가 가능하다.

④ 유연한 환경구성

복제할 테이블을 유연하게 설정할 수 있어 필요에 따라 전체 테이블 또는 일부 테이블만의 복제가 가능하여 비즈니스 요구에 따라 다양한 적용이 가능하며 서로 다른 플랫폼간 백업이 가능하고 다양한 복제 시스템 구성이 가능하다.

나. 장점

① 원거리 백업 센터로 데이터베이스 실시간 미러링

변경되는 내용을 백업 시스템과 동시에 변경할 수 있다

② 광케이블이 아닌 WAN / LAN 회선 속도로 데이터베이스 미러링 가능

디스크에 변경되는 모든 데이터를 디스크의 물리적인 트랙 단위로 백업 시스템에 적용하기 때문에 변경되는 많은 양의 데이터가 원본시스템과 백업시스템에 전송되므로 네트워크 운영비용이 고가이지만, 데이터미러링 방식은 변경되는 데이터가 전송되는 것이 아니라 데이터를 변경시키는 명령문(SQL문)이 전송되므로 전송되는 데이터양이 작아서 회선 비용을 대폭 절감할 수 있다.

③ 백업센터와의 거리 제한이 없음

네트워크가 적절한 대역폭(Bandwidth)으로 연결되어 있으면 되므로 재해 복구 시스템의 범위를 확장 시킬 수 있다.

④ 백업서버의 데이터베이스를 조회, 출력 등으로 활용

디스크 미러링 방식이 원본 디스크로 데이터를 전송 시 백업 디스크는 시스템에서 인식하고 있지 않아야 미러링이 되는 반면에 데이터베이스 미러링 방식은 양쪽 디스크를 시스템이 인식하고 데이터베이스도 오픈되어 있는 상태에서 복제 작업이 이루어지므로 백업 시스템을 조회성 업무 등에 활용할 수 있다.

⑤ 재해발생 시 복구시간 없이 백업 센터로 즉시 서비스 이전 가능

디스크 미러링 방식은 시스템에서 디스크를 인식시키고 데이터베이스를 구동하고 어

플리케이션을 구동하여야 하므로 추가적인 시간(30~1시간)이 더 소요되는데 비해서 데이터베이스 미러링 방식은 원본시스템 재해 시 백업시스템이 이미 오픈되어 있는 상태이므로 어플리케이션만 구동하면 곧바로 사용이 가능하다.

⑥ 운영 서버와 백업 서버간의 하드웨어, OS, DB 버전이 달라도 적용 가능

디스크 미러링 방식은 미러링 솔루션을 디스크 업체에서 제공하므로 원본과 백업본 디스크가 미러링되기 위해서는 동일 기종을 사용하여야 한다. 또한 동일하게 디스크 복사를 하므로 디스크를 인식하는 OS나 데이터베이스 버전도 동일해야 한다. 그러나 데이터베이스 미러링 방식은 원본과 백업본에 각각 데이터베이스를 서로 다른 디스크나 OS에서 오픈하여도 각각 동일한 데이터만 초기에 일치시키면 이후는 동일 명령어로 양쪽 시스템에서 동작하게 된다.

다. 기대효과

- 구축비용의 대폭 절감 : 디스크 미러링 방식에 비해 구축시 비용이 저렴
- 네트워크 회선 비용 절감으로 운용비용 절감
- 복구시간 단축 : 재해 발생 시 복구 시간 절감(10분 이내)
- 서비스의 중단 없이 백업 시스템 구축
- 데이터의 안정성 보장 : 재해 발생 시 데이터 손실 없이 백업
- 현행 시스템 부하 절감(백업시스템을 활용)

〈표〉 미러링 방식의 비교

구분	디스크 미러링	데이터베이스 미러링
미러링 특징	모든 디스크 데이터 변경을 미러링 (오류데이터까지 미러링)	데이터베이스 데이터 변경만 미러링 (오류데이터는 미러링 하지 않음) 서비스 중단 없이 백업시스템구축가능
데이터 전송량	많음	전송량이 극히 적음
네트워크	T3급 이상	T1,E1속도에서 가능
초기 구축비용	고가	저렴
운영비용	고가	저렴
서버활용	평상시는 백업 서버로 활용불가	평상시 백업서버를 조회, 출력용으로 활용가능
전송방식	동기/비동기 전송방식	비동기 전송방식
설치 거리	비교적 근거리에 구축가능	원거리에도 구축가능
재해발생 시 복구시간	2~3 시간 필요	복구시간 불필요

데이터 유실 가능성	재해 발생 시 일부 데이터 유실가능	데이터 유실 가능성 거의 없음
테이블 백업 여부	일부 테이블만 백업 불가	일부 테이블만 백업 가능
이 기종간 연계	이 기종간 백업 시스템 구축 불가	이 기종간 백업 시스템 구축 가능

4.3.5 백업시스템 확보 및 중요데이터 분산

(1) 백업시스템 확보

백업시스템을 확보하기 위해서 첫 번째로 해야 할 일은 백업에 관한 원칙을 수립하고 이를 준수하는 것이다. 금융권이나 통신업계를 제외하면 재해 대책에 대해 무관심하고 심지어 백업 데이터가 담긴 테이프를 소산하는 정도의 기본적인 원칙도 지키지 않고 시스템을 운영하거나 중요 데이터의 백업 작업조차 부실한 경우도 있다.

기업의 경우 중요데이터를 보호하기 위해서는 민간 IDC center를 활용하여 중요 데이터를 back-up하는 계획을 수립하여 시행하는 것이 필요하다. 중요한 데이터를 소산했다면 어느 정도 지진에 대비하였다고 볼 수 있으나, 개인적으로 중요한 데이터는 어떻게 보관할까? 현실적으로 가능한 방법은 외장형 하드를 이용하여 중요데이터를 사무실과 집에 분산 보관하는 방법과 CD에 데이터를 Copy하여 보관하는 방법, 최근에 Telco사업자나, IDC사업자들이 운용하는 웹하드를 이용하여 인터넷 가상공간에 보관하는 등의 방법이 있을 것이다.

〈표〉 시스템 백업 방법

구분	백업 방법	비고
대기업, 금융권	외부 IDC 센터를 이용 (아웃 소싱)	비용대비 효과가 큼
	자체 전산센터 구축	안정적이지만 경제적인 부담이 큼
중소기업, 벤처기업	외부 IDC 센터를 이용 (아웃 소싱)	비용대비 효과가 큼
	자체Back-up 시스템 구축 (센터 백업 시스템)	동일 장소에 백업 할 경우에는 생존성이 저하될 수 있으므로 백업서버를 원격지에 설치할 필요가 있음.

개인, 소규모사업자	외부 IDC 센터를 이용 (아웃 소싱)	비용대비 효과에 대해서 사전 검토가 필요함.
	외장형하드를 이용한 분산보관	
	CD를 이용한 Copy후 Back-up보관	
	웹하드를 이용하는 방법	

(2) 시스템의 중요도 구분

시스템의 중요도는 물리적인 이중화 대비책을 수립하기에 앞서 서비스관점에서 핵심 업무, 중요 업무, 기타 업무로 분류하여 재해 발생 시 복구의 우선순위를 미리 설정해 놓는 작업이 필요하다. 또한 운영 중단 시 발생할 수 있는 피해정도에 따라 모든 대상 업무를 등급별로 분류하여 백업센터의 규모를 결정하고 업무의 중요도에 따라 백업형태를 다양화할 필요가 있다. 한편 시스템의 중요도를 분류했다면 어떤 매체를 통하여 어느 장소에 보관할 것인지를 결정하여야 한다. 이때는 백업의 주기와 백업의 비용, 관리자, 보안위험을 분석하여 준비하는 것이 필요하며, 일정한 주기별로 데이터를 백업하여 항상 최신의 데이터로 보존하는 노력이 필요하다.

〈표〉 시스템의 중요도 구분

중요도	내용설명/해당업무
핵심 업무 (Ⅰ)	업무중단에 따른 손실이 막대하여 장시간 서비스 중단이 지속되는 경우 기업, 기관에 치명적인 영향을 주는 업무로 재해복구 시스템에 반드시 포함될 업무. 서비스 연속성을 확부하기 위해서 실시간 미러링한다. - 은행: 예금 입, 출금업무 등 계정업무 - 증권: 매매주문 및 시세업무 - 통신사: NMS, CRM, Billing 시스템 - 분산 및 보관방법 : 실시간 미러링
중요업무 (Ⅱ)	업무중단에 따른 손실이 핵심 업무에 비하여 낮아 업무재개를 위한 복구시간이 핵심 업무에 비해 시급하지는 않지만 고객의 불편을 초래하거나 미원이 발생할 수 있는 업무로 재해복구 시스템 구축 시 고려되어야 할 업무. 서비스 연속성을 확보하기 위해서 Hot, Cold Site에 데이터를 보관한다. - 은행: 인터넷 뱅킹업무 - 증권: 사이버 Trading, 입출금업무 - 통신사: ERP - 분산 및 보관방법 : Hot, Cold Site
기타업무 (Ⅲ)	시장 또는 고객과의 연관성이 낮은 업무로 재해로 인한 영향이 미미하며 복구 시까지 수작업으로 수행 가능하거나 복구후 처리 가능한 업무. - 은행: 내부회계처리업무, 정보계업무 - 증권: 내부회계처리업무, 거래내역 통보업무 - 통신사: 전체업무 - 분산 및 보관방법 : Tape Drive

출처: 동국대학교 위기관리연구센터

〈표〉 서비스 중요도에 따른 RTO와 RPO

Ⅱ	Ⅰ
Fast Disaster Recovery RTO : 1~4 시간 RPO : 0~5 분	Business Continuity RTO : <1 시간 RPO : 0~5 분
Ⅲ	**Ⅱ**
Slow Disaster Recovery RTO : 1~7 일 RPO : 1~24 시간	Medium Disaster Recovery RTO : 1~24시간 RPO : 5 분

RTO : Recovery Time Objectives
RPO : Recovery Point Objectives

출처: 동국대학교 위기관리연구센터

(3) Back-Up의 정의 및 목적

백업이란 정보시스템의 장애나 재해로 인해 저장해둔 정보가 소실되거나 손상될 경우에 대비하여 일정한 시간 차이를 두고 데이터를 복사하여 별도의 매체(디스크 혹은 테이프 등)에 예비로 저장해두는 행위이다.

백업의 목적은 시스템의 장애 또는 사용자의 실수로 데이터가 손실 또는 손상되었을 때, 신속한 데이터의 복구를 통하여 업무 흐름을 원활하게 만드는 것으로 손실의 예방 및 최소화, 최단기간에 정상 업무 복구, 실시복구과정의 효과적 통제/관리, 재해 복구를 통한 정보자산 보호이다.

오늘날 정보화 시대에 전산시스템이 재난에 의한 전산 인프라의 장애, 조작의 실수, 소프트웨어의 결함, 네트워크를 통한 침입자 및 각종 바이러스 등에 의한 데이터의 훼손으로 재앙이 발생하였을 경우 다음과 같이 예상하고 있다. SC Info Security News Magazine에 의하면 "회사의 50%가 중요한 데이터를 손실하고 만약 중요 데이터를 10일 안에 복구하지 못한다면, 회사의 93%정도가 5년 안에 사업에 실패하는 것"으로 조사한 결과는 기업의 데이터자산의 중요성을 말하고 있다.

또한 DRT 시스템 백서에 의하면 "만약 조직이 복구에 대한 계획도 없이 재난에 살아남는다면 행운이지만 상처 받지 않고는 살아남을 수 없다. 에러가 발생하는 동안 발생하는 직접적인 손실들을 제외하더라도 기업은 현금흐름의 방해, 고객 상실, 경쟁력 상실, 기업 이미지 퇴락과 시장 점유율 하락 같은 무형의 손해를 입게 된다."라고 밝히고 있다.

데이터를 복구하기 위해서는 파일형태든 문서형태든 관계없이 미리 복사해 놓은 데이터와 최신 변경분이 있어야 한다. 그러나 데이터의 복사본을 격리된 곳에 보관했다고 해서 데이터의 복구를 완전히 보장할 수 있는 것은 아니다. 시스템 복구에 걸리는 시간은 기업이 데이터를 효율적으로 접근할 수 있는 형태로 복구해서 시스템, 네트워크, 최종 사용자가 용도에 맞게 처리할 수 있는 데까지 소요되는 시간이기 때문이다. 시스템 복구 소요시간을 최소한으로 줄이기 위해서는 재해에 대하여 어떻게 대응하는가에 따라 달라질 수 있다.

〈표〉 데이터 백업과 복구 방법 비교

매체	개요	장점	단점	비용
테이프 백업	데이터를 수작업으로 하드디스크에서 테이프로 복사한 후 안전한 시설로 옮겨 보관한다.	기술적으로 구현하기 쉽다. 다양한 가격대의 장치와 소프트웨어를 구입할 수 있다.	수작업에 의한 이동과 저장은 위험하고 에러가 발생할 수 있는 여지가 많다. 실제 상황에서는 시간적 여유가 없다.	저가
디스크	한 디스크나 어레이에 쓰인 데이터를 WAN 접속을 통해 다른 디스크나 어레이로 복사한다.	즉각적인 데이터 복구가 가능하다.	WAN 접속 성능에 의해 가동 시스템의 속도 지연이 발생할 수 있다.	고가

〈표〉 백업의 상세분류

분류	중분류	소분류	내용
매체	디스크	플로피 디스크	저렴하고 신뢰성 있는 매체이지만 용량이 매우적어 OS 부팅 용도로 사용
		고 용량 광자기디스크	데이터를 기록 할 때는 마그네틱 방식으로 쓰게 되지만 읽을 때는 광학 방식을 사용하기 때문에 다른 자기매체 보다 안전
		CD-ROM	마그네틱 저장매체보다 내구성이 좋으므로 보통 장기 보존 문서와 같은 자료들을 오랫동안 보관하기 위한 목적으로 사용
		하드디스크	테이프 백업장치를 사용하는 것에 비해 고 비용
	테이프	자기테이프	속도는 느리지만, 테이프 자체를 별도 보관하는 것이 가능하며 기억용량이 크고 재생하여 다시 사용할 수 있을 뿐만 아니라 가격이 저렴하므로 장기적인 데이터 백업에 주로 사용된다.
		8mm 테이프	비교적 빠르고 큰 용량을 가지고 있기 때문에 운영자가 중간에 개입할 필요 없이 완벽한 백업을 수행
		4mm DAT 테이프	마그네틱 매체 중에서 가장 작으나 8mm 테이프보다 훨씬 빠르고 드라이브도 안정적으로 동작
		DSS (Digital Data Storage)	4mm DAT 테이프에 데이터를 저장하는 기술

		카트리지 (Cartridge) 테이프	평상시에 주로 백업 라이브러리 내에 보관되며 백업 및 복구시에 저동제어 로봇 팔에 의해 백업 드라이브에 삽입되어 사용된다.
대상	운영체계(OS)		서버의 OS나 시스템 구성(파라미터) 파일 및 시스템 로그 파일이 대상
	데이터베이스		데이터베이스의 데이터파일 및 컨트롤 파일, 변경 로그 파일등이 대상
	사용자 일반파일		사용자 일반파일은 개발자 소스파일, 응용소프트웨어, 사용자 데이터 등이 대상
	기타(메일 및 이미지)파일		메일 및 각종 이미지 데이터는 파일형식으로 존재

(4) 백업의 종류

백업의 종류에는 전체 백업, 증분 백업, 차등 백업과 파일 또는 파일그룹 백업, 트랜잭션 로그 백업 등이 있으나 여기에서는 전체 백업, 증분 백업, 차등 백업에 대해서 설명하기로 한다.

1) 전체 백업 (Full Back up)

변경 사항 유무에 관계없이 전체 데이터를 백업하는 방법으로, 백업에 필요한 시간과 용량이 가장 많이 소요되지만 가장 간단하게 복구할 수 있다는 장점이 있다.

2) 증분 백업 (增分 / Incremental Back up)

전체 백업 또는 증분 백업이 수행된 후 변경된 사항을 선택적으로 백업하는 방식으로, 전체 백업보다 백업 데이터양이 적고 백업 소요 시간이 짧다는 장점이 있으나 전체 백업에 종속적이라는 단점이 있다. 증분 백업이 많을수록 복구에 오랜 시간이 소요되므로 최소한 일 주일에 1회 이상 전체 백업을 수행하는 것이 권장된다.

3) 차등 백업 (差等 / Differential Back up)

이미 수행된 차등 백업과 무관하게 전체 백업 이후의 모든 변경 사항을 백업하는 방식으로, 증분 백업보다 백업 데이터양이 커진다는 단점이 있지만 복구 시 전체 백업본과 차등 백업본 각각 하나씩만을 필요로 하므로 더 빠른 시간 안에 복구가 가능하다는 장점이 있다.

〈표〉 백업 방식별 비교

Backup Type	장점	단점
전체 백업	- 파일이 현재 백업 미디어에 있으므로 찾기가 쉽다. - 파일 복구에는 한 개의 미디어 또는 미디어 집합이 필요.	- 시간이 좀 많이 필요. - 파일이 드물게 변경되는 경우 백업이 거의 일치.
증분 백업	- 데이터 저장소가 가장 적게 필요. - 백업 속도가 가장 빠르다.	- 전체적으로 시스템을 복원할 때 일반 백업이나 차등 백업을 사용하는 것보다 오래 걸릴 수 있음.
차등 백업	- 복구하려면 마지막 일반 백업 및 마지막 차등 백업 미디어만 필요. - 일반 백업보다 백업 속도가 빠름.	- 전체적으로 시스템을 복원할 때 일반 백업을 사용하는 것보다 오래 걸릴 수 있음. - 많은 양의 데이터를 변경할 경우 증분 백업보다 오래 걸릴 수 있음.

(5) Back - Up의 문제점

백업의 첫 번째 문제는 백업의 중요성에 대해서 무관심한 것이고, 두 번째 문제는 백업의 속도인데 이는 정해진 시간 안에 백업이 진행되어야 시스템 작업이나, 업무 등에 미치는 영향을 최소화 할 수 있고 업무의 효율성을 높일 수 있기 때문이다. 백업의 속도를 높이기 위해서는 성능 좋은 자동화 백업장치, 네트워크장비와 백업 S/W 등을 사용할 수 있다. 세 번째 문제는 테이프의 용량과 백업관리의 편이성을 들 수 있다. 백업관리의 편이성은 User가 원하는 편이성을 제공하는 자동화 백업장치와 S/W를 사용함으로 해결될 수 있다.

한편 클라이언트/서버들이 점차 대형화 되어감에 따라 저장해야 할 데이터양이 증가하는 상황에서 전체 시스템의 안정화 및 신뢰성을 유지하기 위해서는 불시의 장애 시에도 신속하고 완벽한 복구를 해낼 수 있어야 하는데, 이의 성공여부는 완벽히 자동화된 백업체제의 구축에 달려 있다.

또한 User의 적용업무, 데이터에 대한 안정화를 유지하며 처리속도와 비용의 타협점을 구하고 비용/속도의 최적화를 기할 수 있는 백업 자동화 장치 및 백업S/W가 필요하게 되었다.

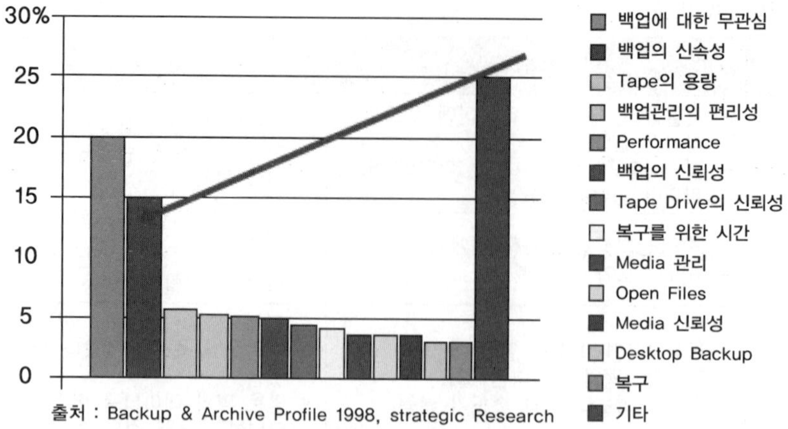

출처 : Backup & Archive Profile 1998, strategic Research

〈그림〉 사용자가 생각하는 백업의 문제점

(6) 백업 시스템 구축 시 고려사항

백업 시스템 구축 시 일반적으로 다음의 사항들을 고려하여야 하는데, 어떤 데이터를 어떠한 장비에, 어떠한 정책으로 백업할 것인가를 세심하게 고려하여 향후 늘어나는 데이터까지도 커버할 수 있는 시스템을 구축하는 것이 바람직하다.

〈표〉 백업 시스템 구축 시 고려사항

백업 대상	백업은 데이터의 복구가 전제 되어야 하므로 복구가 불가능 하거나 복구가 무의미한 데이터는 백업 대상에서 제외
백업 미디어	데이터의 성격, 데이터의 양, 전산망 자원의 가동 시간 등을 고려하여 Disk 백업, Tape 백업 , 광 미디어 백업 등 결정
백업 정책	백업될 데이터의 성격에 따라 백업 방법, 백업 주기, 백업된 데이터의 보관 주기 및 보관 방식 등을 고려
장비 선정	• 백업 할 데이터의 총량 • 백업 시기와 백업 주기 • 백업 데이터의 보관 주기 • 백업 데이터의 증가 비율 • 백업 미디어 (Disk, Tape, 광 미디어 등) • 백업 속도 및 복구 속도 • 장비 도입 가격 • 유지보수 지원

출처 : http://www.malgn.com

(7) 백업 및 복구 방법

백업 및 복구방법은 시스템의 특성에 따라 각각 다른 방법을 활용한다.

1) DB Log만 전송

적용데이터	- 시스템 Log(IMS OLDS, Oracle, Informix Log 등)
구축 방법	- 전용선(T1, T3)을 이용한 원거리 구축 - 시스템 Log 데이터는 주기적/실시간 모드 선택 적용 - 매일 DB Image Copy를 원격지에 소산하여 재해 발생 시 Image Copy - 데이터로 1차 복구 후 솔루션(H/W, S/W)에 의하여 원격지에 전송된 시스템 Log 데이터를 이용하여 최신 데이터로 복구
장점	- 재해 시 비교적 최신의 데이터까지 복구 가능 - 재해복구 시스템 구축으로 인한 주전산 시스템의 성능에 영향 없음(주기적 전송) - Host자원을 사용하지 않고 원격지 복사 가능 - 원격지 Host를 read-only batch, 백업 등 업무에 사용 가능
단점	- 재해 시 복구 시간이 오래 걸림

2) DB Log만 전송하여 Log 실시간 반영

적용데이터	- 시스템 Log(IMS OLDS, Oracle, Informix Log 등)
구축 방법	- 전용선(T1, T3)을 이용한 원거리 구축 - 시스템 Log 데이터는 주기적/실시간 모드 선택 적용 - 백업센터에 전체 데이터를 보유하며 특정시간 간격으로 시스템 Log를 적용하여 최신의 데이터를 유지
장점	- 재해 시 비교적 최신의 데이터까지 복구 가능 - 재해복구 시스템 구축으로 인한 주전산 시스템의 성능에 영향 없음(주기적 전송) - Host자원을 사용하지 않고 원격지 복사 가능 - 원격지 Host를 read-only batch, 백업 등 업무에 사용 가능
단점	- 백업센터 복구 프로시저 복잡 - 백업센터에 실시간 Log반영을 위한 서버 필요

3) 전체 데이터 전송

적용데이터	- 원격지 업무에 필요한 모든 데이터
구축 방법	- 광케이블(Fiber Cable)을 이용한 구축 - 실시간 반영 모드 적용 - DWDM(Dense Wavelength Division Multiplexing, 광케이블용 장비) 장비 사용
장점	- 완벽한 데이터의 이중화로 재해 발생 시에도 데이터 손실 없음 - 재해 시 빠른 복구 - 국소적인 재해에도 대비 가능
단점	- DWDM 장비로 거리 제약

4) 전체 데이터를 IP Network을 이용하여 주기적 전송

적용데이터	- 원격지 업무에 필요한 모든 데이터
구축 방법	- 주 전산센터에서 복제 솔루션을 이용하여 복제 본으로 복사 후 복제본을 원거리 백업센터로 전송 - 원거리 백업 센터로의 복사는 IP Network을 이용하여 전송

장점	- 재해복구 시스템으로 인한 주전산 시스템의 성능 영향 없음 - IP Network을 이용한 통신비용 절감 - Network 관련한 준비 및 교육 불필요
단점	- IP Network을 위한 통신장비의 제한 - IP Network 상황의 수시변동에 따른 즉시성 요구데이터 수용곤란

5) 전체 데이터를 Tape 백업 솔루션을 이용 전송

적용데이터	- 원격지 업무에 필요한 모든 데이터
구축 방법	- 주 전산센터에서 시스템 Log부분은 솔루션을 이용한 전송을 하며 별도의 Storage로 Tape백업 솔루션을 적용하여 전체 DB를 백업한 후 주기적 반영 방식으로 전송 - 백업센터의 복구시간 단축
장점	- Tape 백업 솔루션을 이용하므로 통신비용의 절감 - 필요 시 전 원장의 Save, Load시간 절약 - Tape 소산 불필요
단점	- 백업센터 가동 시 Tape 백업 솔루션으로 백업시점 이후 시간을 별도 복구 작업 필요

6) 다단계, 전체 데이터 전송

적용데이터	- 원격지 업무에 필요한 모든 데이터
구축 방법	- 주 전산센터의 데이터를 근거리 재해복구로 구축한 후 동 센터에서 복제 솔루션을 이용하여 복제 본으로 복사 후 원거리 백업센터로 전송 - 근거래 구축 시에는 실시간 반영 방식으로, 복제본을 원거리의 백업센터로 복사 시에는 주기적 반영 방식 적용
장점	- 재해복구 시스템으로 인한 주전산 시스템의 성능에 영향 없음 - 비동기 모드 전송으로 통신비용 절감 - 주 시스템의 논리적 장애 시 데이터 보호 가능 - 주 시스템의 데이터 이중화로 무 중단 DB백업 및 Batch 작업 수행 등 시스템의 가용성 향상
단점	초기 구축비용이 다른 방법에 비해 높음

7) SAN(Storage Area Network) 통합과 전체 데이터 전송

적용데이터	원격지 업무에 필요한 모든 데이터
구축 방법	- 광케이블을 이용한 DR 구축
장점	- 동기, 비동기 모드 운영 가능 - 전 구간의 Fiber(광케이블)화 - 향후 SAN 환경에 대한 대응 가능 - 완벽한 데이터의 이중화로 재해 발생 시 데이터 손실 없음 - 재해 시 빠른 복구 - 회선 및 통신장비의 비용절감 및 관리위임 - 전 원장 백업체계 구축 - 주 센터와 백업 센터간 SAN환경 통합가능
단점	- Fiber로만 구성 시 Storage에서 스위칭 장비를 경유 DWDM장비에 접속

(8) 백업구성방식

백업을 구성하는 방식은 데이터와 해당 데이터가 백업이 되는 테이프 장치와의 연결 방식에 따라 Direct(직접) 백업, 네트워크(Network) 백업, SAN 백업(LAN free 백업)의 세 가지로 크게 나눌 수 있다.

직접 백업이란, 해당 데이터 장치와 테이프 장치 간의 연결이 SCSI나 직접 연결된 형태를 의미하며, 대개 서버에 DAT와 같은 장치가 직접 연결돼 있는 경우에 많이 사용한다.

네트워크 백업이란, 데이터 장치와 테이프 장치 간의 연결이 TCP/IP 네트워크로 연결된 형태를 말한다. 일반적으로 특정한 서버에 백업 장치가 연결돼 있으며, 네트워크에 백업 대상 데이터가 존재해 백업에 대한 데이터가 네트워크를 통해 전달된다. 네트워크 백업은 백업 장치를 공유하므로 직접 백업에 비해 백업 장치에 대한 중복 투자를 줄일 수 있다는 장점이 있으나 백업 데이터가 네트워크를 통해 전달되므로 백업 성능이 저하될 수 있다는 단점이 있다.

SAN 백업은 직접 백업과 네트워크 백업의 장점만을 이용해 구성한 최적의 백업 구성 방식으로, SAN 등장 이후 가장 많이 사용되고 있는 구성 방식이다. 직접 백업과 네트워크 백업 방식에 비해 백업 장치 공유 및 관리 측면에서 매우 뛰어난 성능 및 유연성이 있는 백업 방식이다.

〈표〉 백업방식의 분류

백업구성방식	로컬/다이렉트백업	단독형 로컬 백업
		집중형 로컬 백업
	네트워크 백업	공용 네트워크백업
		전용 네트워크 백업
	SAN 백업	LAN-Free 백업
		Server Free(Server Less) 백업

1) 로컬/다이렉트 백업

백업구성방식 중 가장 전통적이고 오래된 구성방식으로, 백업장비의 성능과 용량에 따라 단독형 로컬 백업 방식과 집중형 로컬 백업 방식으로 구분된다.

가. 단독형 로컬 백업

단독형 로컬 백업은 서버와 저장장치를 직접적으로 연결한 것으로서 다이렉트 백업

방식 이라고도 한다. 이 방식의 특징은 소용량, 시스템에 적합한 백업 형태로써 백업장치 제어 및 운영 시 집중관리가 불편하여 다양한 사용자 요구사항에 대한 백업정책 적용이 어렵고, 확장성 및 유연성이 떨어지는 단점이 있다.

나. 집중형 로컬 백업

이 방식은 백업 장비의 성능 및 용량이 커지면서 로컬/다이렉트 백업의 단점인 중앙통제 약화라는 단점을 극복하는 방식으로서 중 대용량 백업에 적절하며, 백업 구성 방식을 마스터/슬래이브 구조로 구성하고, 대용량 백업장비의 테이프 라이브러리를 각 서버들이 공유하여 백업 및 복구를 수행한다.

또한, 고속의 백업 및 복구수행, 대용량의 데이터베이스, 대용량의 파일 시스템 백업에 적합하고 백업 수행시 마스터를 이용하여 백업 수행 창(Back Window)수를 단축할 수 있고 중앙집중제어 및 관리가 가능하며 확장성, 유연성이 뛰어나다는 장점이 있다.

2) 네트워크 백업

LAN을 통해 백업장치와 서버를 접속하는 개념으로, 백업 전용 서버에 백업장비를 모두 연결하고 나머지는 이 백업 전용 서버를 통해 백업을 수행한다.

네트워크 백업 방식은 기존의 네트워크를 사용하는가, 백업 전용 네트워크를 사용하는가에 따라 공용 네트워크 백업방식과 전용 네트워크 백업 방식으로 구분된다.

가. 공용 네트워크 백업

공용 네트워크 백업은 기존의 서비스 네트워크를 사용하면서 중 · 소 용량의 데이터를 백업 받기 위한 백업 시스템 구성방식으로 백업 운영의 편이성이 높으나 기존 네트워크를 이용하여 데이터를 백업하기 때문에 네트워크 트래픽이 과도하게 발생하여 기존 네트워크 서비스에 영향을 줄 우려가 있다. 따라서 백업량이 큰 시스템이나 용량이 큰 데이터베이스 서버의 백업 구성으로는 바람직하지 않다.

나. 전용 네트워크 백업

공용 네트워크 백업 방식과는 달리 데이터를 백업 받기 위해서 백업 전용 네트워크를 구성하여 백업하는 방식으로, 네트워크에 백업 트래픽 부담을 주지 않는 것이 가장 큰 특징으로 중앙 집중제어 및 관리의 이점이 있으며 유연성, 확장성이 뛰어난 백업 방식이다.

최근에는 기가비트 단위의 고속 백업 네트워크가 등장함으로써 백업 성능이 향상되고 있다.

3) SAN(Storage Area Network)

SAN(Storage Area Networks)은 서버와 스토리지 간에 대용량 데이터를 고속으로 전송할 수 있는 네트워크로서, 네트워크 환경에서 각각의 서버나 호스트들에게 사용되는 대량의 Data를 집중시켜 보관하고 이를 구성 하는 장비들을 이용하여 사용할 수 있도록 하는 기술을 의미한다.

최근 Data Warehousing , VOD 등 대용량의 Data를 고속으로 전송해야 하는 업무의 증가와 함께 이를 위한 최선의 해결책으로 크게 대두되고 있으나, SAN 을 구축하기 위해서는 NAS 스토리지에 비해서 많은 비용과 장비들의 투자가 필요하고, 기존 시스템들의 업그레이드가 필수적이다. 또한 이 기종간의 여러 서버에서 하나의 스토리지를 공유하기 위해서는 SAN 매니지먼트 소프트웨어가 별도로 필요로 하고 , NAS 와는 달리 SAN 네트워크를 별도로 구축을 해야 한다는 단점이 있다.

SAN백업 구성 방식은 파이버채널(Fiber Channel)을 이용한 백업 전용 네트워크만을 제공하는지 아니면 백업을 위해 서버의 자원을 사용하지 않는지에 따라 LAN Free 백업 방식과 Server Free 백업방식으로 나누어진다.

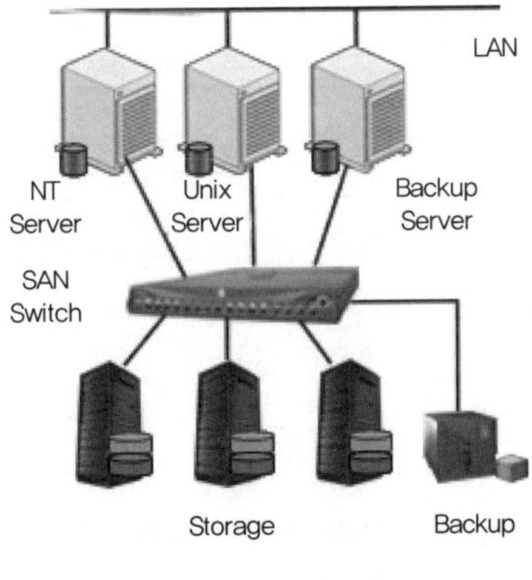

〈그림〉 SAN 구성도

출처 : Brocade

〈표〉 SAN의 장점

항목	내 용
가용성	하나의 데이터가 여러 경로를 통해 복수의 여러 호스트들에 의해 사용될 수 있다.
신뢰성	독립적인 데이터의 전달로 인하여 에러 발생 비율을 줄일 수 있고, 장애 복구기능을 제공 한다.
확장성	서버와 스토리지 장치를 개별적으로 그리고 서로 독립적으로 추가할 수 있으며,특정 시스템에 종속되지 않는다.
성능	Fiber Channel은 오버헤드가 낮고 100MB/sec의 전송율을 가지고 있다. 스토리지 I/O를 기존 네트워크에서 분리하여 처리함으로써 LAN에서의 네트워크 I/O의 성능을 대폭적으로 향상시킨다.
관리성	다양한 소프트웨어의 등장과Fiber Channel Fabric에 대한 표준화로 중앙집중식 관리와 선행적인 장애 검색 및 조치가 가능하다.
비용	경로의 이중화와 향상된 관리 기능으로 장애 또는 시스템 정지 시간이 최소화 될 뿐만 아니라, 관리에 필요한 인원과 장비의 수를 대폭 줄일 수 있다. 스토리지 및 서버를 독립적으로 추가할 수 있기 때문에, 초기 투자비용을 줄일 수 있고, 손쉽게 확장할 수 있다. 스토리지 자원을 공동으로 사용함으로써 여러 서버들에 의해 사용되는 스토리지 요구량 및 비용을 줄일 수 있다.

〈표〉 SAN과 NAS의 비교

구분	SAN	NAS
구성	서버와 장치로 구성 (별도의 백앤드 네트워크 구성)	LAN에 직접 연결
데이터 전송단위	블록	파일
전송방법	광채널(FC)	스카시 방식(SCSI)
전송속도	1Gbps	100Mbps
주요시장	금융기관, 통신업체 등 대형시장	소규모 회사 ISP업체
장점	이기종 서버의 통합기능 데이터 용량과 전송속도 우위	저렴한 비용 빠르고 간단한 설치 파일공유
단점	고가의 비용 설치방법복잡 설치에 장시간 소요	이 기종 서버의 통합기능 어려움 전송속도가 낮아 데이터 부하 가능성

가. LAN-Free 백업

데이터베이스 시스템의 하부 인프라가 SAN과 같은 네트워크 기반의 시스템으로 구성이 된 경우에는 파이버 채널로 구성된 별도의 SAN에 각 서버의 스토리지가 직접 연결되어 있기 때문에 백업을 위한 데이터의 이동은 파이버 채널을 이용하고 스토리지간의 데이터 트래픽은 기존의 LAN을 사용하지 않는다. 따라서 시스템의 성능은 급격히 향상되는데, 이것은 데이터와 통신 트래픽이 더 이상 제한된 표준 LAN의 대역폭에 대해 경쟁하지 않기 때문이다. SAN 환경에서 스토리지의 리소스는 통합 관리되며, 다수의 서버에 의해 공유되어 사용될 수 있다. 또한 파이버 채널 스위치의 추가를 통해 SAN 솔루션은 쉽게 확장이 가능하다. 기존의 백업 방식에 비해 LAN-Free 방식은 광채널 구성요소를 설치하는데 많은 초기 투자비용이 들어가는 단점을 가지고 있으나 스토리지의 통합 및 중앙 관리는 전체 소요비용을 크게 줄일 수 있다.

나. Server Free(Server Less) 백업

SAN 백업 구성 시에 활용 가능한 방법으로 만일 백업서버가 동시에 웹 서버나 데이터베이스 서버로 활용되고 있다고 가정해 보면, 백업을 수행하게 될 경우 백업서버의 CPU 에 부하가 걸리게 될 것이고 CPU 사용률이 적게는 30%에서 많게는 100% 까지도 올라가게 될 것이다. 이렇게 되면 웹 서버나 데이터베이스 서버로의 성능을 내기란 어려울 것이다. 그러나 서버리스 백업을 사용하는 경우에는 백업서버에서는 백업을 위한 명령만을 백업장치에 전달하는 것이므로, 백업장치는 디스크 스토리지와 직접 백업 데이터를 전송 받게 되고, 백업서버는 지정한 시간에 한 번씩 백업 이상 유무를 확인하는 작업만을 수행하게 된다.

CPU의 사용률은 10% 전후가 되고, 서버의 또 다른 기능을 원활하게 사용하게 될 수 있게 된다. 즉 Server Free 백업은 운영서버에 직접적인 부하를 주지 않고, 백업 디스크와 백업장비 사이를 SAN 스위치로 연결하는 방식으로, 백업서버 없이 백업을 수행하는 것이다.

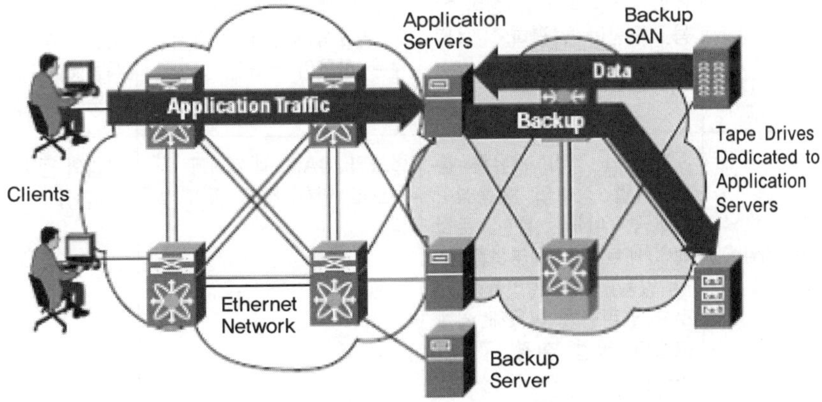

〈그림〉 LAN Free 백업구성

출처 : 시스코

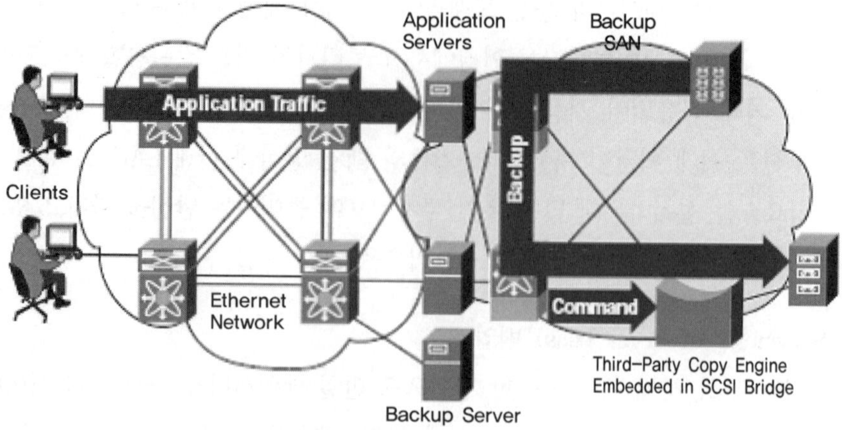

〈그림〉 Server Free 백업 구성

출처 : 시스코

〈표〉 백업 구성 방식별 특징 비교

구성 방안	장점	단점	비고
직접 연결 백업	소형 환경에 적합. 고속의 백업(LAN 사용 안 함). 소규모 백업 장치(DAT 등) 활용.	시스템별 별도의 백업 장비 필요.	소규모 환경에 적합. 네트워크 백업과 일반적으로 함께 구성.
네트워크 백업 (소규모 및 원격 백업)	네트워크상에 있는 백업 장비 활용. 구현이 간편하고 비용이 저렴.	백업 시 네트워크에 부하를 줌. 온라인 백업에 적합하지 않음.	소형 환경에 적합. 백업 윈도가 보장된 환경에 적합.
대형 환경 네트워크 백업 (전용 백업 네트워크 구성)	네트워크상의 백업 장비 활용. 구현이 간편하고 유연성이 뛰어남.	별도의 백업 네트워크 구축이 필요함(경우에 따라서는 많은 비용이 소요).	SAN 구성이 어려운 대형 백업 환경에 적합.SAN과 병행해 구축 가능.
SAN(LAN free) 백업	SAN상의 장비 공유를 통해 백업 장비의 활용성이 뛰어남.SAN을 통한 로컬 백업(네트워크에 부하를 주지 않음).백업 멀티플렉싱/로드 밸런싱을 이용해 쉽게 고속의 백업 환경 구축이 가능함.	별도의 SAN 네트워크 구축으로 인한 비용 증가 발생.	백업의 관리가 매우 용이함.

4.3.6. RAID(Redundant Array of Independent Disks)

〈출처; www.raid.com〉

(1) RAID의 목적

RAID의 목적은 3가지라 할 수 있다. 첫째는 여러 개의 디스크 모듈을 하나의 대용량 디스크처럼 사용할 수 있도록 하는 것이고 두 번째는 여러 개의 디스크 모듈에 데이터를 나누어서 한꺼번에 쓰고 한꺼번에 읽는 식으로 I/O(Input/Output)속도를 높이는 것이며, 세 번째는 여러 개의 디스크를 모아서 하나의 디스크처럼 만들어 그 중 하나 혹은 그 이상의 디스크에 장애가 나더라도 데이터의 손실이 최소가 되도록 하는 것이 그 목적이라고 할 수 있다.

(2) RAID의 장점

1) 고 가용성/ 데이터보호

시스템에 있는 디스크의 수가 증가함에 따라 그 중 한 디스크가 장애를 일으킬 가능성도 함께 증가한다. 그러므로 디스크 어레이는 어느 한 디스크의 장애에 면역성을 가져야 한다. 미러링은 간결하지만 실제 저장용량의 두 배에 해당하는 디스크를 필요로 한다.

2) 드라이브 접속성의 증대

운영 체계에게 여러 개의 물리적 드라이브가 하나의 논리적 드라이브로 보임으로서 논리적 드라이브 수의 제한을 피할 수 있다.

3)저렴한 비용과 작은 체적으로 대용량 구현

여러 개의 소 용량 드라이브로 대용량 드라이브를 대체할 수 있다.

4) 지능형 콘트롤러에 의한 유연성 확보

여러 개의 물리적인 드라이브를 마치 하나의 드라이브처럼 보이도록 하는 것은 바로 이러한 컨트롤러를 사용하기 때문인데 이것은 RAID 구성을 위해 필요한 디스크의 종류나 개수에 상관없이 드라이브를 제어하는 것을 가능하게 한다.

5) 특정 상황에서의 효율성 증가

여러 디스크에 데이터를 분산시키고 병렬적으로 입출력 처리함으로서 효율성이 증가된다.

6) 데이터 분산에 의한 효율성 증가

데이터 가용성과 총 저장 용량을 증가시키며 여러 물리적 디스크에 데이터를 적절히 분산함으로서 효율성이 증가한다.

(3) RAID의 종류

1) RAID-0

여러 개의 디스크 모듈에 데이터를 분산 저장하는 기술을 스트라이핑(striping)이라고 한다. RAID-0는 단순한 스트라이핑이다. 10개의 100GB용량의 디스크를 하나의 1TB디스크로 묶어서 RAID-0를 적용할 수 있다. 10GB짜리 파일 하나를 1개의 디스크에 저장하는 것보다는 10개의 디스크에 동시에 나누어 저장하고 한꺼번에 읽어 들이는 방식이다.

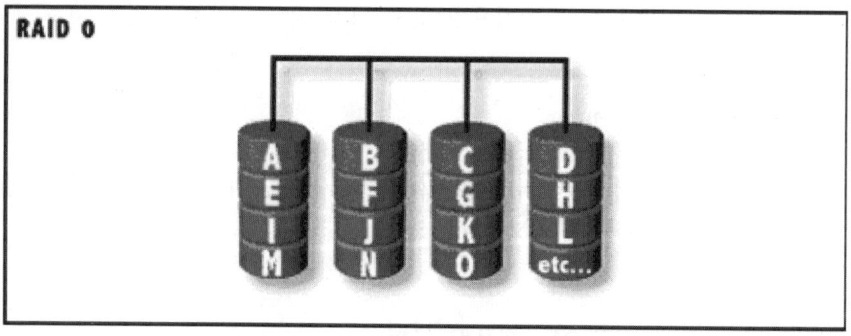

〈그림〉 RAID-0의 데이터 저장 방식

2) RAID-1

가장 단순하면서도 가장 강력한 방법이 RAID-1이다. RAID-1은 미러링(mirroring)이라고도 하는데, 동일한 내용의 디스크 모듈을 두개씩 가져가는 것이다. 100GB디스크 모듈 10개로 500GB의 대용량 디스크를 만들 수 있다. 각 모듈이 두개씩 한 쌍이 되기 때문에 실제 가용량은 반밖에 되지 않는 것이 RAID-1의 단점이다. 원하는 만큼의 용량을 구성하고자 할 때 가장 비용이 많이 든다는 것이다. 어떤 디스크에 장애가 나도 데이터는 살아 있게 된다. 단, 하나의 쌍으로 이루어진 디스크 두개가 동시에 장애가 발생하면 데이터가 손실된다.

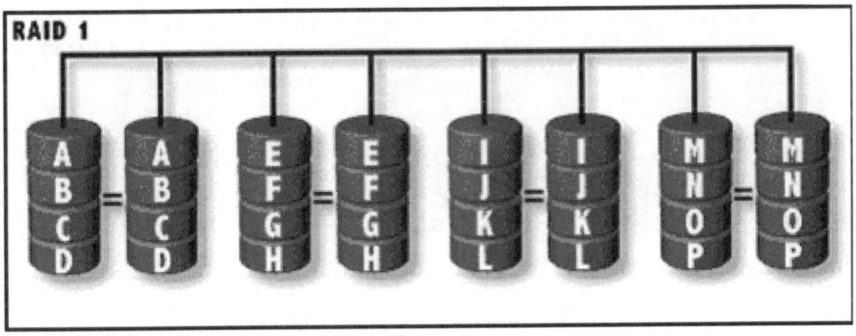

〈그림〉 RAID-1의 데이터 저장 방식

3) RAID-2

에러검출능력이 없는 드라이브를 위해 헤밍(hamming) 오류정정코드를 사용한다. 모든 SCSI 드라이브는 에러검출능력을 갖고 있기 때문에 SCSI 드라이브를 사용할 경우 이 레벨은 별로 쓰이지 않는다.

4) RAID-3

RAID-3은 한 드라이브에 패리티 정보를 저장하고, 나머지 드라이브들 사이에 데이터를 바이트 단위로 분산하다. 이것은 RAID-4와 유사하나 바이트 단위의 분산 저장을 경제적으로 수행하기 위해선 하드웨어적인 지원이 필요하다.

5) RAID-4

패리티 데이터를 별도의 패리티 디스크에 저장하는 것이 RAID-4이다. 데이터 디스크와 패리티 디스크가 독립적이기 때문에 볼륨을 확장할 때 별도의 데이터 백업과 복구 과정을 없앨 수 있는 유연성을 가지고 있는데 이것이 RAID-4의 최대 장점이다. 하지만 문제는 한 개의 디스크 장애에 대해서는 완벽하게 대처할 수 있지만 동시에 두개의 디스크에 장애가 나면 데이터가 손실된다는 것과, 패리티 디스크에 병목 현상이 발생할 수 있고 이로써 전체 스토리지의 성능 저하를 가져온다는 것이 가장 큰 단점인데, 이 병목 현상만 없앨 수 있다면 RAID-4는 가장 장점이 많은 RAID방식이라고 할 수 있다.

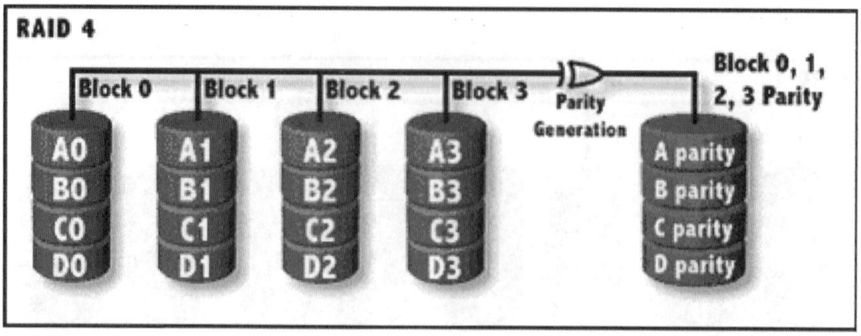

〈그림〉 RAID-4의 데이터 저장 방식

6) RAID-5

현재까지는 세계적으로 가장 많이 사용되는 RAID레벨이며 RAID-4의 병목현상을 해결하기 위하여 나온 것이 RAID-5이다. 별도의 패리티 디스크를 가지고 있지 않고 모든 패리티 데이터를 데이터 디스크에 분산 저장하기 때문에 패리티 디스크로 인한 병목 현상이 발생하지 않는다. 그러나 동시에 두개의 디스크에 장애가 나면 데이터를 손실하는 문제는 여전히 가지고 있고, 디스크를 추가할 때 모든 데이터에 대한 패리티 데이터를 다시 연산하여 재기록 해야 하기 때문에 RAID-4가 가지고 있는 볼륨 확장의 유연성이 없는 것이 단점이다.

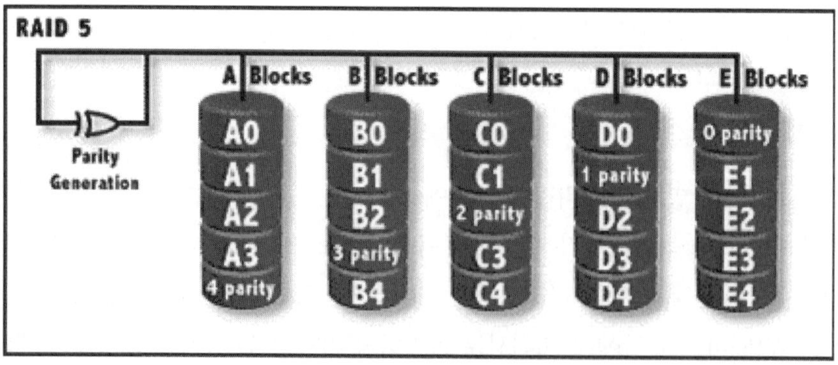

〈그림〉 RAID-5의 데이터 저장 방식

4.4 통신(네트워크)시스템 재해 대비방안

통신(네트워크)재해는 크게 자연재해와 일반재해로 나뉘며 일반재해는 인적재해, 설비장애(인프라), 시스템장애, 소프트웨어장애, 과실/사고 등으로 나뉜다.

〈표〉 재해의 유형

구분	자연재해	일반재해					
		인적재해	설비장애	시스템장애	N/W장애	S/W장애	사고/과실
유형	지진, 홍수, 태풍, 폭발, 건물붕괴 등	화재, 폭동, 폭발, 파업, 테러, 무단점거, 단전 등	발전기, UPS, 공조기, 항온/항습기 등의 고장	CPU, DISK, File crash, 각종 주변기기 등의 고장	회선불량, 통신제어기, 통신프로토콜, Traffic 과부하 등	DBMS, 시스템S/W, 응용프로그램의 Logic error 등	거래폭주, Virus침입, 해커침입, 정보질취, 운영요원의 실수, 절차오류 등
피해 가능성	건물침수/시스템마비,통신/전기 시설장애,지반붕괴/건물파괴	전소/시설 자료파괴, 건물파손, 영업점폐쇄/고의파괴, 수냉식기기 자동불능, 시스템 파손	장시간 가동중단, 시스템 중단, 과열로 가동중단	온라인 가동중단, 데이터 파손	가동중단, 거래중단/지연	거래중단	통신마비/거래불능, 데이터파손, 데이터 변조/도용,트랜잭션 조작/오류, 시스템 오동작

재난대비 통신망 구축시에는 피해를 최소한으로 줄이도록 세 가지의 기본방침을 고려하여 구축한다. 첫째 통신(네트워크) 시스템의 신뢰성 향상을 위해서 설비자체를 물리적으로 견고하게 설치하여 재해에 강한 통신(네트워크)이 되도록 하고, 직접피해를 받지 않은 지

역 간에는 통신이 두절되지 않도록 통신망 설비의 다중화/이중화/경로이중화 방안을 마련하여 시스템차원의 고 신뢰성을 갖는 통신망을 구성한다. 또한 통신설비를 강화하기 위해 여러 가지 재해의 규모를 예상하여, 그 규모에 견디도록 설비의 설계 목표 세운다.

둘째 피해를 입은 지역과의 통신이 두절되지 않도록 비상용 무선기기를 배치하여 최소한의 통신을 확보한다.

셋째 재해를 당한 통신설비를 될 수 있는 한 조기에 복구하기 위해서, 이동형 위성통신 기지국과 같은 이동 가능한 통신 장치를 비축하여 재난에 대비한 물리적인 체제를 확보함과 동시에, 재해복구체제 · 조직의 운영에 관한 논리적인 체제를 정비한다.

4.4.1 통신(네트워크) 복구 전략 수립

(1) 위험 분석 및 업무 프로세스 분석

〈출처; 재해복구전략 / 존 윌리엄토이고〉

재해 발생 시 네트워크에 피해를 줄 수 있는 유형을 분류하고 각각의 재해 상황에 대처할 수 있는 방안을 수립한다. 또한 업무 프로세서를 분석하여 네트워크에 대한 의존도, 네트워크 서비스 중요성, 무중단 업무 운영을 위해 최소한 준비되어야 할 네트워크 수준을 파악한다.

〈표〉 네트워크 복구계획 수립 시 점검해야 할 네트워크 장비

대분류	소분류	복구 우선순위	비 고
라우터			정전보상시간 이외의 정전시 대책은
스위치			
서버			
방화벽			
침입탐지 시스템			
통신설비	통신기기		중계설비, 광 단국장치
	MDF		
	통신회선		
기타장치			
교환기			

(2) 통신망(네트워크) 구성 문서 확보

회사의 정상적인 운영 환경에서 업무 프로세스 지원에 관련된 네트워크 구성을 이해한다. 네트워크 관리시스템을 사용하는 기업이라면 네트워크 구성정보, 성능정보와 네트워크 트래픽 데이터를 쉽게 확보 할 수 있을 뿐만 아니라 시뮬레이션을 통한 네트워크 중단의 영향을 예측할 수 있으므로, 네트워크 분석을 통하여 네트워크 서비스 중단이 비즈니스에 미치는 영향을 신속하게 평가하고 비즈니스 목표에 부합하는 절차를 통해 신속하게 서비스를 복구할 수 있도록 지원한다.

토폴로지 및 프로토콜, 네트워크 장비의 Connection 구성도, 전송속도 및 특정 LAN 또는 서버 네트워크의 고유 특성을 나타내는 보조 다이어그램도 준비해야 한다.

또한 핵심 업무 기능 및 어플리케이션을 특정 서비스와 연관 짓기 위해서는 네트워크 문서화가 이루어져야 하며 문서화를 통해 특정 네트워크 서비스가 중단되면 회사에 어떤 영향을 미치는지 분석할 수 있는 프레임워크를 작성한다.

이 프레임워크는 재해 복구 시에 핵심기능을 위협하는 네트워크 장애에 대비하여 안전 계획을 수립하는데 활용한다.

1) 구내전화(음성통신시스템)시스템

통신 네트워크 복구 계획을 수립할 때에는 PBX(구내교환기)장애와 구내 네트워크 장애를 고려해야 한다.

재해 발생으로 PBX가 피해를 입었거나, 정전으로 인한 전원공급 차단 시, PBX를 통한 전화 서비스는 기대하기 어려울 것이므로(PBX는 외부로부터 전원을 공급 받아야만 정상적인 동작이 가능하다) 우선 통신회선에 의존적인 주요 업무를 수행할 수 있도록 PBX(구내교환기)가 필요하지 않은 전화기(PBX를 경유하지 않은 일반전화기는 외부로부터의 전원을 공급받지 않아도 사용이 가능하다)를 충분히 설치한다. 그러나 회선의 무결성이 손상되거나 기간통신 사업자(Telco 사업자)의 교환기가 손상 되었다면 외부와의 통화를 장담할 수는 없을 것이다.

2) 컴퓨터 단말장치 및 LAN/무선 LAN

컴퓨터와 단발장치에서 장애가 발생했을 경우 예비 장비로 교체할 수 있도록 예비 장비를 확보한다. 예비 장비는 재해발생 시 즉시 사용할 수 있도록 지역적으로 분산 관리하고 사용 장비 수량의 10% 이내로 확보한다. LAN은 현재 사용되고 있는 유형, 기능, 전송매체, 장비, 토폴로지가 다양하기 때문에 재해복구 계획을 수립하는데 큰 어려움이 있다.

LAN의 물리적 연결방식을 이해하는 것은 복구전략 수립의 일부에 불과하다. 토폴로지를 이해하게 되면 케이블이나 단일지점 장애를 파악할 수 있으며, 이는 구성방법의 변경 또는 추가적으로 하드웨어를 이중화하여 해결할 수 있다. 또한 노드 간 통신 방법도 파악해야 한다. 그러나 정상적인 LAN운영의 물리적 장치, 데이터링크, 네트워크, 케이블 인프라에 문제가 발생하면 임시로 무선LAN을 사용할 수도 있다.

3) 전용회선

외부와 연결되는 중요한 백본 회선 일 경우에는 반드시 Dual-Line으로 구성한다. Dual-Line으로 회선을 구성할 경우 장애가 발생하지 않는다고 장담할 수는 없으나 네트워크의 생존성을 높일 수 있는 최소한의 대책이다. 전용회선 구성 시에는 회선을 단순히 이중화하여 구성하는 것보다 경로 이중화 방법이 생존성을 좀 더 높일 수 있다. 경로 이중화 방법은 4.4.2.통신(네트워크) 재난예방을 위한 조치사항에서 상세하게 다루기로 한다.

(3) 재해 시나리오 작성 및 재난 예방계획 수립

네트워크에 장애가 발생하게 될 경우를 예상하여 예상시나리오를 작성한다. 예상 시나리오에는 구내전화, LAN, 전용회선(WAN)의 복구전략이 작성되어야 하며, 재해의 종류와 상황별로 상세하게 작성하고 모의 훈련을 통해서 재해 시나리오를 확정한다. 재해 시나리오에서 중요한 것은 피해보고이든, 상황보고이든 최고경영층과의 보고 Line은 항상 열려 있어야 한다는 것이다.

한편 재난관리 체제 확립으로 피해를 최소화하기 위한 역량을 제고하고, 재난에 대비하여 수습 단계별 계획을 수립하여 위기관리 대응능력 배양 및 통신시스템의 안정성을 확보한다. 또한 재난위험에 대비하여 통신시스템 및 중점관리를 대상시설을 지정 관리하는 등의 재난위험시설의 관리강화가 필요하고 지속적인 정비 및 보수를 실시한다.

〈표〉 통신시스템에서의 점검 항목

점검항목	세부점검항목
백업 및 로그인	주요 데이터 및 소프트웨어는 주기적으로 백업되고 일정기간 동안 보관되고 있는가.
	핵심 업무를 담당하는 메인 컴퓨터(시스템)가(이) 사용 불가능하게 될 때 이를 대체하여 사용할 수 있는 백업 데이터베이스 시스템이 있는가.
	지역적으로 분리 독립된 데이터 처리 센터를 2개 이상 유지함으로써 하나에 이상이 생기더라도 중요한 어플리케이션을 사용하는데 문제가 없도록 하는 데이터처리 활동의 분산화가 적용되고 있는가.
	비상시 시스템 공급업자의 장비나 설비를 활용하여 복구 활동이 신속하게 이루어지도록 시스템 및 네트워크 공급업체와의 유지보수 계약이 적절히 수행되었는가.
	중요 서류뿐만 아니라 중요한 파일이나 소프트웨어가 있는 테이프나 디스크가 안전한 외부 설비에 보관되어 있는가.
	주요 정보통신 시설 및 정보시스템에 대한 재난이나 비상사태 발생 시 대응을 위한 비상계획과 재난복구 방안이 명문화되어 존재하는가.
	화재, 지진 등의 자연재해로 인한 문제 발생 시 신속하고 체계적인 복구 및 처리를 담당할 추진조직 체계가 구성되어 있는가.
	비상시의 안정적인 전원공급을 위해 시스템간의 우선순위를 두어 최후 생존 전원소비량에 따른 전원공급 계획이 존재하는가.
	직원들에게 재난과 비상사태 시에 취해야 할 절차에 관한 훈련을 실시하고 있는가. 비상시의 안정적인 전원공급을 위해 사용하고 있는 UPS, AVR 등의 복구 시간과 비례하여 충분한 용량이 준비 되었는가.
	비상사태 또는 침해사고에 대비 H/W, S/W, 통신설비 등에 대한 예비자원을 확보하고 있는가.

아래의 표는 ATIS NSRC가 사용하는 통신 서비스 중단의 원인 분류 인데 지진 발생 시에는 이와는 비교할 수 없을 정도의 심각한 장애가 발생할 것이다.

〈표〉 ATIS NSRC가 사용한 통신 서비스 중단의 원인 분류

원 인	하위구분	설 명
절차적 서비스 공급 업체	표준 절차/문서를 따르지 않음.	통신회사 직원의 작업 실수. 정확한 절차가 마련되어 있지만 정확한 절차/문서를 사용하지 않았거나 제대로 사용하지 않음.
	부 정확한 절차/문서를 적용	통신 회사 직원이 사용한 문서 또는 절차의 결함.
절차적 시스템 업체	표준 절차/문서를 따르지 않음.	시스템 업체 직원의 작업 실수. 정확한 절차가 마련되어 있지만 정확한 절차/문서를 사용하지 않았거나 제대로 사용하지 않음.
	부 정확한 절차/문서를 적용	시스템 업체 직원이 사용한 문서 또는 절차의 결함.
절차적 기타 업체	표준 절차/문서를 따르지 않음.	기타 업체 직원의 작업 실수. 정확한 절차가 마련되어 있지만 정확한 절차/문서를 사용하지 않았거나 제대로 사용하지 않음.
	부 정확한 절차/문서를 적용	기타 업체 직원이 사용한 문서 또는 절차의 결함.

〈표〉 ATIS NSRC 가 사용한 통신 서비스 중단의 원인 분류(계속)

원 인	하위구분	설 명
설계 소프트웨어	소프트웨어 설계의 오류 또는 결함	부적절한 장애복구 전략 또는 장애포함. 시스템 재 초기화를 유발하거나 문제 해결을 위해서는 수동시스템 복구 조치가 필요한 효과 없는 소프트웨어 장애 분리 성능. 소프트웨어/메모리 부족 용량 할당 문제
설계 펌웨어	펌웨어 설계의 오류 또는 결함	부적절한 장애복구 전략 또는 장애포함. 문제 해결을 위해서는 수동 복구 조치가 필요한 효과 없는 장애 분리 성능 재 초기화 후 불완전한 펌웨어 복원관련 문제 포함.(정확한 상태 표시기 존재 유무와 상관없이)
설계 하드웨어	시스템 하드웨어 설계의 장애 또는 결함.	구성요소 독립성 및 다른 이중 구성 요소간 단일 지점 장애 문제 물리적 하드웨어 설계문제(즉 불량 커넥터, 부적절한 접지 기법)
하드웨어 장애	설계와 관련되지 않았지만 시스템 구성 요소의 근본적인 신뢰성 문제로 인한 임의의 하드웨어 장애	하드웨어 장애가 이중화된 핵심 시스템의 손실을 유발했다면 절차 또는 설계상의 장애로 간주한다. 더 간단한 자동 과정에서 하드웨어 장애가 발생하여 시스템이 중단되었다면 정상적인 유지보수를 적절하게 지연시켜 발생하는 단일 모드의 절차 원인 장애로 간주한다.
외부환경	천재지변 (천둥, 번개)	공급 업체의 기술 사양에서 기술한 제한조건을 초과한 외부환경, 홍수, 한파, 급격한 온도 변화로 인한 직접적인 영향 포함. 번개 또는 외부 고압 전류의 시스템 유입으로 인한 중단 포함, 접속 및 접지 규정위반으로 시스템이 번개에 맞는 경우 ,절차 또는 설계 원인에 의해 장애로 간주한다. 케이블 여압 고장으로 수해가 발생했다면 절차원인 장애로 간주한다.
	인재 (기물 파손, 사고)	문서화된 기술 사양을 초과하는 외부 인위적 조건, 급수 시스템 파손, 화재, 자동차 사고, 기물파손, 폭발 등의 직접적인 영향포함, 부적절한 보안 조치로 인한 사고라면 절차원인 장애로 간주한다.
	케이블 손상	굴착, 마이크로 벤딩, 설치 등으로 인한 피해, 나무 낙하 등으로 인한 케이블손상, 자연 및 인공 외부 환경과 관련된 지하 및 가공 케이블 장애, 잘못된 케이블 설치 또는 케이블의 위치 설정으로 인한 사고라면 절차 원인 장애로 간주한다.
	물	지붕 누수, 냉난방 누수, 과도한 습도, 진화활동, 홍수 등으로 인해 시스템에 물이 유입된 경우, 환경적 시스템 장애(AC누수, 여압 장애), 부적절한 자산 관리(비합리적인 수리지연, 지붕누수, 예측 가능한 홍수 등)로 인한 장애라면 절차 원인 장애로 간주한다.
	온도	과도한 주변온도, 급격한 온도 변화, 환경적 시스템 장애가 원인이고 더 효과적인 대처 방안 및 영향을 최소화하는 방안을 마련해야 했다면 절차원인 장애로 간주한다.
	부식/오염	주변 환경으로 인한 부식성 오염 침투, 먼지 대기 오염물질, 연기 및 진화 물질 포함, 부적절한 공기 정화 활동 또는 유지보수로 인한 장애라면 절차 또는 설계원인 장애로 간주한다.

〈표〉 ATIS NSRC 가 사용한 통신 서비스 중단의 원인 분류(계속)

원 인	하위구분	설 명
	화재	통신시설, 환경내부화재, 테스트세트, 주변 장비, 전원장비, 건물시스템의 화재 포함, 통신회사/기타 업체의 활동으로 인한 사고인 경우 절차 원인 장애로 간주한다.
트래픽시스템 과부하	시스템 장애로 인한 용량감소	시스템 처리 능력 감소 또는 문제 발생으로 인한 자원 제한과 관련된 시스템 과부하 또는 정체 현상. 단순한 하이 볼륨 트래픽 조건으로 인한 시스템 정체는 포함하지 않음. out of service 조건으로 인한 장애인 경우 절차 원인 장애로 간주한다. 트래픽 시도가 적정 수준으로 증가하거나 복구 관련 활동을 수행하느라 발생한 과부하 장애라면 설계원인 장애로 간주한다.
	하이 콜 볼륨	시스템 엔지니어링 용량을 초과하는 높은 트래픽 또는 작업량으로 인한 시스템 과부하 또는 정체, 자연재해 정치적 또는 사회적 활동 및 기타 외부 요인으로 발생하는 예기치 못한 트래픽 도 포함. 이벤트 경고 및 계획, MSC에 대한 네트워크 응답의 부실, 부적합한 용량 설계로 인한 장애라면 절차원인 장애로 간주한다.
상용 또는 백업 전원 장애	외부 전력시스템 장애 또는 통신 백업 전력 시스템 장애와 직접 연관된 중단	상용전원, 스텐바이 제네레이터, 건물전기시스템, DC(Direct Current) 파워프랜트, DC 분배 시스템, 경보, 모니터링 시스템 관련 장애 포함. 파워프랜트로 인한 장애가 아닌 경우 스위치 및 전송장비에 내장된DC/DC 컨버터나 퓨즈 장애는 제외 장애에 부적절하게 대응했거나 전혀 대응을 하지 않아 발생한 장애라면 전원 경보원의 장애로 간주한다. 전원 장비의 과부하 또는 저 용량으로 인해 장애가 발생했다면 절차 또는 설계원인 장애로 간주한다.
기티/ 알수 없음	서비스 중단의 원인을 밝힐 수 없거나 위에서 해당하는 구분에 포함되지 않는 경우	중단에 대한 데이터가 불충분하거나 누락된 경우 직접적인 원인을 규명 중인 경우는 제외. 가능한 원인을 파악할 수 있더라도 직접적인 원인을 규명할 수 없다면 이를 "알 수 없음"이라고 표시한다. 직접적인 원인에 해당되는 범주가 없을 경우, 수로"기타"로 표시하면서 유사한 범주와 매칭한다.

출처 : Procedural Outage Reduction - Addressing the Human Part, ATIS 후원 NSRC, Washington DC, 1995년 5월

(4) 통신시설의 피해 사례와 대비책

일본 한신(고베) 대지진(1995.1.17 05:46분 발생)에서는 교환기의 고장이나 백업 전원의 배터리 소진으로 인하여 회선이 불통되었고 휴대전화도 기지국의 피해로 일부가 사용할 수 없게 되었다. 가입자 통신회선의 복구는 20~22일이 소요 되었으며 전용회선이나 무선망(무전기)을 확보한 경우에는 지진대비 생존성이 높았다.

- 일반회선을 이용하는 회사에서도 아마추어 무선의 활용도 고려할 수 있다.
- 지진 시에는 라이프 라인 등 평상시의 기능이 정상적으로 가동되지 않고 복구에도 상당한 시일이 걸리는 것이 일반적이므로 기자재 등의 비축이 필요하다.
- 재해대책 성패는 정보수집과 정보전달에 성패가 달려있으므로 재해대책 본부에는 라디오, 유선전화, 무선전화 FAX및 주요설비와의 직통 회선 등의 통신설비를 설치해 두는 것이 필요하다.

4.4.2 통신(네트워크) 시스템 재난예방을 위한 조치사항

(1) 재난 예방을 위한 준비

1) 통신구 및 통신설비 위치 개선

- 지자체 도로굴착 허가 시 상 · 하수도는 산 측, 통신설비는 옹벽 측으로 하는 관행 개선 필요
- 옹벽측은 절개지 이므로 지진, 지진해일, 태풍에 의한 집중 호우 시 도로 유실에 따라 피해 발생 가능성 상존
- 통신설비도 국민의 life-line service이므로 설치 개선 필요
- 상습침수 지역 통신설비는 안전지대로 이설
- 교량, 도로 부실 지역은 가공으로 이설
- 강풍 피해 확산에 따라 가공설비에 대하여는 설계기준 강화
  예: 전주, 철탑 등은 40m/s 강풍에 견디도록 설계 변경
- 예비전원 확보 기준 개선
- 지역별 특성을 감안하여 설계기준 고시 필요

〈표〉 통신시설 긴급복구 우선순위

우선순위	항별	내 용	비고
제1순위	가 나 다 라 마 바	국가안보(국가지도, 경호, 정보)통신 군사 및 치안통신 민방위 전달경보통신 전파관리통신 금융 및 증권업체 전산망 기관장이 중요하다고 판단되는 주요고객의 통신	
제2순위	가 나 다	재해구호기관 통신(의료기관통신 포함) 공중통신, 기상, 소방, 전력, 수송관리, 언론기관 기타 국가기관 및 지방자치단체 주한 외국공관 및 국제연합기관 통신	
제3순위	가 나	자원관리대상업체 및 방위산업체통신 정부투자기관 및 의료기관 통신	
제4순위	가	1순위 내지 3순위 이외의 통신	

2) 통신케이블 매설

통신케이블을 매설(埋設)하면 지진, 태풍, 폭설 등의 자연재해에 대해 통신망의 신뢰도를 높일 수 있다. 한신(고베) 대지진의 경우, 가공(架空) 케이블의 피해율은 0.6%인 것에 비해 매설 케이블의 피해율은 0.02%로써, 매설 케이블은 가공케이블 피해율의 1/30에 불과하였다. 그러므로 통신 케이블의 매설은 통신망의 안전성 및 신뢰성 향상과 재해 방지에 매우 유효한 대책이지만, 통신 케이블의 매설은 가공 케이블에 비교해서 공사비가 비싸고 방수대책이 필요한 단점이 있다.

3) 통신선로, 전기배관, 가스배관을 신축성 있게 설계

지진이 일어나면 건물 붕괴에 따른 인명 · 재산 피해만을 염두에 두기 쉽지만, 피해는 눈에 보이지 않는 곳까지 광범위하게 일어난다. 1995년 한신(고베) 대지진 때 살아남은 사람들이 무엇보다 고통스러웠던 것은 전기와 가스와 수도가 들어오지 않는 '비 문명' 도시에서 살아간다는 것이었다. 고층건물들은 엘리베이터가 멈췄고 가스 · 전기 · 상수도관은 파열됐다. 즉 인간의 생활을 유지하기 위한 라이프라인의 설계에는 진동 · 충격에 대비해 신축성을 발휘할 수 있도록 설계돼야 한다는 것이다.

〈그림〉 신축성을 발휘할 수 있도록 시공된 배관

4) 가입자 망(Access 망)의 강화

통신망은 크게 백본 망 (Back-bone Network) 과 분배(Distribution Network)망 그리고 가입자 망(Access Network)으로 나누어지는데 백본 망의 주목적은 데이터 전송이며 분배망의 주목적은 회선의 분배이고 가입자 망의 목적은 가입자와의 접속이다. 백본망과 분배망, 가입자망은 Telco사업자나 기간통신사업자에서 관리 운영하는 부분으로 지진 발생 시 백본 망과 분배망의 피해보다는 가입자 망의 피해가 클 것으로 예상된다. 실제로 일본의 한신 대지진(고베 지진)에서는 교환기나 전송로의 파괴보다는 가옥이나 건물의 파괴, 붕괴에 따른 가입자 망(Access Network) 구간의 손실이 컸다. 그러므로 통신망의 신뢰성을 향상시키기 위해서는 가입자 망(Assess Network)을 강화 할 필요가 있다. 또한 가입자 구간을 무선망으로 구성하는 것도 지진에 대비하여 생존성을 높이는 방법일 것이다.

또한 가입자 망을 광케이블로 구성할 필요가 있다. 광케이블은 음성 데이터뿐만 아니라 동화상 등 대용량의 정보전송이 가능하고 장거리 전송도 가능하다. 또 광케이블은 침수에 강한 특징이 있으므로 재해에 강한 통신망을 구성할 수 있다.

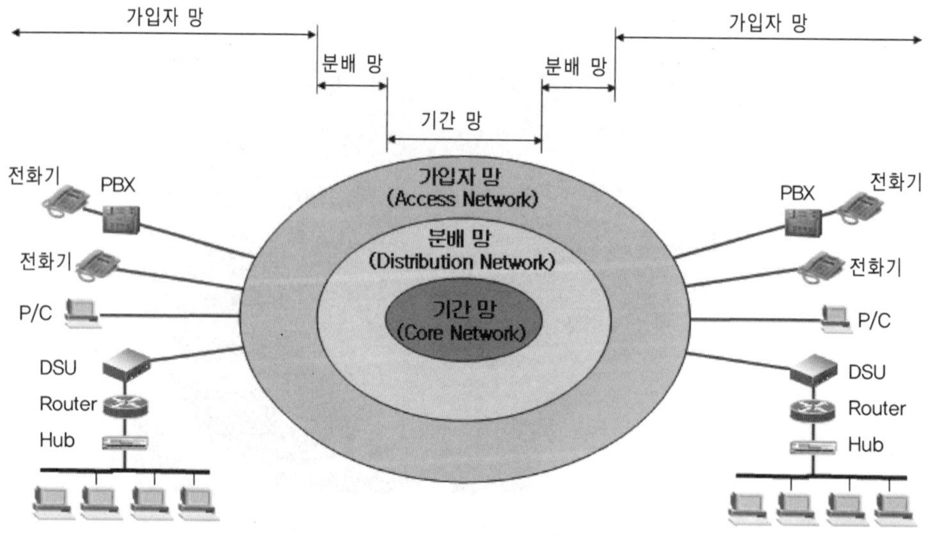

〈그림〉 네트워크 구성도

5) 회선이중화와 경로이중화

네트워크의 생존성을 높이기 위해 회선이중화를 기법을 사용하고 있지만 회선 이중화를 했다고 해서 지진에 대비하여 완전한 준비를 끝냈다고 할 수는 없다.

회선 이중화는 동일한 접속 노드나 통신장비를 이용하여 회선을 이중화하는 것으로서 접속 노드나 통신장비에 재해가 발생 시 A, B Line이 모두 Down 될 수 있는 구조인데 비해 경로 이중화는 회선의 이중화보다 네트워크의 생존성을 높이는 것으로서 아래 그림에서와 같이 A에서 B구간을 연결하는 회선의 경로를 서로 다르게 하고, 관련되는 통신시스템, 중계시스템 등을 서로 다른 시스템으로 구성함으로서 재해 시 하나의 경로가 손상되더라도 안정적으로 회선 확보가 가능한 구조이다.

경로 이중화를 구성하기 위해서는 Telco 사업자와의 협의를 통해 충분한 시간을 갖고, 경로 이중화가 시급한 구간부터 점차적으로 추진하는 방안을 마련해야 하며 경로 이중화를 위해서 A, B Line을 각각 다른 기간통신사업자(Telco 사업자)의 회선을 사용하는 방안도 검토해야 할 필요가 있다.

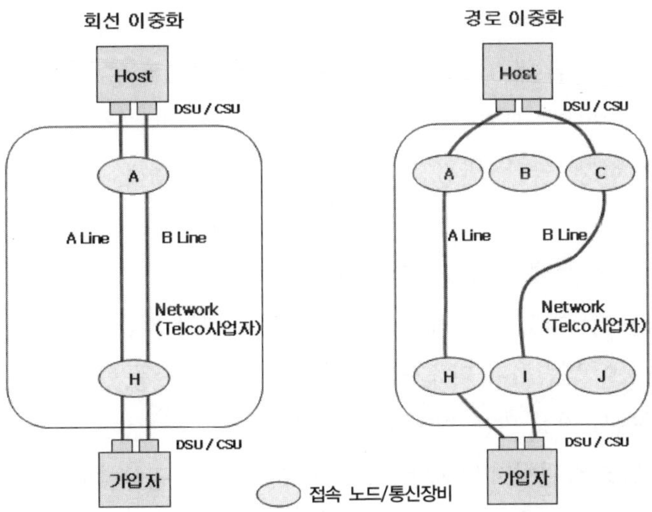

〈그림〉 회선이중화와 경로이중화의 비교

6) 침수에 대비

우리나라는 매년 폭우로 인하여 침수 피해를 입고 있다. 폭우의 강도는 예전과는 다르게 증가하고 있으며, 특히 태풍을 동반한 국지성 폭우가 많은 피해를 주고 있다. 정보통신시스템에서는 지진과 홍수가 가장 위협적인 자연재해일 것이다. 저지대에 정보통신 시스템이 설치된 경우 당장은 침수 같은 피해를 입지 않는다고 하더라도 국지성 폭우를 동반한 초대형 태풍이 발생한다면 상황은 많이 달라질 것이다. 침수에 대비해서 정보통신 시설물을 산꼭대기에 설치할 수는 없지만 최소한 과거 침수 했던 곳, 침수가 우려되는 강변이나 제방변, 저지대 등에 정보통신 시설물을 설치할 경우에는 침수에 대비한 대책을 수립하여야 하며 대형 정보통신시스템의 설치는 제고하여야 할 필요가 있다. 아래는 최근 가장 피해가 컸던 1925년 을축년 대홍수 때의 홍수피해 상황이다.

〈을축년 대홍수〉

1925년 을축년(乙丑年)발생한 홍수로 을축년 대홍수라고 한다. 기간은 7월부터9월초까지 발생하였으며 서울뿐만 아니라 전국에서 피해가 발생하였는데 가장 피해가 컸던 지방은 한강과 낙동강이 있는 경기도와 경상남도 지방이었다.

을축년 대홍수는 모두 네 차례의 홍수가 발생하였는데 1차 홍수는 1925.7.7일 발생한 태풍이 7.11~12일경에 중부지방을 통과하면서 황해도 이남지방에 300mm~500mm의 집중호우가 내려 한강, 금강, 만경강, 낙동강 등이 범람하였다.

2차 홍수는 7.16~18일경에 한강과 임진강 유역에 650mm의 집중호우가 쏟아져 한강과 임진강이 범람하였는데 7.18일 한강수위는 뚝섬 13.59 미터, 한강인도교 11.66 미터, 용산 12.74미터를 기록하였다. 이때의 홍수로 한강과 한강 지류인 굴포천, 안양천, 탄천, 왕숙천, 중랑천 등이 범람하여 피해가 발생하였고, 동부이촌동, 뚝섬, 송파구 잠실동, 신천동, 풍납동 등에서 가장 많은 피해가 발생하였다.

3차 홍수는 8월초에 관서지방(한반도의 북서부, 현재의 평안남도, 평안북도, 평양, 자강도 일대를 포함하는 지방)에 발생하였는데 대동강, 청천강, 압록강 등이 범람하여 많은 피해가 발생하였다. 4차 홍수는 9.6일경에 발생하였는데 많은 비가 내려 낙동강, 영산강, 섬진강등이 범람하였다.

을축년 대홍수로 전국에서 발생한 피해는 사망자 647명, 가옥유실 6,363호, 가옥붕괴 17,045호, 가옥침수 46,813호에 이르렀으며 유실된 논이 32,183단보(1단보는 300평이므로 32,183 × 300평 = 9,654,900평), 밭이67,554단보(1단보는 300평 이므로 67,554 × 300평 = 20,266,200평) 등으로 총 3천 만평(여의도 면적의 35배)이 피해를 입었다.

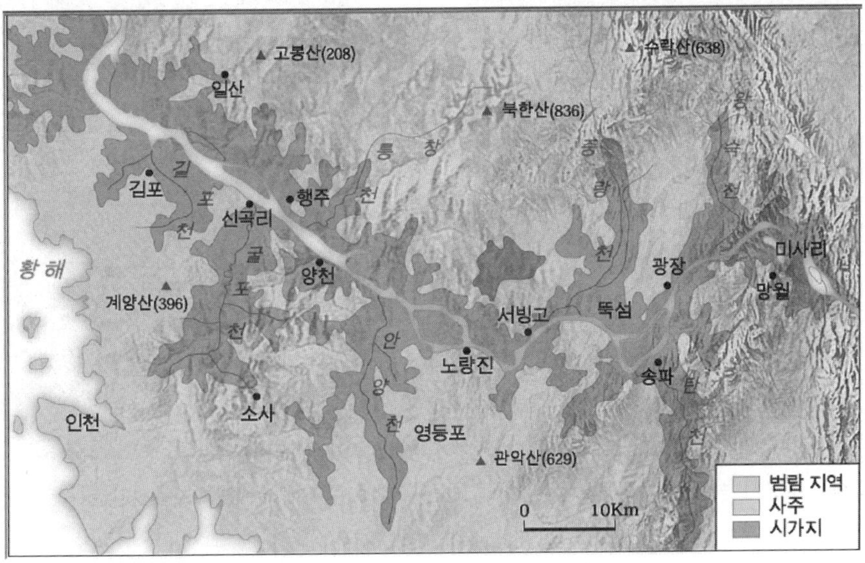

〈그림〉 을축년 대홍수로 발생한 피해지역

출처 : 네이버 백과사전

조선총독부 내부에서 추정한 을축년 홍수로 인한 피해 집계는 아래와 같다.

「1925년 7월 수해손해(조선총독부 내무국 사회과 조사)

- 토목관계피해 1,731만 499원
- 가옥, 가재(家財) 피해 1,598만 8,090원
- 농작물피해 1,387만 7천원
- 철도관계피해 400만원
- 전답 등 경지피해 383만 7,400원
- 각종공장피해 200만원
- 수리조합공사피해 189만 6천원
- 직접구조비 42만 5천원
- 체신관계피해 28만원
- 가축피해 31,160원

계 5,964만 5,149원

출처 : 서울 육백년사 http://seoul600.visitseoul.net

〈**그림**〉 서울시 송파구 송파1동 사무소 내 근린공원에 설치되어 있는 을축년 대홍수 기념비_1

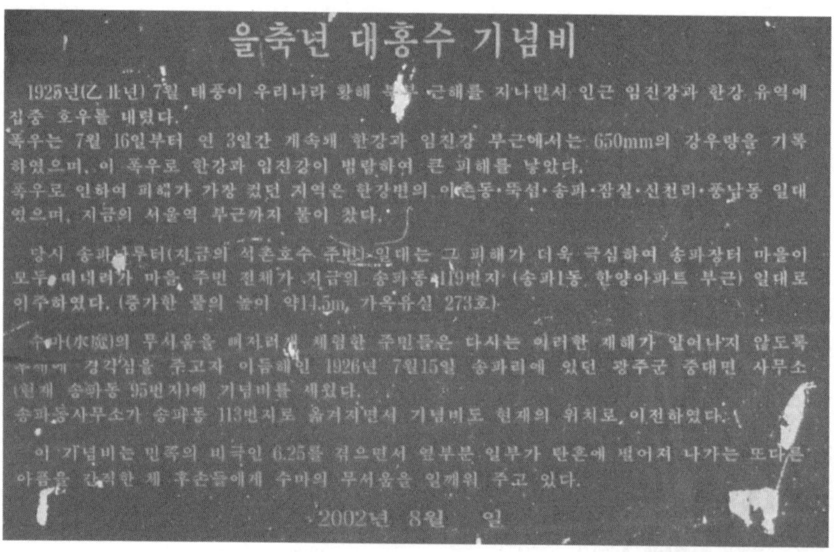

〈**그림**〉 서울시 송파구 송파1동 사무소 내 근린공원에 설치되어 있는 을축년 대홍수 기념비_2

(2) 통신재난 예방을 위한 설비조사

통신 재난을 예방하는 계획을 수립하기에 앞서 현재의 보유 장비와 현황, 종류, 수량, 담당자를 파악하는 것은 반드시 필요한 작업이다.

〈표〉 기간통신사업자설비

설 비 명	조 사 항 목
선로설비	광선로, 일반선로(동선), 동축선로(HFC, CATV)
교환설비	시내교환, 시외교환, 국제교환, 이동교환, 무선호출교환, TRS교환, 무선Data교환, ATM교환
전송설비	광장치, 다중화장치, PCM장치, M/W장치, 회선분배장치, Clock공급장치, 가입자 접속설비(xDSL), CATV증폭기
무선설비	기지국(이동통신, 무선Data, 무선호출, TRS), 이동통신중계기, 관리장치
부대설비	분배단자함, MDF, 관로시설, 전주, 통신공동구
해저설비	국내구간, 해외구간(아시아, 태평양 등)
위성설비	위성시설, 위성지구국,
공중전화설비	유선(관리형, 자급제), 무선
초고속망설비	광선로, 광전송, ATM교환기
전용회선	시내, 시외, 국제전용회선, 방송중계회선(Radio,TV)

〈표〉 부가통신사업자설비

설 비 명	조 사 항 목
부가통신설비	F/R교환기, X.25교환기, 인터넷장비, 메트로이더넷
ISP연동현황	국내, 국제구간의 ISP연동 회선수 및 속도
IDC현황	소재지, 총면적, 서버룸, 입주업체 수 등

〈표〉 별정통신 설치자 설비

설 비 명	조 사 항 목
교환설비	국내교환, 국제교환
부대설비	음성압축장비 , GateWay, Gate Keeper

〈표〉 자가통신 설치자 설비

설 비 명	조 사 항 목
선로설비	광선로, 일반선로(동선)
교환설비	일반교환, ATM교환
전송설비	광장치, PCM장치, 다중화장치
부대설비	분배단자함, MDF, 관로시설, 전주

(3) 일본 도쿄도의 통신시설 안전대책

일본 도쿄도(東京都)는 지진 재해에 의한 통신 시설의 재해를 최소한으로 방지하기 위해, 통신설비 및 부대설비의 방재 설계를 실시함과 함께, 통신 시설의 재해 경우에 대해서도, 응급 통신을 제공할 수 있도록 통신설비의 정비를 실시하고 있다.

〈표〉 시설의 안전화 대책

기관명	안전화 대책
토쿄우정국	– 재해의 사전예방, 재해 시 업무의 지속성 확보를 위해, 보통 우체국사등의 시설 · 설비의 점검 · 정비에 노력
일본 전신 전화 (NTT)	– 통신용 건물, 철탑, 설비의 내진 대책 – 기계실 설비의 고정을 실시 및 건물 내의 정보 시스템이나 단말의 내진 대책을 실시 – 예비 전원 설비의 강화 배터리, 비상발전기 및 이동 전원차를 배치 – 통신망 신뢰성의 향상 – 광섬유망의 루프화와 전송로 자동 변환 루프화 또는 전송로의 2 루트화에 의한 자동 변환을 실시하는 등의 정비 – 교환기로부터의 전송 회선은 복수 빌딩에 분산 설정해, 통신의 생존성을 확보. – 통신케이블의 지중화를 계획적으로 추진 매설 구간의 기설 케이블에 대해서는, 불연화 · 난연화 대책을 실시 신설 케이블에 대해서는 난연 케이블을 사용 – 행정 기관, 경찰, 소방등 방재상 중요한 통신을 확보하기 위해, 통신회선을 이중화. – 네트워크, 시스템의 감시 · 조치 기능 네트워크 관제 센터, 네트워크 매니지먼트 센터에 의한 24시간감시 지원 체제를 실시하는 것과 동시에, 서브 센터에의 백업 감시 기능을 갖춤
국제(國際) 전신전화 (KDD)	– 통신설비의 재해 예방 대책 지진 재해 등의 재해 시에 있어서의 국제 통신을 확보하기 위해, 평소보다 전화사용을 줄이는 재해 예방 대책을 진행. – 통신설비, 건물의 방재 설계 통신설비 및 그 설비를 수용하고 있는 건물은 내 재해성에 배려 한 구조 설계를 실시하고 있다. 또, 내진 대책으로서는, 견고한 건물에 의한 내진성 및 통신설비의 내진 공법을 실시. – 통신설비의 신뢰성 향상 설비 자체의 강화, 예비 설비에 의한 이중화 구조 및 분리 설치 등의 신뢰성 향상 대책을 강구. – 중앙국의 분산 배치 중앙국의 설치는 지역 분산화를 위해, 하나의 중앙국에 기능 정지가 있어도, 다른 지역에 분산 배치되어 있는 중앙국이 대체 기능을 완수해, 통신 소통을 확보하는 체제를 목표로 하고 있음. – 전송로의 다 루트화 및 회선의 분산 수용 국제 및 국내 전송로는 다 루트화를 위해, 전송 루트의 피해가 전체의 소통에 큰 영향을 미치지 않는 대책을 실시하고 있다. 또, 국제 및 국내 회선을 각 중앙국에 분산 수용을 진행시키고 회선의 안전 대책을 실시하고 있음. – 통신용 전원의 확보 통신용의 상용 전원은, 복수 계통에 의한 수전 체제를 진행시키는 것과 동시에 정전에 대비하여 자가 발전 설비를 갖춤. – 설비 안전 점검의 실시 통신설비 등은, 재해 예방의 관점으로부터 안전 점검을 정기적으로 실시. – 재해 대책 설비의 배치 재해 대책용 설비 및 관련 설비는, 국제 통신의 확보 및 응급 복구에 대비하여, 긴급 연락용 설비, 이동 무선설비, 이동 무선 중계차등을 배치하고 긴급 수송 수단으로서 재해 대책 차량 및 헬리콥터의 이용 등을 준비하고 있음. – 재해 시의 조치 계획 – 통신 소통의 관리 국제 통신의 소통 상황을 24시간 체제로 감시하는 네트워크 관리 센터 등의 기능에 의해, 피해 상태를 확인 후, 교환 우회 루트의 조치, 소통량의 제어 및 전송로의 대체설정 및 조치 등의 네트워크 관리 조치를 긴급하게 실시.

출처 : 일본 도쿄도(東京都)

4.4.3 정보통신시스템(전산센터, 통신실, Network Node)의 신축시 내진 설계

1995년 1월 17일 일본의 한신 대지진(고베) 발생(규모 7.2)시 기와집과 목조주택은 대부분 무너졌지만 철골 구조물들은 피해가 적었다. 따라서 정보통신시스템 시설물은 지진에 대비하여, 규모 5.5~6.5에 견딜 수 있도록 설계하고 신축하는 것이 필요하다. 현재 대부분의 정보통신 인프라 시설은 철골 구조물이나 콘크리트 구조물 내에 구축되고 있으나 철골구조물도 완전한 대비책이 될 수는 없다. 911 사건에서 볼 수 있듯이 철골구조물은 대규모의 화재에 취약한 단점을 가지고 있기 때문이다.

우리나라는 1970년대 후반 원자력발전소가 건설되면서 내진설계 개념이 도입되기 시작하였고 1980년대 후반, 원자력발전소 기술 국산화 과정에서 내진설계에 관한 연구가 본격적으로 진행되었다. 1986년 12월에 "건축물은 지진에 대하여 안전한 구조를 가져야 한다"고 건축법에서 규정한 이래로, 1988년에 개정된 "건축물의 구조기준 등에 관한 규칙"에서 처음으로 체계적인 건축물의 내진설계 기준안이 제정되었다. 또한 교량구조물에 대한 내진설계의 필요성이 인식되어 1992년 12월에 개정된 도로교 표준 시방서에서 교량의 내진설계개념이 도입되고 최근에는 내진규정이 상당히 강화되고 있는 추세이다.

정보통신시설물을 신축하거나, 특히 대규모 통신시설이나 전산센터를 신축할 경우에는 매립지나, 토양층이 발달한 지역에서 지진 발생 시 액상화 등의 피해가 크게 발생할 수 있으므로 위치 선정 시 유의 하여야 한다. 또한 지진해일에 대비하여 해안가 저지대와 해일과 밀물이 동시에 발생할 수 있는 강 하구 등(等)에 정보통신 시설을 설치할 경우 주의를 기울여 재해발생 시 침수되지 않도록 비교적 높은 곳에 설치하고, 정보통신 시설물뿐만 아니라 통신회선, 전원 설비 등의 설치 시에도 침수 등에 대비하여야 한다.

〈표〉 우리나라 건축물 내진설계 기준 현황

시설물종류	기준명	개정년도	제정기관
상위기준	내진설계기준연구(II)	1997	건설교통부
가스설비	가스설비의 내진설계 기준	1997	한국가스 안전공사
도시가스배관	도시가스배관의 내진설계 기준	1998	한국가스 안전공사
도로	도로 설계기준	1999	건설교통부
건축물	건축물하중기준	1999	건설교통부
항만 및 어항시설	항만 및 어항시설의 내진설계 표준서	1999	해양수산부

상수도시설	상수도시설 내진 설계기준	1999	환경부
도로교	도로교 설계기준	2000	건설교통부
고속철도	고속철도 시설물내진 설계기준	2000	한국철도 시설공단
지진응답계측기 설치, 운영	내진설계하위 기술기준 지진응답 계측기 설치, 운영	2000	건설교통부
배수 펌프장	배수 펌프장의 내진설계 표준서	2001	행정자치부
통신용 건물	통신용 건물의 내진성능 평가 및 내진 보강지침	2001	한국통신 공사
송, 변전설비	송, 변전설비 내진설계기준	2001	한전전력 연구원
단지시설물	단지 조성에 따른 시설물의 내진	2001	한국 토지공사
터널	터널 설계기준	2001	건설교통부
철도	철도 설계기준	2001	철도청
도시가스	도시가스시설의 지진 방재대책	2002	산업자원부
공항	공항시설 내진설계 기준	2004	건설교통부 항공안전본부
지중 구조물	지하 공동구 내진설계기준	2004	건설교통부
댐	댐 설계기준	2004	건설교통부

출처 : 건설교통부

(1) 내진설계와 면진설계

지진이 발생하게 되면 지면에 놓인 모든 구조물들이 지면과 함께 움직이게 되고, 지반이 흔들리게 되면 관성을 가진 구조물이 흔들리게 되며 구조물을 구성하고 있는 기둥, 보, 벽 등이 지진의 영향을 받게 된다.

지진에 대비하여 구조물의 안전성을 확보하기 위한 방법으로는 내진설계와 면진설계가 있다. 내진설계는 지진파가 전달되었을 때 구조물(건물, 교량 등)과 기초 지반이 서로 떨어지지 않도록 견고하게 설계하는 방법이며 면진설계는 구조물과 기초 지반을 서로 분리시켜 지진파가 구조물에 영향을 주지 않도록 하는 것이다.

또한 내진설계란 앞으로 발생할 가능성이 있는 지진에 대하여 구조물이 안전하도록 설계하는 것을 의미하는데 지진 발생 시 구조물이 전혀 피해를 입지 않도록 하는 방진설계(earthquake proof design)는 사실상 불가능하기 때문에 지진의 충격에 견딜 수 있게 하는 내진설계(earthquake resistant design)를 고려하게 되었다.

내진설계의 원리는 지진파가 전달되었을 때 구조물(건물, 교량 등)과 기초 지반이 서로 떨어지지 않도록 견고하게 설계하는 것인데 이를 위해 기둥에 철골재를 보강하고 벽면 콘크리트를 두껍게 해 충격에 대비하는 설계방식을 적용한다.

내진설계가 구조물의 기둥과 벽면을 보강하여, 충격에 대비 하는 것이라면 면진설계는 구조물과 기초 지반을 서로 분리시켜 지진파가 구조물에 영향을 주지 않도록 하는 것이다. 그러나 기초 지반과 구조물을 완전히 분리한다는 것은 불가능하기 때문에, 지진파기 지반에서 구조물로 전달되는 것을 최대한 막기 위해서 둘 사이에 완충제를 끼워 넣는 방법을 생각하게 되는데, 완충제로는 보통 탄성이 높은 고무를 사용하며 최근엔 다양한 완충제를 사용하고 있다.

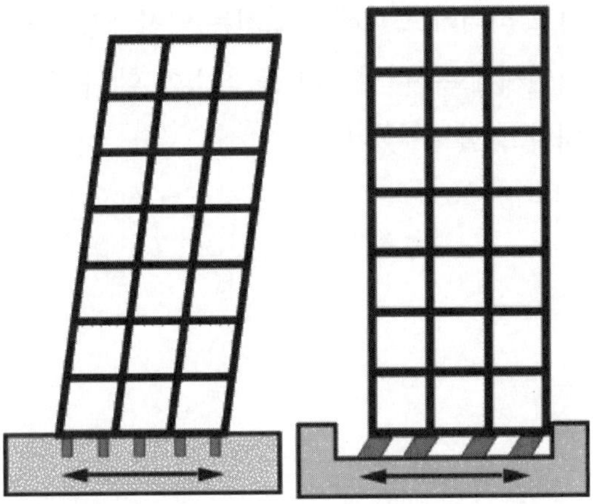

〈그림〉 지진 발생 시 일반 건물(왼쪽)과 면진설계가 도입된 건물(오른쪽)움직임

출처 : 네이버

하지만 여러 장점에도 불구하고 이러한 방법을 사용한 내진설계방법은 아직까지 비용이 많이 든다는 이유로 실제 많이 적용되지 못하고 있고, 우리나라 6층 이상의 건축물 중 36% 정도만 내진 설계기준을 적용하고 있다. 〈출처; 2005년 건교부 자료〉

(2) 건축물의 내진설계의 한계

지진피해를 최소화하는 방법은 지진의 예측뿐만 아니라, 중요한 구조물(원자력 발전소, 항만, 병원, 교량, 박물관 등)과 실생활에 꼭 필요한 라이프 라인(Life line : 도시가스관, 상수도관, 송유관, 전선, 통신선로 등)에 대한 내진설계를 통해 피해를 줄일 수도 있다. 또한 지진이 발생하였을 때 적어도 피해를 입지 말아야 할 구조물, 예를 들면 병원이나 경찰서, 소방서 등과 같은 시설과 특히 원자력발전소와 같은 또 다른 위험이 도사리고 있는 시설들은 내진 설계시 가중치를 두어서 아무리 큰 지진이라도 견뎌낼 수 있

도록 설계되어야 한다.

사회적으로 중요한 건물의 내진설계를 바탕으로 지진으로부터의 인명피해는 물론 사회적 재산들을 보호할 수 있는 기능을 수행할 수 있게 되는 것도 사실이지만 건물의 내진설계는 한계가 있다. 다양한 내진설계기법을 개발해내고 또한 실제 건물에 적용하여 그것이 지진으로부터 지켜줄 수 있다고 하더라도 재난으로부터 완전한 대비라고는 말할 수 없다. 왜냐하면 우리가 터전으로 삼고 있는 사회의 모든 건축물이 내진설계를 포함하고 있지는 않다는 것이다. 특히 오래된 가옥과, 가옥이 밀집하고 있는 지역에서는 아무리 내진기술이 발달된다고 하더라도 피해를 입기는 마찬가지이다. 따라서 내진기법의 연구와 함께 지진 등의 자연재해로부터의 피해를 최소화 할 수 있는 사회간접시스템의 확충이 무엇보다도 필요하다고 할 수 있다.

4.5 시스템 인프라 복구방안

지진 발생 시 정보통신시스템의 인프라를 구성하고 있는 시스템들도 피해를 입게 되면 정상적으로 시스템을 가동할 수 없으므로 여기에 대한 대비책을 수립하여야 한다. 인프라설비는 일간, 주간, 월간 점검계획을 세워 평소에도 정상 가동 여부를 꾸준히 확인하고, 비상시 대응이 가능하도록 지속적으로 관리하는 것이 필요하다. 또한 UPS나 비상발전기는 정전시를 가정하여 실제 부하 테스트를 실시하거나 일정한 주기 별로 가동 테스트를 실시한다.

또한 인프라 설비의 생존성을 높이기 위한 방안으로는 인프라를 이중화하는 것인데 실제로 인프라를 이중화하여 전산실이나, 센터를 운영하는 기관이 적지 않은 것이 사실이다. 즉 UPS와, 항온항습기, 비상발전기 등을 2~3중화하여 센터를 운영하는 것인데, 자연재해가 많이 발생하는 일본의 주요기관이나, 주요소방서에서는 인프라 설비를 이중화하여 재해와 재난에 대비하고 있다.

시스템 인프라 설비에는 전원설비와 UPS, 비상발전기, 항온항습기, 소화설비, 이중철마루, cable tray등 여러 가지 설비가 있으나 지진재해 발생 시 실질적인 피해를 입을 수 있는 UPS, 비상발전기, 소화 설비 등에 대해서 거론하기로 한다.

〈표〉 시스템 인프라 점검내용

주요설비	설비 별 분류	점검항목
전원설비	UPS	정전시 가동시간은(정전 보상시간)? 정전보상시간 이외의 정전시 대책은 주간, 월간 점검 현재 사용하고 있는 UPS의 정확한 부하 산출을 위해서 시스템의 전기사용용량 점검
	비상발전기	서비스를 위하여 비상가동 점검 유류확보 주간, 월간 점검
	기타 전원설비	수전반, 배전반
공조설비	항온항습기	항온항습기의 가동전압 : 380V
소화설비	가스소화설비	주간, 월간 점검
	분말 소화기	주간, 월간 점검
기타설비	보안환경 점검 보안관련서버	Back- up 물품 확보

4.5.1 무 정전 전원장치(UPS)

(1) 사용목적

무 정전 전원장치(UPS :Uninterruptible Power Supply)는 정전이 존재하지 않는 전원공급 장치로써, 상용(常用)시에는 축전지(Battery)에 전원을 저장하여 두고 정전이나 입력 측에 문제 발생 시 축전지에 저장되어 있는 전원을 이용하여 양질의 안전한 전원을 공급하는 장치이다. 무 정전 전원장치는 산업이 발전 하면서 데이터의 손실이나 정보의 손실 등의 피해를 줄이고자 만들어진 장치이며 컴퓨터를 많이 사용하면서부터 UPS의 필요성을 인식하여 날로 발전하고 있다.

〈표〉 ups 적용 site

구 분	영향 및 적용 site
컴 퓨 터	금융, 증권, 보험 등의 온라인시스템, 기억장치의 헤드손상, 프로그램, 컴퓨터작업 재실행 등
방송통신기기	방송국, 전화교환설비, 무선통신설비 등
관제관리시스템	항공관제, 교통관제, 전력계통관제 등
공 장	반도체공장, FA(Factory Automation)공장, 도금공장 등
병 원	수술중인 의료설비 및 전원 등
기 타	백화점, 호텔, 냉동, 연구실, 양계장 등

(2) 사용 형태

1) 교류전원을 무순단(끊어짐이 없는)으로 사용하고자 하는 경우

- 전산시스템을 사용하고자 할 때 : 순간적인 정전으로 인한 자료를 보호
- 공장자동화 시스템에 사용할 때 : 순간적인 정전에 막대한 손실을 입는 회사나 공장

2) 입력전원의 장해로 인해 직접적인 전원사용이 어려운 경우

- 입전되는 전원자체가 불안정한 회사나 공장
  ex) 낙뢰나 기타 전원에 불안정한 장비의 사용으로 전원환경이 열악한 상태
- 주위에 노이즈(noise) 발생이 많은 장비를 사용하는 회사나 공장
- 전력의 사용량이 많은 전기설비를 가동하다가 공장 휴식(점심시간, 저녁시간, 야간 등)으로 인해 전압이 갑자기 급상승하는 회사나 공장

3) 교류전원에서 정확한 주파수를 사용하는 경우에 정전압 정주파수(CVCF) 장비를 사용하는 경우

ex) 50[Hz]나 60[Hz]를 사용하여 제어나 시간을 필요로 하는 장비나 계측기가 있는 경우.

4) 교류입력이 없는 상태에서 사용하고자 하는 경우

- 이동하면서 교류전원을 사용하는 경우
  ex) 이동 새마을 금고 차량을 이용하여 현금 입출금을 전산장비로 처리.
  장시간(8시간 이상)동안 입력이 없는 상태에서 교류전원을 사용하는 경우
  ex) 은행 등에 장시간 동안 전기가 입전(入電)이 되지 않은 상태

〈그림〉 UPS

(3) 동작원리

UPS는 상용전원의 순간정전, 정전, 전압변동, 주파수변동, 전압파형 일그러짐 등의 전원장애로부터 전산시스템을 보호하기 위해 출력 측에는 안정된 교류출력 전압과 전류 및 주파수를 공급하게 되며 동작원리에는 3가지 방법이 있다.

1) **입력전원이 정상시** : 정상 운전 시 상용전원은 정류부 및 충전기부의 반도체소자에 의하여 교류전원을 직류전원으로 변환하여 축전지에 부동충전을 시키는 동시에 인버터부로 공급되어지고 인버터부는 직류전원을 교류전원으로 변환하여 부하에 공급한다.

2) **입력전원에 정전 또는 전압 변동시** : 상용전원이 정상적으로 UPS의 입력 측에 전달되지 않을 때, 즉 정전이나 순간정전, 입력 측의 과전압 혹은 저 전압 시 인버터부의 전원을 축전지 방전허용 시간 동안 축전지로부터 공급을 받아 정밀부하에 무순단으로 안정된 전압과 주파수를 공급하게 된다.

3) **입력전원이 복전 및 전압 안정시** : 복전(復電)이 되면 축전지로부터 전력은 중단되고 상용전원이 공급되어 방전된 축전지를 재충전시키며 인버터부에 직류전원을 공급하여 인버터로부터 안정된 전압과 주파수를 정밀하게 공급하게 한다.

(4) UPS의 종류

UPS는 ON- Line 방식과, OFF- Line 방식, Line- Interactive(인터렉티브) 방식이 존재하고, 각 방식 별 장단점은 다음과 같다.

1) ON-Line 방식

상시 인버터 방식이라고도 하며 상용전원을 컨버터 회로에 의해 직류전원으로 변환하고 변환된 직류전원은 축전지를 충전 회로를 통해 충전하며 인버터 회로를 통해 다시 교류전원으로 변환해 출력으로 보내는 방식이다.

이렇게 항상 인버터 회로를 경유해서 출력을 보내기 때문에 출력은 안정되며 높은 정밀도를 가진다. 주로 중대형 UPS에 적용되며 대형 전산실, 공장 자동화의 전원 공급등 양질의 전원이 필요한 경우 와 정 주파수가 필요한 장비에 사용되며 3KVA이상의 용량에는 주로 이 방식을 사용한다.

장점	- 입력전원의 정전 시 무순단(끊어짐이 없는)이므로 입력과 관계없이 안정적인 전원을 공급한다. - 회로 구성에 따라 양질의 전원을 공급한다. - 입력 전압의 변동에 관계없이 출력전압을 일정하게 공급한다.(자동전압 조정: AVR 기능) - 입력의 서어지, 노이즈 등을 차단하여 출력전원을 공급한다. - 출력단락(Short), 과부하(Over Load)등에 대한 보호회로가 내장되어 있다 - 출력전압을 일정범위(±10%)내에서 조정할 수 있다.
단점	- 회로 구성이 복잡하다. - 효율이 OFF-Line 방식 보다 낮다.(전력소모가 많다) - 외형 및 중량이 크다 - 대체로 가격이 높다

2) OFF- Line 방식(Stand by 방식)

정상시 교류입력전원을 사용하다가 정전되거나 입력전원이 허용치보다 낮을 경우에 인버터를 사용하는 방식이다. 정전 발생 시에는 인버터 회로를 구동시켜 축전지에 저장되어 있는 전원을 출력으로 보내는데 이때 출력측에 있는 절체반(ATS나 Relay)이 인버터 쪽으로 전환되는데 전환시간(10ms 정도)이 발생된다.

UPS가 보편화되기 이전에 소 용량 및 중 용량에 사용되었던 방식이며, 현재는 주로 소용량의 UPS에 사용되는 방식이다.

장점	- 입력전원 정상 시에는 효율이 높다.(전력소모가 적다) - 회로 구성이 간단하여 내구성이 높다.(잔 고장이 적다) - ON- Line 방식에 비해 가격이 낮다 - 소형화가 가능하다 - 정상 동작시(상용 입력시)에는 전자파(노이즈 포함)발생이 적다.
단점	- 정전 시에 순간적인 전원의 끊어짐이 발생한다.(일반적인 PC에서는 문제가 없다) - 입력의 변화에 출력이 변화한다.(전압조정이 안됨) - 입력전원과 동기가 되지 않아 정밀급 부하에 적합하지 않다.

3) Line Interactive(인터렉티브) 방식

입력되는 전원이 정상적인 경우에 출력전압을 일정하게 유지하도록 자동전압조정기능을 내장한 방식으로 ON- Line 방식과 OFF- Line 방식의 중간 정도의 기술이며 장단점을 보완한 것이다. 현재 주로 소용량의 UPS에 적용하여 사용되고 있다.

장점	- 입력전원 정상 시에는 효율이 높다.(전력소모가 적다) - 회로 구성이 ON-Line 방식 보다는 간단하다. - ON-Line 방식에 비해 가격이 낮다 - 자동전압조정 기능이 있다.
단점	- 내구성이 OFF- Line 방식 보다 떨어진다. - 과충전 우려가 있으며 충전부의 고장발생 빈도가 높다. (입력전원의 약 5%정도의 전압안정도로 충전하기 때문)

(5) 전원 안정화 장치의 종류

1) **정전압 장치**(AVR : Automatic Voltage Regulator)는 전압을 일정하게 유지하는 장치로서 정전압 정 주파 전원장치(CVCF : Constant Voltage Constant Frequency)와 전압, 주파수를 일정하게 유지하는 장치. 주파수 변환장치(FC : Frequency Changer)도 포함한다.

2) **무정전 전원장치**(UPS : Uninterruptible Power Supply)는 CVCF장치에 축전지를 결합한 장치로, CVCF장치의 기능에 교류입력 정전 시에도 전력을 공급할 수 있는 기능을 가진 장치이다.

〈표〉 각종 전원장치의 비교

기 종	방 식	장 점	단 점
정전압장치 (A.V.R.)	유도전압조정기 (I.V.R.)	저렴하다. 대용량기(선로용량 수 1,000 KVA)까지 제작할 수 있다.	기계적 지구가 많고 다빈도로 사용하면 수명이 짧다. 보수가 필요하고 응답속도가 느리다.(30- 60초/전범위)
	정지형 자동 전압조정기 (A.V.R)	응답속도가 빠르다.(0.1~0.5초) 마모부품이 없고 긴 수명. 보수가 용이	I.V.R.과 비교해 고가이다.
정전압 정주파장치 (C.V.C.F.) 주파수 변환장치 (F.C.)	회전형 CVCF	서지내량 (과부하 내량)이 큼 입력전원의 순시정전에 강하다.	효율이 낮다. 주파수 정밀도가 낮다. 응답속도가 느리다. 진동, 소음이 크다. 보수, 오버홀 필요.
	정지형 CVCF	효율이 높다. 주파수 정밀도가 높다. 응답속도가 빠르다. 진동, 소음이 낮다. 보수가 용이	서지내량(과부하내량)이 낮다
무정전 전원장치 (U.P.S)	회전형CVCF+ 축전지	(회전형 CVCF와 동일)	(왼쪽과 동일)
	정지형CVCF+ 축전지	(정지형 CVCF와 동일)	(왼쪽과 동일)

(6) 재해발생 시 대처방법

일본의 지진 피해사례에서 보듯 지진 발생초기에 전주(電柱) 등의 파손으로 인하여 정전되는 사태가 발생할 것이다. UPS와 비상발전기가 모두 갖추어진 Site에서는 비상발전기가 작동되어 비상발전기의 연료량만큼 전원을 계속 공급받는 것을 예상할 수 있으나 비상발전기가 없는 경우는 UPS 만으로 시스템을 운영해야 하기 때문에 정전시의 시나리오를 준비하는 것이 필요하다.

1) 현재의 UPS Battery 가동시간을 사전에 미리 조사

시스템 초기 도입 시 시스템의 전원용량과 UPS용량을 고려하여 UPS를 도입했을 것이다. 그러나 UPS가 도입된 이후에 전산 시스템이 추가 도입되었을 경우 전원용량을 재 산정하여 정확한 가동시간을 파악하는 것이 필요하다.

2) 시스템 종류별 전원용량 파악

시스템을 구성하는 종류별로 전원용량을 파악하여 비상상황 발생 시에 활용하도록 한다.

3) 시스템의 중요도를 구분

서비스 중요도에 따라 서비스를 지속하고 중요도가 낮은 시스템은 Down할 수 있도록 계획을 수립할 필요가 있다.

4) 불요불급한 경우를 제외하고는 UPS 전원사용금지

UPS 전원을 사용하는 경우 시스템 가동과 재해방송청취, 비상등을 위한 최소한의 전원만 사용한다. 특히 선풍기나 청소기 등의 전동기 사용은 절대 금지 하여야 한다.

4.5.2 비상발전기

(1) 사용목적

천재지변이나 비상상황 발생으로 상용(常用)전원의 단전으로부터 시스템 자원을 보호하기 위하여 안정적인 전원을 공급해주는 장치로서 동력원은 디젤엔진이 주로 사용되며 상용전원이 중단될 경우 제어장치가 자동으로 발전기를 가동하여 전기를 공급한다.

(2) 점검사항

비상 발전기는 주1회 이상 30분~1시간 무부하 운전과 월1~2회 이상 상시 출력으로 적용부하 운전을 실시하여 로드테스트를 해두는 것이 필요하지만 시스템의 상황에 맞게 시간과 횟수를 조절하여 테스트를 실시하고, 점검은 일상점검. 주간점검. 월간점검을 실시한다.

주의사항

1) 시동 전 후 점검 : 오일 냉각수 (누유, 누수)이상 유무 확인
2) 오일 체크 : 점검봉 상단 포인트 적정 체크 라인(상단아래)에서 2포인트 아래가 가장 바람직 함.
3) 냉각수 체크 : 라지에이터 캡에서 보통 성인 중지 손가락 깊이(약 10cm/3inch)가 되도록 유지 할 것,

4) 오일 및 필터(Filter) 교환 : 1일 8시간 운전으로 약 700시간 운전 후 엔진의 열기가 남아있는 상태에서 오일교환.

5) 필터(Filter)는 오일교환 2회 이상 또는 상시 대기 1년 마다 필터와 오일동시 교환.

6) 엔진의 유지관리사항 : 하절기는 섭씨 25℃ 이상시 냉각수와 쿨렌트 50:50으로 첨가하여 사용하고 동절기는 부동액을 50:50 비율을 적용해서 사용하고 상시 비상운전을 준비해 둘 것, 또한 히터를 부착한 발전기 엔진은 동절기 섭씨 5~10℃ 이상 히터링 해둘 것,

*부하적용 : 발전기의 부하(Load)는 상시 출력 75% 이하의 부하를 적용 사용을 권장함.

〈그림〉 비상발전기

(3) 비상 발전기 설치 유의사항

24시간 가동하여도 무리가 없을 정도로 환기와 급기가 잘 되는 곳에 비상발전기 실을 설치하여야 하고 건물 설계상 조건이 지상인지 지하인지 또는 지하 층수가 몇 층인지를 확인하여 발전기의 환기에 대한 준비 및 냉각방식을 선정한다. 일반적인 발전기인 경우 수냉식이므로 이때 냉각시킨 더운 바람은 닥트를 통해 외부로 나가도록 설계한다.

또 다른 방법은 냉각수가 발전기 엔진을 통과하면서 냉각시키는 방법으로 물탱크의 용량이 클 경우 소음도 많이 감소하고 적은 환기 시설로 많은 냉각효율을 얻을 수 있기 때문에 깊은 지하층에서 사용하는 것이 바람직하다.

(4) 비상 발전기의 종류

비상발전기는 라디에이터 냉각 자동식, 라디에이터 냉각 수동식과 열 교환기 냉각자동식 발전기 등이 있으며 구성은 아래 그림과 같다.

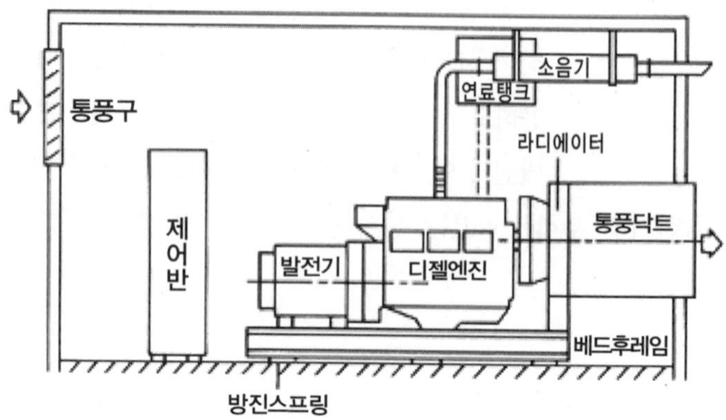

〈그림〉 라디에이터 냉각 자동식

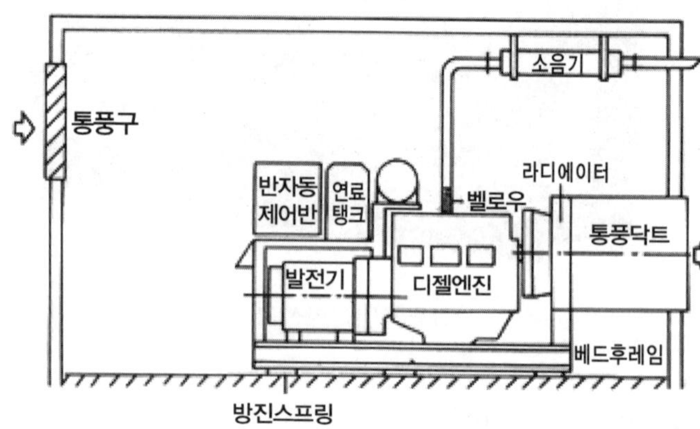

〈그림〉 라디에이터 냉각 수동식

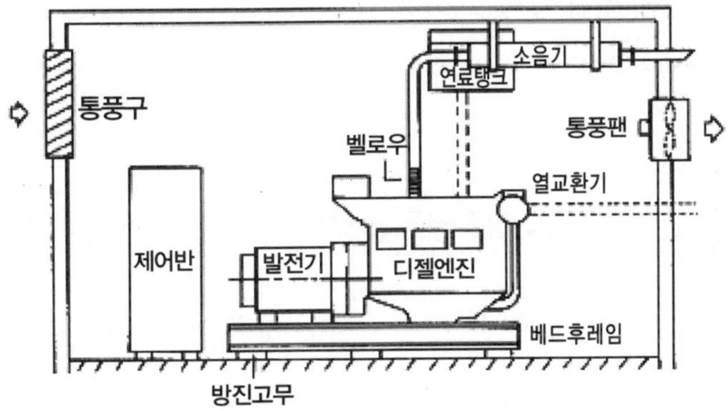

〈그림〉 열 교환기 냉각자동식 발전기

출처: www.kukbo.co.kr

(5) 재해발생 시 대처방법

재해가 발생하여 상용전원이 차단되면 비상 발전기가 즉시 가동되도록 준비한다.

비상발전기가 가동되면 비상발전기에서 생산된 전력은 UPS로 공급되고 UPS를 통해 안정적인 전원이 각종 시스템에 공급된다. 또한 생산된 전력의 일부는 비상등(燈)의 전원이나 항온항습기 전원 등으로 활용될 것이다. 비상발전기는 연료를 보충해주면 연속적으로 사용이 가능하지만 지진발생으로 이하여 도로의 파손 등으로 원활한 연료 공급을 장담할 수는 없을 것이다.

지진으로 대부분의 시스템이 피해를 입어 전력을 공급해도 서비스를 공급할 수 없는 상황이라면 비상발전기의 가동여부는 재난선포권자와 협의 후 결정하여야 할 것이다.

4.5.3 항온 항습기

(1) 사용목적

항온항습기는 온도 및 습도, 분진 등에 예민한 Computer, ON- Line 기기 등의 전자장비가 최상의 상태로 운전될 수 있도록 최적의 환경을 조성해주는 기계장치로 실내의 온도 및 습도를 연중 일정하게 유지시켜준다.

(2) 종류

항온항습기(Constant Temperature & Humidity Chamber)는 송풍하는 방식에 따라

상향도출방식(Up- flow)과 하향토출방식(Down- flow) 방식으로 분류되며, 냉각방식에 의한 분류로는 공냉식(Air cooled type), 수냉식(Water cooled type), 등으로 분류된다.

〈표〉 냉각방식에 의한 비교

구분 방식	공냉식(Air cooled)	수냉식(Water cooled)
매 체	공 기	냉각수
초기투자비용	≒90% (수냉식 대비)	100% (기준)
효율성 실내조건 온도22℃±1℃ 습도50%±5%	≒90% (수냉식 대비)	100% (기준)
부대설비	실외응축기, 배관설비	순환Pump,냉각탑, 배관설비
특 징	- 냉각수배관이나 냉각수 순환펌프의 필요성이 없으므로 이로 인한 공사비의 절감과 동력의 손실이 절감. - 어떠한 외기온도 조건하에서도 과냉으로 부터 보호 - 설치 및 사용이 간단하며 보수 관리가 용이하고 유지비가 저렴. - 초기 투자비가 타 냉각 방식에 비해 가장 저렴하다. - 소규모 시설이나 단층 건물에 널리 쓰이는 가장 보편적인 방식.	- 냉각효율이 가장 우수하며 외기조건 변화에 거의 영향을 받지 않음. - 실내기와 실외기의 거리에 제한이 없어 고층의 건물에서도 설치가 가능. - 대규모 시설이나 고층 건물에 널리 쓰이는 방식이다.
취약점	- 실내기와 실외기의 거리상에 제한이 있음. (20M) - 응축공기를 이용함으로 외기 변화에 대해 압축기에 다소 영향이 있다.	- 설비가 복잡하여 운전관리가 다소 복잡하다. - 초기 투자비가 공냉식에 비해 상당히 소요된다(250%이상). - 보수관리가 불편하고 유지비가 많이 든다. - 실내기, 실외기간의 배관 길이에 제한이 없으나, 동절기에는 부동액을 보충하여야 한다.(20%- 30%)

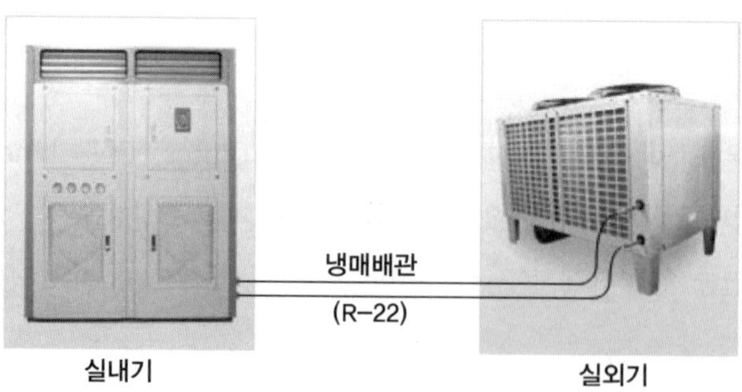

〈그림〉 공냉식 항온 항습기

출처 : www.jinyangts.com

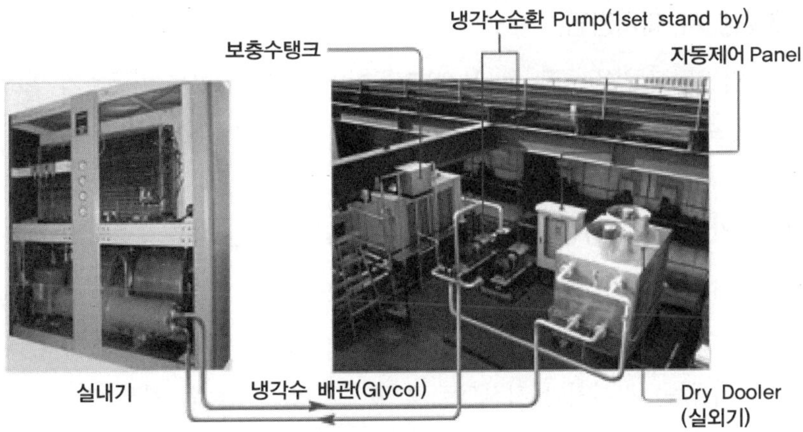

〈그림〉 수냉식 항온항습기 출처 : www.jinyangts.com

〈표〉 공기 토출 방식에 의한 비교

비교	상향 토출방식	하향 토출방식
특징	– 소형설비 시스템에 적당하며 대형설비 시스템에서는 풍량이 많아 작업환경이 악화되기 쉽고 균일공조가 어려우며 작업환경에 따라 Access Floor를 설치하지 않는 장소에 설치 항온항습기 상부로 토출되어 Return Air는 항온항습기 전면 하부 그릴(Grille)로 흡입된다.	– 실내 Room의 이미 설치된 바닥위에 Access Floor를 설치하며 그 사이에 공조용 그릴을 이용하는 것으로 하부에서 찬 공기를 공급하는 방식. – 항온항습기에서 나오는 공기가 직접 기계에 공급됨으로 냉각효율과 기류 분포가 좋다. – 전산실내의 Access Floor(300mmH) 하부로 토출되어 Grille로 분출하여, Return Air는 항온항습기 상부로 직접 흡입된다.
장단점	– 공조설비비는 하부 토출식(Down Flow)에 비교하여 약간 저렴. – 실내 부하가 적은 소형의 전산실이나 Access Floor가 없는 곳에 적용한다. – 균등 공조가 어렵다.	– 중형, 대형의 전산실에서 적용한다. – 실내 천정고가 일정 수준의 공간이 확보되어야 한다. – 기류의 흐름이 원할하여 실내 온 · 습노 유지에 유리하다. – 공조닥트가 실내에 설치되지 않기 때문에 룸내의 미관이 좋다. – Floor 하부 전체가 공조 닥트 이므로 추후 증설이나 이설이 용이. – 컴퓨터의 배선공사가 용이.
구성도	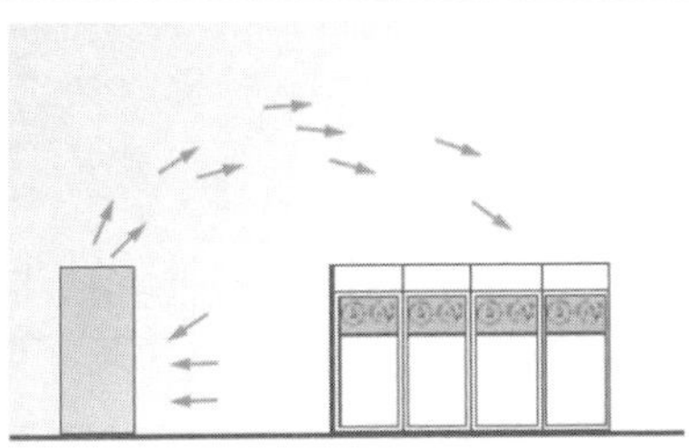	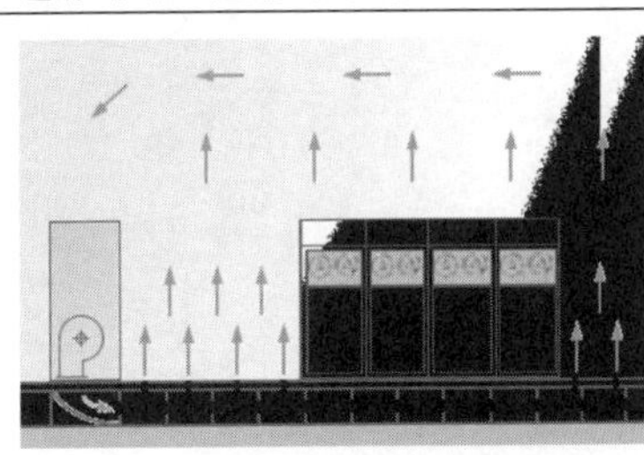

(3) 재해발생 시 대처방법

항온항습기의 입력전원은 주로 220V,380V등이며 항온항습기를 가동하기 위해서는 많은 전력이 소모되므로 아래의 두 가지 경우의 예를 들어 설명하기로 한다.

1) 비상발전기와 UPS, 항온항습기가 모두 설치되어 있는 경우

대규모 전산센터의 경우로써, 정전에 대비하여 충분한 UPS용량의 확보와 대용량 비상발전기 가동을 위한 충분한 양의 연료를 확보되어 있는 경우에는 시스템이 Down되는 사태는 발생하지 않을 것이지만 지진으로 인해 도로망이 파손될 경우 에는 접근성이 떨어지게 되어 연료 보급이 원활하지 않아 항온항습기 가동을 일시 중단할 경우가 발생할 수도 있다.

즉 연료 부족으로 인하여 비상발전기 가동을 제한할 경우에는 UPS에 공급되는 전원을 우선하고, 연료부족으로 비상발전기 가동을 중단할 경우에는 항온항습기의 가동도 중단되게 될 것이다. 이 경우에 전산실의 내부 온도는 상승되기는 하겠지만 곧바로 시스템이 Down되는 일은 발생하지 않을 것이므로 이 시간을 이용하여 시스템을 백업한다.

2) UPS, 항온항습기가 설치되어 있는 경우

주로 소규모 전산실의 경우에는 UPS와 항온항습기만이 설치되어 있는 경우로서 지진이 발생하여 전원이 차단되면 UPS를 통해 정전보상 시간만큼의 전원은 공급될 것이지만 항온항습기는 정전으로 인해 OFF 될 것이다.

항온항습기나 에어컨 등의 전원이 차단되면 전산실의 내부 온도는 상승되기는 하겠지만 곧바로 시스템이 Down되는 일은 발생하지 않을 것이므로 이 시간을 이용하여 시스템을 백업한다.

4.5.4 소화 가스설비시스템

화재 발생 시 손실을 최소화하기 위해 방화문을 설치하고, 신속한 화재 진압을 위해 이동식소화기와 자동소화설비를 설치 운용한다. 소화약재는 전산장비에 영향을 주지 않도록 전기적으로 비전도성이며 사용 후 잔유물이 남지 않는 할로겐 화합물 소화약재나 청정 소화약재를 사용한다. 할로겐 화합물 소화약재인 하론가스(하론 1211, 하론 1301등)의 경우 오존층 보호를 위한 "몬트리올 의정서"에 의해 2010년 이후에는 사용할 수 없다.

(1) 목적

화재 발생 시 신속한 화재 진압으로 전산장비와 건물의 훼손을 최소화하고 전산장비의 가동 중단으로 인한 업무 서비스의 중지 시간을 최소화하기 위하여 소화설비를 설치하고 운영 관리한다.

(2) 작동원리 및 소화방식

화재발생 시 연소에 필요한 산소농도를 최저요구 산소 농도 미만으로 낮추어 화재를 제어하며 자동소화방식과 수동소화 방식이 있다.

1) 자동 소화방식

- 구획 내 화재 감지기가 화재를 감지하면 싸이렌 또는 음성경보가 작동한다.
- 수신반에 설정된 작동 셋팅 시간(20초~30초)이 경과되면 탄산가스가 방출되고 방출된 탄산가스는 화재 구역 선택 밸브와 용기를 개방하고 곧이어 소화약제가 배관을 통하여 화재 구역에 방출되는데, 이때 압력 스위치가 작동하여 방출표시등(燈) 을 점등시키게 된다.

2) 수동 소화방식

- 화재가 발생하면 먼저 수동기동 상자에 문을 열어 누름 버튼을 누른다.
- 곧이어 음성 또는 사이렌 경보가 발생.
- 셋팅시간(20초~30초)후에 탄산가스 밸브가 개방되며 이때 탄산가스는 화재구역에 선택 밸브와 용기 밸브를 개방시켜 약제가 배관을 따라 방출하므로 화재를 진압하며, 이때 압력스위치가 작동되어 방출표시등(燈)을 점등 시키게 된다.

(3) 소화 약재의 종류

1) 하론 1301 소화설비

하론 1301 가스는 최고의 소화약제로서 개발된 지 50년이 경과 되었으나, 하론 가스에 의한 인명피해는 전혀 없으며 아폴로 우주선에도 탑재된 우수한 소화 약재이지만 몬트리올 의정서에 의거 2010년부터 사용이 금지된 약재이다. HALON 1301은 실린더에 액화된 가스로 충전된 후 질소가스가 가압된 상태로 보통 12 ~ 14KG/CM^{2}의 압력으로 되어있으며 소화방식에는 전역방출방식, 극소방출방식, 이동식 방출방식 등이 있다.

2) INERAGEN 소화설비

일명 IG- 541으로 세 가지 불활성기체의 혼합물(산소희석)로서 질소가 52%, 알코올이 40% 이산화탄소가 8%로 구성되어 있으며 가스 방출시 연소에 필요한 산소농도를 최저요구 산소 농도 미만으로 낮추어 화재를 제어하는 시스템이다.

〈그림〉 소화가스설비

3) CO_2 소화설비

공기 중의 산소농도를 16% 이하로 낮추어 질식소화를 하는 방식으로서 상온에서 무색, 무취 기체로 독성이 없으며 부식성도 없으나 밀폐된 공간에서 질식사 할 위험이 있으므로 사람이 상주하는 곳에서 주위가 필요하며, 소화방식은 극소방출방식, 전역방출방식, 이동소화설비 등이 있다.

4) NAFS - Ⅲ 소화설비

일명 NAFS- Ⅲ이라 하며 하론 가스로 인한 지구 온난화의 대체 물질로 독성이 매우 낮으며 환경에 친화적 소화 약재이다.

5) F.M 200 소화설비

하론 1301의 대체물질 소화약제로서 환경 친화적인 소화약제로서 전기적으로 비전도성이며 약제 압력이 저압으로 사람이 상주하는 지역 등에 화재 진압에 적합한 반면에 초기 투자비가 많이 드는 단점이 있다. 그러나 사후, 관리비가 저렴하여 장기적으로는 유지비가 저렴한 설비로서 전역방출방식, 극소방출방식, 이동 소화 설비 등이 있다.

(4) 가스 소화설비 시스템 도면

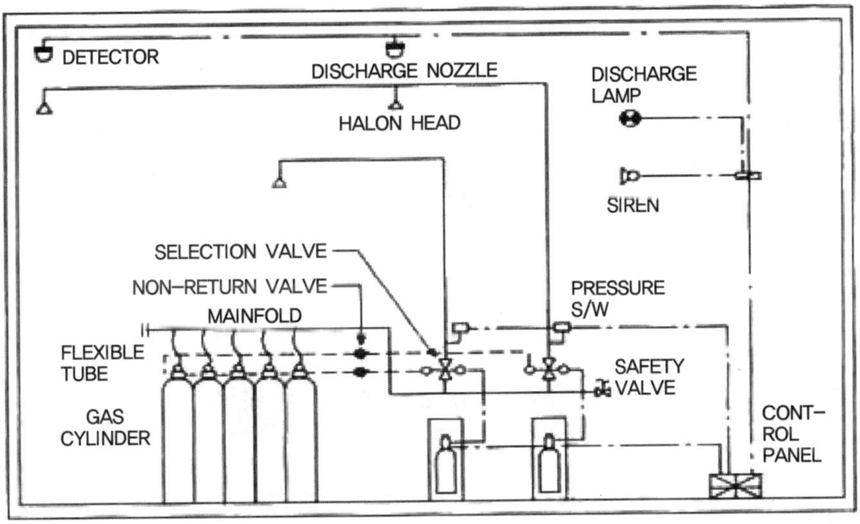

(5) 재해발생 시 대처방법

밀폐된 공간에서 하론소화 약재가 살포되면 질식사 할 위험이 있으므로 화재가 발생하여 경고음이 발생하면 전산실(통신실)밖으로 탈출하여야 한다.

재해로 인한 화재 발생에 대비하여 평상시에 스위치를 자동으로 세팅하고 비상시 탈출 방법과 절차에 대해서 직원들에게 반복하여 교육을 실시한다.

4.6 예상피해 및 대책

예상피해 및 대책에서는 전국적인 네트워크를 구성하여 고객에게 서비스를 제공하는 서비스 제공자 입장에서의 지진 발생 시 대처방안 및 복구방안에 대해서 작성하였으나 상세한 대책수립은 비즈니스 연속성계획(BCP / Business Continuity Planning)이나 재난복구계획 (DRP / Disaster Recovery Plan) 의거하여 각각의 시스템이나, 회사의 특성에 맞게 계획을 수립하는 것이 필요하다.

4.6.1 Main System(Host)이 피해를 입은 경우

Main System(Host) 부근에 규모 6 정도의 지진이 발생한 경우, 대부분의 정보, 통신 시스템 설비는 비교적 안전한 철골구조물이나 콘크리트 구조물에 위치해 있기 때문에 건물붕괴와 같은 직접적인 피해는 발생하지 않을 것이지만 가공(架空)전주와 가공 통신주, 진동에 취약한 전산설비 등의 피해가 발생할 것으로 예상된다.

한편 정보통신설비가 직접적인 피해를 입지 않았다 하더라도 사회 인프라인 도로, 전기, 통신 등에 피해가 발생할 수 있기 때문에 시스템의 정상가동을 하기에 앞서 정밀한 점검이 필요하다.

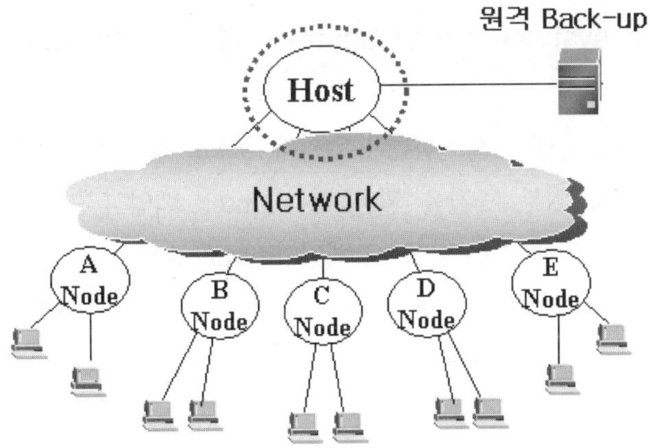

시스템 별 분류	점검사항 및 대처방안
정보시스템	- 지진 발생 시 시스템의 안정성이 확보될 때 까지는 서비스를 중단하고 종합적인 점검이 필요 - Main system(Host)에 피해 발생 시 원격Back- up을 활용하여 데이터를 복원(실시간 백업 데이터에 대한 자료를 보관하고 있을 경우에 시스템 복원가능) - Main system(Host)의 장비 손상 시 고객 서비스 불가능(제한된 서비스 가능) - 타 시스템과 연계하여 제공하는 서비스 부분에 대한 점검 - 금융기관과 관련한 인증 서비스 확인(인증시스템에 문제 발생 시 금융 서비스가 전면 중지 될 수 있음) - Server RACK 하단에 전도방지장치 부착
통신시스템(Network)	- 통신 장비 점검(Main system 서버, 통신장비, Router, Switch, F/W) - 통신장비 손상시 Back-up 장비로 대체 - 구내 LAN 상태 점검 - 예비 회선 확보(회선이중화, 경로이중화) - WAN 회선 장애시 통신 사업자에게 신고 - Back- up 물품확보 - RACK 하단에 전도방지장치 부착 - 재해복구를 위한 무선통신망(무전기)확보
시 스 템 Infra	- 전원확인 - UPS : 정상상태확인 - 비상발전기 : 정상상태 확인 후 충분한 가동연료 확보 - 전주(電柱) 붕괴로 인한 정전가능성 있음 - RACK 하단에 전도방지장치 부착
복구인력	- 복구인원에 대한 숙식제공 방안 검토 - 시스템 복구인원 확보 및 복구 가능한 인원 선정 - 24시간대기(교대 근무)
기타	- 최소한의 시스템으로 서비스가 가능한 것이 무엇인가를 판단할 것. - 종합적인 시스템 점검필요 - 서비스 불가능 상황과 대책을 방송 - 화재발생 시 화재진압 및 화재신고 - 부상자 발생 시 부상자 구조 및 신고 - 여진에 대비하여 장비를 고정

4.6.2 Main system(Host)와 Center 백업 시스템이 피해를 입은 경우

Main system(Host)과 백업 시스템간은 원거리(100km)에 설치하여야 함에도 불구하고 Main system(Host)의 일부 공간을 활용하여 Center 백업시스템을 구축한 경우에는 Main system(Host) 지역에 지진 발생 시 백업시스템도 손상을 입을 수 있다.

지진이 발생하게 되면 두 시스템 모두 세심한 점검이 필요하고, 이 같은 피해에 대비하기 위해서는 백업시스템을 원격지에 설치할 필요가 있다.

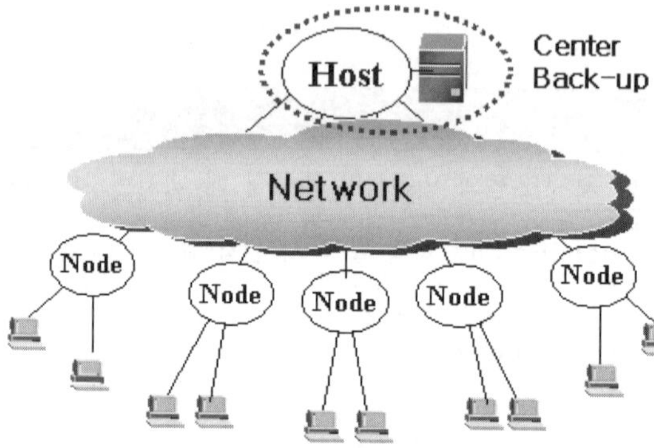

시스템별 분류	점검사항 및 대처방안
정보시스템	- 지진 발생 시 시스템의 안정성이 확보될 때 까지는 서비스를 중단 - 백업시스템의 점검 - Main system(Host) 장비 손상 시 고객 서비스 불가능(제한된 서비스 가능) - Server RACK 하단에 전도방지장치 부착 - 원격지에 백업 시스템을 설치하고 동일 장소에 Main system(Host)과 백업시스템을 설치하지 않도록 할 것.
통신시스템 (Network)	- Main system(Host) 장비 점검(Main system 서버, 통신장비, Router, Switch, F/W) - 통신장비 손상시 Back- up 장비로 대체 - LAN 상태 점검 - 예비 회선 확보(회선이중화, 경로이중화) - Back- up 물품확보 - RACK 하단에 전도방지장치 부착 - 재해복구를 위한 무선통신망(무전기)확보
시스템 Infra	- 전원확인 - UPS : 정상상태확인 - 비상발전기 : 정상상태 확인 후 충분한 가동연료확보 - 전주(電柱) 붕괴로 인한 정전가능성 있음 - Main system (Host)의 피해시 서비스 불가능 - RACK 하단에 전도방지장치 부착

시스템별 분류	점검사항 및 대처방안
복구인력	- 복구인원에 대한 숙식제공 방안 검토 - 시스템 복구인원 확보 및 복구 가능한 인원 선정 - 24시간대기(교대 근무)
기타	- 최소한의 시스템으로 서비스가 가능한 것이 무엇인가를 판단할 것. - 종합적인 시스템 점검필요 - 서비스 불가능 상황과 대책을 방송 - 화재발생 시 화재진압 및 화재신고 - 부상자 발생 시 부상자 구조 및 신고 - 여진에 대비하여 장비를 고정

4.6.3 Node가 피해를 입은 경우

Node D, E 부근에서 지진이 발생하여 Node가 피해를 입은 경우, 피해를 입은 Node D, Node E 지역에서는 부분적으로 서비스가 불가능할 수 있다. 이때에는 피해 상황을 파악하고 Node D, Node E 지역에서 서비스가 가능한 포인트를 찾아 계속 서비스를 지속하는 것이 필요하다.

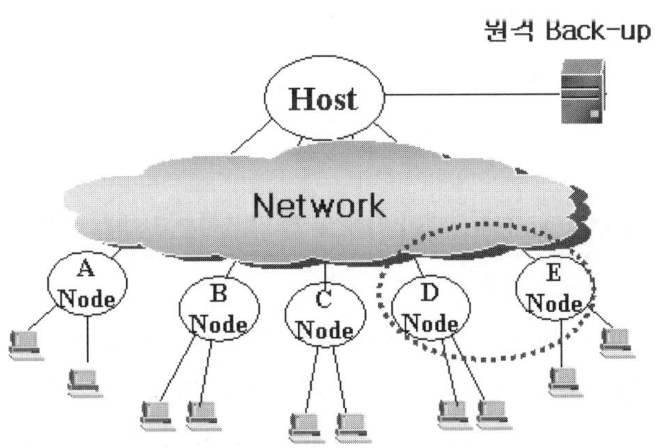

시스템 별 분류	점검사항 및 대처방안
정보시스템	- Main system(Host)에서 원거리에서 떨어진 Node에서 지진이 발생하였으므로 Main system(Host) 내의 시스템은 피해가 없으나 종합적으로 시스템 점검이 필요 - 피해가 발생한 Node D, Node E 지역의 서비스가 불가능 할 수 있음
통신시스템 (Network)	- Node D, Node E 지역의 통신망 피해가 클 것으로 예상 - 통신장비점검, Router, Switch, - 통신장비 손상시 Back- up 장비로 대체 - 예비 회선 확보(회선이중화, 경로이중화) - 회선단선, 불통 등이 발생할 수 있음 - Back- up 물품확보 - RACK 하단에 전도방지장치 부착 - 재해복구를 위한 무선통신망(무전기)확보
시스템 Infra	- Main system(Host)의 전원상태 확인 - Main system(Host)의 UPS 정상상태확인 - Main system(Host)의 비상발전기 : 정상상태 확인 후 충분한 가동연료확보 - Node 주변의 전주(電柱) 붕괴로 인한 정전가능성 있음 - RACK 하단에 전도방지장치 부착 - 전주(電柱) 붕괴로 인한 정전가능성 있음
복구인력	- 복구인원에 대한 숙식제공 방안 검토 - 시스템 복구인원 확보 및 복구 가능한 인원 선정 - 24시간대기(교대 근무) - 해당지역에 시스템 복구인력 지원
기타	- 최소한의 시스템으로 서비스가 가능한 것이 무엇인가를 판단할 것. - 종합적인 시스템 점검필요 - 서비스 불가능 상황과 대책을 방송 - 화재발생 시 화재진압 및 화재신고 - 부상자 발생 시 부상자 구조 및 신고 - 여진에 대비하여 장비를 고정

4.6.4 Main system(Host)과 Node가 동시에 피해를 입은 경우

Main system(Host)과 Node가 동시에 피해를 입은 경우에 Main system(Host) 에서는 중요 데이터를 원격지 백업 시스템으로부터 데이터를 복구하여 시스템을 정상 가동하는 것이 필요하고 Node에서는 Node 주변의 통신회선과 가공(架空) 전주(電柱)의 피해로 정전이나 통신두절이 발생할 수 있으므로 점검이 필요하다. 또한 고객에게 서비스가 가능한 지역을 파악하는 것이 필요하다.

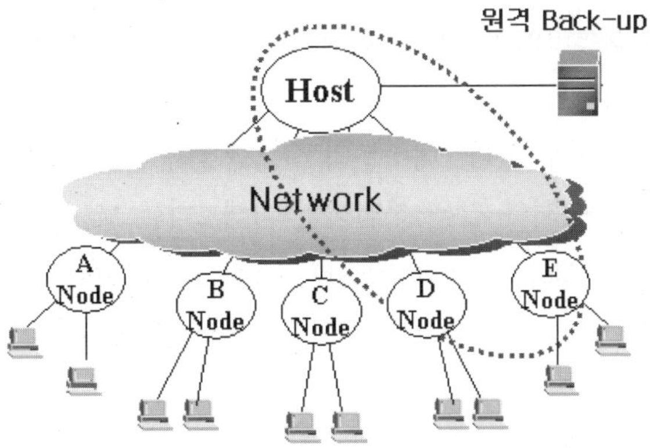

시스템 별 분류	점검사항 및 대처방안
정보시스템	- 손상된 데이터는 원격지 백업으로부터 데이터를 확보 - 데이터의 검증이 확인될 때까지는 서비스 불가능 - Main system(Host)과 인접해 있는 Node D, Node E에서 피해가 클 것으로 예상되므로 시스템과 네트워크의 종합적인 점검이 필요 - Server RACK 하단에 전도방지장치 부착 - 실시간 백업시스템 확보 시에는 최단시간 내에 서비스 개시가 가능
통신시스템 (Network)	- Node D, Node E 지역의 통신망 피해가 클 것으로 예상 - 통신장비, Router, Switch,점검 - 통신장비 손상시 Back- up 장비로 대체 - 예비 회선 확보(회선이중화, 경로이중화) - 회선단선, 불통 등이 발생할 수 있음 - Back- up 물품확보 - RACK 하단에 전도방지장치 부착 - 재해복구를 위한 무선통신망(무전기)확보
시스템 Infra	- Main system(Host)와 Node의 전원확인 - Main system(Host)와 Node의 UPS 정상상태확인 - Main system(Host)와 Node의 비상발전기 정상상태 확인 후 충분한 가동연료확보 - Main system(Host)의 system 피해시 서비스 불가능 - RACK 하단에 전도방지장치 부착 - 전주(電柱) 붕괴로 인한 정전가능성 있음
복구인력	- 복구인원에 대한 숙식제공 방안 검토 - 시스템 복구인원 확보 및 복구 가능한 인원 선정 - 24시간대기(교대 근무) - 해당지역에 시스템 복구인력 지원
기타	- 최소한의 시스템으로 서비스가 가능한 것이 무엇인가를 판단할 것. - 종합적인 시스템 점검필요 - 서비스 불가능 상황과 대책을 방송 - 화재발생 시 화재진압 및 화재신고 - 부상자 발생 시 부상자 구조 및 신고 - 여진에 대비하여 장비를 고정

4.6.5 Main system(Host), Node,원격 백업 장치가 손상을 입은 경우

최악의 상황이라고 할 수 있다. 대부분의 시스템들이 철골구조물이나 콘크리트 구조물에 위치해 있어 건물붕괴와 같은 직접적인 피해보다는 Main system(Host)과 원격 백업간의 통신회선이나 Main system(Host), Node를 연결하는 통신회선에 피해가 발생하여 복구에는 상당한 시일이 필요할 것이고 서비스를 당분간 기대하기는 어려울 것이다.

Main system(Host), Node, 원격 백업시스템 , 시스템, 통신회선, 인프라등 종합적인 점검이 필요하다.

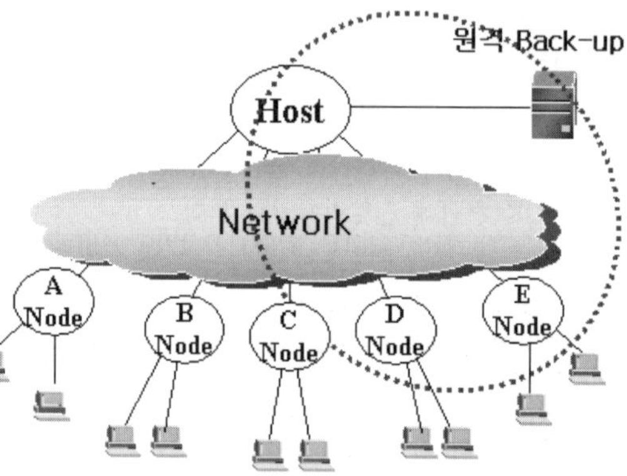

시스템 별 분류	점검사항 및 대처방안
정보시스템	- Main system(Host)에서 손상된 데이터는 원격지 백업으로부터 데이터를 확보 하여 복구. - 데이터의 검증이 확인될 때까지는 서비스가 불가능하므로 완전 복구에는 많은 시간이 소요될 것으로 예상. - Main system(Host)와 인접해 있는 Node D, Node E에서 피해가 클 것으로 예상되므로 시스템과 네트워크의 종합적인 점검이 필요 - Server RACK 하단에 전도방지장치 부착
통신시스템 (Network)	- Node D, Node E 지역의 통신망 피해가 클 것으로 예상 - 통신장비,Router, Switch, - 통신장비 손상 시 Back- up 장비로 대체 - 예비 회선 확보(회선이중화, 경로이중화) - 회선단선, 불통 등이 발생할 수 있음 - Back- up 물품확보 - RACK 하단에 전도방지장치 부착 - 재해복구를 위한 무선통신망(무전기)확보

시스템 별 분류	점검사항 및 대처방안
시스템 Infra	- 전원확인 - UPS : 정상상태확인 - 비상발전기 : 정상상태 확인 후 충분한 가동연료확보 - Main system(Host)의 system 피해 시 서비스 불가능 - RACK 하단에 전도방지장치 부착 - 전주(電柱) 붕괴로 인한 정전가능성 있음
복구인력	- 복구인원에 대한 숙식제공 방안 검토 - 시스템 복구인원 확보 및 복구 가능한 인원 선정 - 24시간대기(교대 근무) - 해당지역에 시스템 복구인력 지원
기타	- 최소한의 시스템으로 서비스가 가능한 것이 무엇인가를 판단할 것. - 종합적인 시스템 점검필요 - 서비스 불가능 상황과 대책을 방송 - 화재발생 시 화재진압 및 화재신고 - 부상자 발생 시 부상자 구조 및 신고 - 여진에 대비하여 장비를 고정

4.6.6 Network가 피해를 입은 경우

Main system(Host)과 Node를 연결하는 네트워크 부분에서 지진이 발생한 경우에, 피해를 최소화하고 생존성을 높이기 위해서는 회선 이중화(Dual- Line), 경로 이중화가 필요하다. 그러나 회선을 이중화 했다고 해서 지진 발생 시 회선불통이 발생하지 않는다는 보장을 하기는 어렵다. 다만 회선 이중화를 통하여 네트워크의 생존성을 향상 시키는 것이다.

경로 이중화는 단순히 회선을 이중화하는 것이 아니라 특정 구간 회선의 전송장치와 경로를 각각 달리하는 것으로서, 하나의 회선에 장애가 발생하더라도 다른 경로의 회선을 통해서 시스템 운영이 가능한 방법으로서 경로 이중화를 손쉽게 구축하기 위해서는 각각 다른 기간통신 사업자의 전용회선을 임대하여 사용하는 것도 하나의 방법으로 제시될 수 있다.

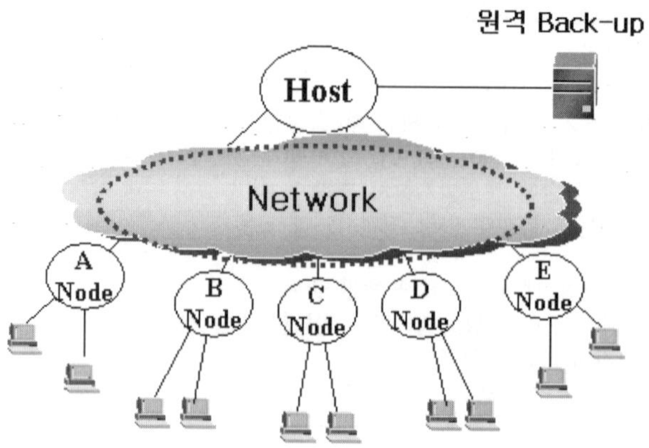

시스템 별 분류	점검사항 및 대처방안
정보시스템	- Network의 안정성이 보장되기 전까지는 서비스 불가능 - Main system (Host) 종합적인 점검
통신시스템 (Network)	- 상대적으로 통신망의 피해가 클 것으로 예상 - 통신장비,Router, Switch,기타 통신설비 점검 - 통신장비 손상 시 Back- up 장비로 대체 - 회선 확보(회선이중화, 경로이중화)) - 회선단선, 불통 등이 발생할 수 있음 - Back- up 물품확보 - RACK 하단에 전도방지장치 부착 - 재해복구를 위한 무선통신망(무전기)확보
시스템 Infra	- 전원확인 - UPS : 정상상태확인 - 비상발전기 : 정상상태 확인 후 충분한 가동연료확보 - Main system (Host)의 피해 시 서비스 불가능 - RACK 하단에 전도방지장치 부착 - 전주(電柱) 붕괴로 인한 정전가능성 있음
복구인력	- 복구인원에 대한 숙식제공 방안 검토 - 시스템 복구인원 확보 및 복구 가능한 인원 선정 - 24시간대기(교대 근무)
기타	- 최소한의 시스템으로 서비스가 가능한 것이 무엇인가를 판단할 것. - 종합적인 시스템 점검필요 - 서비스 불가능 상황과 대책을 방송 - 화재발생 시 화재진압 및 화재신고 - 부상자 발생 시 부상자 구조 및 신고 - 여진에 대비하여 장비를 고정

4.6.7 Network가 부분 적으로 손상을 입은 경우

Network가 부분 적으로 손상을 입은 경우에는, 서비스 측면에서는 Node가 피해를 입은 경우와 비슷한 피해가 발생할 수 있고, Node D, Node E 지역에서는 부분적으로 서비스가 불가능할 수 있다. 기간통신사업자의 임대회선을 사용할 경우에는 복구우선 순위에 따라 복구될 것이므로 Node 주변에 지진이 발생한 경우보다 피해복구 시간이 다소 길어질 수 있다.

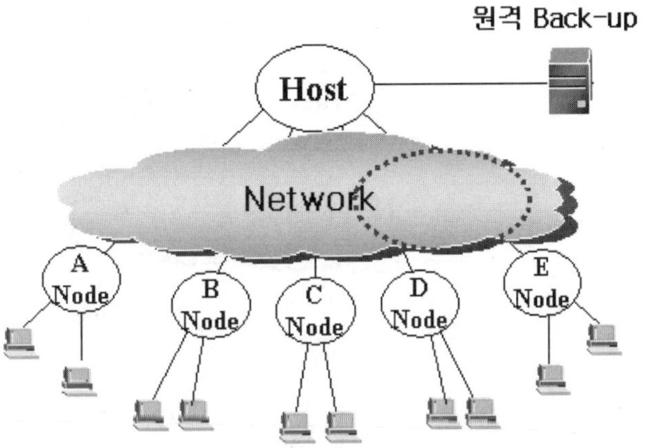

시스템 별 분류	점검사항 및 대처방안
정보시스템	- Node D, E에서 서비스가 불가능 할 것으로 예상
통신시스템 (Network)	- 상대적으로 통신망의 피해가 클 것으로 예상 - 통신장비, Router, Switch, 기타 통신설비 점검 - 통신장비 손상시 Back- up 장비로 대체 - Back- up 물품확보 - RACK 하단에 전도방지장치 부착 - 재해복구를 위한 무선통신망(무전기)확보 - Host와 D, E 노트간의 통신회선을 체크 및 테스트
시스템 Infra	- 전원확인 - UPS : 정상상태확인 - 비상발전기 : 정상상태 확인 후 충분한 가동연료확보 - RACK 하단에 전도방지장치 부착
복구인력	- 복구인원에 대한 숙식제공 방안 검토 - 시스템 복구인원 확보 및 복구 가능한 인원 선정 - 24시간대기(교대 근무) - 해당지역에 시스템 복구인력 지원
기타	- 서비스 불가능 상황과 대책을 방송 - 화재발생 시 화재진압 및 화재신고 - 부상자 발생 시 부상자 구조 및 신고 - 여진에 대비하여 장비를 고정

4.6.8 원격지 백업 장치가 손상을 입은 경우

원격지 백업 시스템에 지진 발생 시 서비스에는 직접적인 영향을 미치지 않으나 서비스 데이터를 백업 받지 못하는 상황이 발생하므로 시스템의 안정성은 매우 불안정하고 할 수 있다. 원격지 백업으로 IDC센터의 상면을 임대하여 활용하는 경우에는, 대부분의 IDC 센터가 철골구조물로 구축되어 있기 때문에 직접적인 지진의 피해는 없을 것이다.

Back-up 설비의 종합적인 점검 후 데이터를 Back-up 한다.

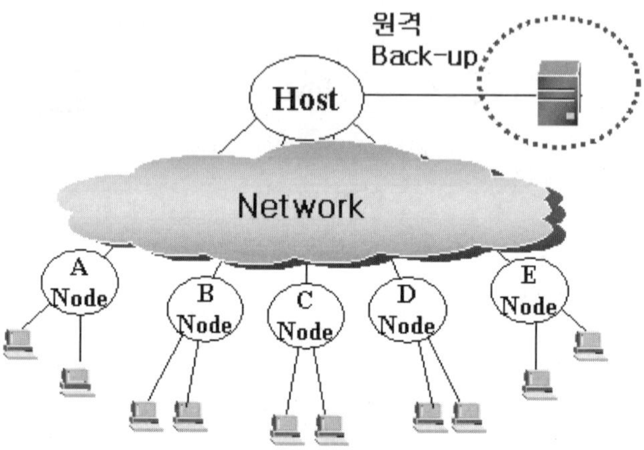

시스템 별 분류	점검사항 및 대처방안
정보시스템	- 정상적인 서비스는 가능하지만 재해발생 이후부터 백업시스템이 정상복구까지의 데이터를 어떻게 보관할 것인가에 대한 대책 수립 - Server RACK 하단에 전도방지장치 부착
통신시스템 (Network)	- Back- up 물품확보 - RACK 하단에 전도방지장치 부착 - 재해복구를 위한 무선통신망(무전기)확보
시스템 Infra	- 매뉴얼에 따라 점검 - RACK 하단에 전도방지장치 부착
복구인력	- 시스템 복구인원 확보 및 복구 가능한 인원 선정 - 24시간대기(교대 근무) - 복구 인원에 대한 숙식제공 방안 검토 - 시스템 복구인력 지원
기타	- 화재발생 시 화재진압 및 화재신고 - 부상자 발생 시 부상자 구조 및 신고 - 여진에 대비하여 장비를 고정

4.6.9 최종 단말 단에서 손상을 입은 경우

고객과의 서비스 접점이 되는 단말단에서 지진의 피해가 발생되는 경우는 지진으로 인하여 주택이 붕괴되고 전주, 통신주등이 붕괴하는 경우이므로 완전복구 까지는 상당한 시간이 소요될 것이다.

또한 단말단에서 지진이 발생하는 경우에는 주택 완전붕괴 및 부분붕괴의 직접적인 피해와 화재 등의 간접적인 피해로 인하여 복구시간이 길어질 수 있다.

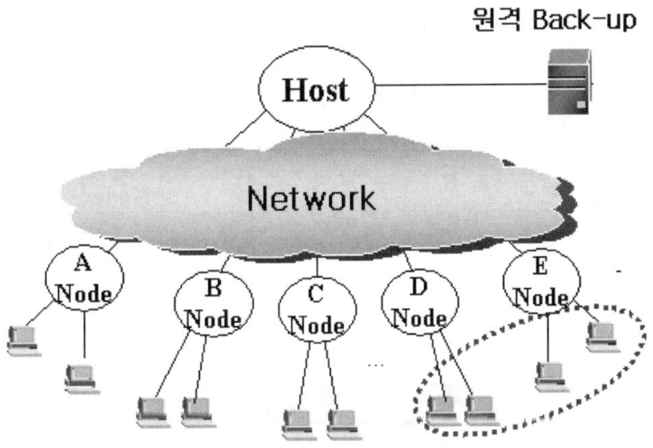

시스템 별 분류	점검사항 및 대처방안
정보시스템	- Node D,E에서 피해가 클 것으로 예상 - 피해지역 복구지원 - Server RACK 하단에 전도방지장치 부착
통신시스템 (Network)	- 가입자구간 통신망의 피해가 클 것으로 예상 - 통신장비,Router, Switch, - 통신장비 손상 시 Back- up 장비로 대체 - Node D,E 지역의 구내 LAN 점검 - Back- up 물품확보 - RACK 하단에 전도방지장치 부착 - 재해복구를 위한 무선통신망(무전기)확보
시스템 Infra	- 전원확인 - UPS : 정상상태확인 - 비상발전기 : 정상상태 확인 후 충분한 가동연료확보 - RACK 하단에 전도방지장치 부착
복구인력	- 시스템 복구인원 확보 및 복구 가능한 인원 선정 - 24시간대기(교대 근무) - D, E 지역에 시스템 복구인력 지원
기타	- 서비스 불가능 상황과 대책을 방송 - 화재발생 시 화재진압 및 화재신고 - 부상자 발생 시 부상자 구조 및 신고 - 여진에 대비하여 장비를 고정

4.6.10 Main system(Host), Node, 백업장치, 단말단, Network가 손상을 입은 경우

Main system(Host), Node, 백업장치, 단말단, Network가 손상을 입은 경우에 해당한다. 위와 같은 지진재해 발생 시에는 지진의 세기에 따라 피해 정도가 다르겠지만 비교적 광범위한 지역에서 지진이 발생한 것이므로 완전복구까지는 상당한 시간이 소요될 것이다.

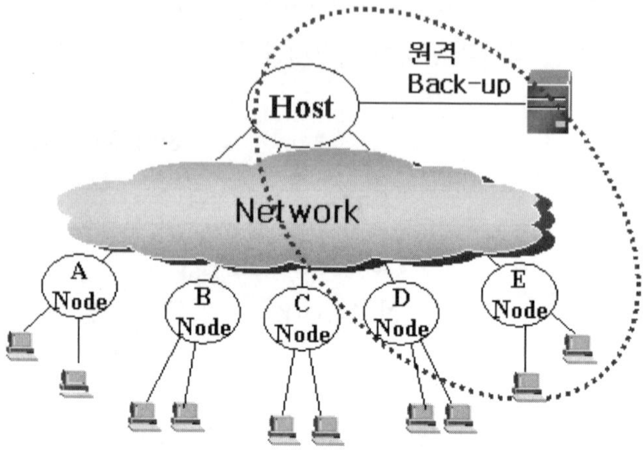

시스템 별 분류	점검사항 및 대처방안
정보시스템	- 손상된 데이터는 원격지 백업으로부터 데이터를 확보 데이터의 검증이 확인될 때까지는 서비스 불가능 - Main system(Host)와 인접해 있는 Node E,F에서 피해가 클 것으로 예상 - Main system(Host) 종합적인 점검 - Server RACK 하단에 전도방지장치 부착
통신시스템 (Network)	- 상대적으로 통신망의 피해가 클 것으로 예상 - 통신장비,Router, Switch, - 통신장비 손상 시 Back- up 장비로 대체 - 구내 LAN 점검 - Back- up 물품확보 - RACK 하단에 전도방지장치 부착 - 재해복구를 위한 무선통신망(무전기)확보
시스템 Infra	- 전원확인 - UPS : 정상상태확인 - 비상발전기 : 정상상태 확인 후 충분한 가동연료확보 - Main system(Host)의 system 피해 시 서비스 불가능 - RACK 하단에 전도방지장치 부착
복구인력	- 복구인원에 대한 숙식제공 방안 검토 - 시스템 복구인원 확보 및 복구 가능한 인원 선정 - 24시간대기(교대 근무) - 해당지역에 시스템 복구인력 지원
기타	- 최소한의 시스템으로 서비스가 가능한 것이 무엇인가를 판단할 것. - 종합적인 시스템 점검필요 - 서비스 불가능 상황과 대책을 방송 - 화재발생 시 화재진압 및 화재신고 - 부상자 발생 시 부상자 구조 및 신고 - 여진에 대비하여 장비를 고정

CHAPTER_05

재난에 의한 정신적 피해와 대책

5.1 재해와 재난의 정의 및 분류

재해와 재난은 자연재해대책법과, 재난관리법에서 다음과 같이 정의하고 있다.

* 재해 : 태풍, 홍수, 폭풍, 해일, 폭설, 가뭄 또는 지진(지진해일 포함), 기타 이에 준하는 자연현상으로 인하여 발생하는 피해를 말한다.

* 재난 : 화재, 붕괴, 폭발, 교통사고, 화생방사고, 환경오염사고 등 국민의 생명과 재산에 피해를 줄 수 있는 사고로서 자연재해가 아닌 것을 말한다.

즉, 자연현상으로 인하여 발생하는 피해를 재해라 하고 인위적인 요인으로 발생한 피해는 재난이라 할 수 있다. 자연현상으로 인해 발생한 피해 중에서도 그 원인이 궁극적으로는 자연현상이 아닌 인위적인 것이라면 그러한 재해는 인위재해(인재)라 하고 차후에, 재난으로 분류되게 된다. 그러나 재해 또는 재난이란 용어는 상당히 다양한 의미로 사용되고 있다.

따라서 재해대책이라는 관점에서 재해와 재난이 위에서 언급한 의미로 해석되고 사용되는 것일 뿐, 상황에 따라 다른 해석이 존재할 수 있다. 재해는 몇 가지 기준에 의하여 아래와 같이 분류할 수 있는데, 이 중 재해발생 원인과 재해발생 과정의 시간적 차이에 의한 재해에 대하여 살펴보기로 한다.

- 재해발생 원인에 의한 분류
- 재해발생 과정의 시간적 차이에 의한 분류
- 재해발생 장소에 의한 분류
- 재해 대상에 의한 분류

- 피해의 직·간접성에 의한 분류

(1) 재해 발생 원인에 의한 분류

재해는 발생 원인에 따라 자연재해(천재)와 인위재해(인재)로 나눌 수 있다.

자연재해는 자연현상에 기인한 것을 말하는데 그 원인과 결과의 다양성으로 인하여 여러 가지로 나눌 수 있으며 자연재해를 크게 분류하면 기상 요인에 의해 발생하는 기상재해와 지진 및 화산 활동으로 인한 지질 재해로 나눌 수 있다. 지질재해는 직접적인 피해를 발생시키기도 하지만, 간접적으로는 기상이변을 초래하여 기상재해도 발생 시킨다. 자연재해는 인위적으로 완전히 근절시킬 수 없는 불가항력적인 요소를 지니고 있다. 그러나 자연재해를 고려한 시설물의 설계 및 시공, 방어 시설물의 구축, 재해발생의 사전 예측에 따른 예방조치, 재해발생 시의 신속한 복구대책 수립 등으로 재해를 최소화할 수 있다.

우리나라에서 발생하는 대부분의 자연재해는 이상(異常) 기상현상이 원인이 되어서 발생하는 기상재해에 해당한다.

〈표〉 자연 재해의 분류

자연재해	기상재해	풍해(風害, Wind damage)/강풍
		수해(水害)/홍수
		설해(雪害)
		해일(海溢)/지진해일(地震海溢)
		뇌해(雷害, Lightning trouble)/천둥
		한해(旱害, Drought disaster)/가뭄
		한해(寒害, Cold injury)/추위로 인한 피해
		냉해(冷害)/일조량부족으로 인한 피해
		상해(霜害, Frost injury)/서리
		병충해
	지질재해	지진
		화산

인위재해란 "인위재해분류"와 같이 인간의 부주의로 발생하는 사고성 재해와 고의적으로 자행되는 범죄성 재해 그리고 산업의 발달에 따라 부수되는 공해 피해 등을 비롯한 여러 가지의 재난을 총칭한다.

인간의 부주의, 기술상의 하자로 인하여 발생하는 재해는 인간의 고의나 과실이 개입되어 발생되는 것으로 교통사고, 위험물 폭발, 원자력 발전소의 방사능 누출사고 등이 있다. 또한 산업발달에 수반되어 필연적으로 겪어야 하는 재해들은 기술과 산업의 발달로 인한 불가피한 것으로 핵발전소, 화학공장의 가동, 농약의 개발과정에서 자연적으로 나타나는 오염과 자연파괴, 생태계 파괴 등이 있다.

재해방지 대책이라는 측면에서 인위재해는 근본적으로 발생자체를 줄이는 대책이 가능하지만, 자연재해는 발생자체를 줄이기에는 현재의 과학기술 수준으로도 어렵기 때문에 이로 인하여 발생하는 피해를 최대한 경감시키는 방향으로 대책이 마련되어야 한다.

〈표〉 인위 재해의 분류

<table>
<tr><td rowspan="11">인위재해</td><td rowspan="3">물리적 재해</td><td>교통사고</td></tr>
<tr><td>기계사고</td></tr>
<tr><td>시설물사고</td></tr>
<tr><td rowspan="2">화학적 재해</td><td>화재사고</td></tr>
<tr><td>폭발사고</td></tr>
<tr><td rowspan="2">오염 재해(汚染)</td><td>대기오염</td></tr>
<tr><td>수질오염</td></tr>
<tr><td rowspan="4">득수 재해</td><td>토질오염</td></tr>
<tr><td>원전사고(原子力發電)</td></tr>
<tr><td>전염병(傳染病, communicable diseases)</td></tr>
<tr><td>소요사태</td></tr>
<tr><td></td><td></td><td>전쟁</td></tr>
</table>

(2) 재해발생 과정의 시간적 차이에 의한 분류

재해발생 과정의 시간적 차이에 따라 급성재해와 만성재해로 나눌 수 있는데,

급성재해란 그 발생과 진행이 상대적으로 빨리 이루어지는 재해로서 폭풍, 홍수, 산불, 지진, 해일(지진해일), 산사태, 위험물질 누출, 폭발 등을 들 수 있다. 만성재해란 그 진행이 느린 재해로서 전염병, 병충해 등의 농작물 피해와 환경파괴 등이 있다.

이 분류의 의미는 재해에 관한 정보의 전달과정과 대응과정의 차이에서 찾을 수 있다. 만성재해는 상대적으로 재해의 정보전달과 대응에 시간적 여유가 많으므로 대응과 피해복구의 사전준비가 크게 요구되지 않으며, 전국적인 또는 전 세계적인 범위에서의 자료의 전달과 교환을 통해 재해방지대책을 수립할 수 있다. 급성재해는 만성재해에 비하여 급격하고 또는 국지적으로 이루어지기 때문에 사전대비 및 재해발생 시 신속한 대처가 필요하다.

5.2 재해와 재난에 따른 정신의학적 피해

〈출처; 재난 피해자의 정신건강 문제에 대한 대책 / 민성길〉

재해와 재난이 발생하면 재해와 재난 발생 당시에는 죽음의 공포에 대한 정신적 충격과 신체적 상해에 대한 고통이 뒤따르게 된다. 이후 신체적 상해의 후유증이나 재산의 손실, 가족과 이웃의 상실 등에 따른 만성적인 정신적 고통이 뒤따른다. 이러한 충격은 재해와 재난 직후 구호활동이 시작될 때부터 시작되어야 한다는 것은 쉽게 이해할 수 있다. 이들을 방치하면 다른 정신신체장애 즉 만성 스트레스에 의한 심장병이나 고혈압 당뇨병 같은 병이 유발할 수 있다. 질병 뿐 아니라 재난의 후유증은 다양하게 발생하며, 이혼, 실직, 사회적 위축 등의 사회적 장애도 나타날 수 있다.

(1) 가벼운 스트레스

세계보건기구(WHO)에서는 재난 피해자를 다음과 같이 크게 나누고 있다. 가벼운 정신적 스트레스를 겪는 집단은 재난 피해 인구의 약 20~40%로서, 이들은 특별한 치료 없이도 서서히 호전될 것으로 본다. 조금 더 심한 스트레스를 겪는 집단은 인구의 30~50%가 해당되는데, 이들에게는 기본적 사회적 도움, 즉 정신사회적 개입이라고 부르는 인도적 상담과 같은 도움이 필요하다.

(2) 정신장애

WHO에 의하면, 재난발생 후 뚜렷한 정신장애를 보이는 사람은 재난피해 인구의 20% 정도에 해당된다고 한다.

평소에도 인구의 10% 정도가 불안증이나 우울증을 앓고 있는데 PTSD(Post Traumatic Stress Disorder : 외상 후 스트레스장애) 시에는 그 비율이 20% 정도로 증가한다고 본다. 심한 정신장애는 정신분열증, 자살에 이르기 까지 하는 우울증, 거의 무능상태에 이르기 까지 하는 불안장애 그리고 술이나 약물에 중독되는 상태 등이다. 심한 정신장애는 평소 인구의 2~3%에 해당되는 장애인데, 재난시 3~4%까지 증가한다. 이들은, 자신은 물론 자녀들을 돌보는 능력이 없어, 특별히 주의와 특별 치료가 필요하다.

(3) 외상 후 스트레스 장애(PTSD / Post Traumatic Stress Disorder)

평상시 인구의 약 1~3%에서 외상 후 스트레스 장애(PTSD)가 발견되지만 재난을 당하면 5~7%까지 증가한다. 재난이 끔찍할수록, 또는 당시의 피해자의 충격 또는 놀램(각성)이 예민할수록 심한 후유증을 앓게 된다. 그 증상은 불안감과 두려움, 긴장감, 가슴 두근거림, 숨이 막히는 기분, 불면증 등이 지속되다가 심해지는 증상이 나타난다. 그리고 재난 장면과 당시의 고통스런 기억이 반복 회상 되고, 재난과 관련된 악몽을 자주 꾸며, 사건이 지금도 일어나고 있는 것 같은 착각에 빠지기도 한다. 따라서 이러한 경험을 억제하려고 하기 때문인지 가끔 정신상태가 멍해지는 등, 불안한 정신 상태를 보이기도 한다. 특히 재난을 회상하게 하는 장면이나 장소, 물건 등을 회피하며, 그 외에도 쉽게 놀라거나 흥분하거나 짜증을 내거나 화를 내는 충동성 등이 나타난다. 여럿이 같이 있다가 혼자 살아남았을 때는 혼자 살아남았음에 대한 죄책감을 느끼기도 하는데 이런 일들을 잊기 위해 술을 마시거나 약물남용으로 빠지기도 한다. 연구에 의하면 1995년 삼풍백화점 붕괴사고 때, 피해 생존자 624명 중, 수면장애(54.2%), 두통(31.8%), 사고를 회상시키는 물건이나 사건 등에 의한 극심한 고통의 느낌(24.2%)이 발견되었다고 한다.

또한 대구 지하철 화재사고 생존자 129명 가운데 86.8%가 정신과적 문제를 앓고 있었는데 이중 64명(49.6%)이 외상 후 스트레스 장애(PTSD)를 겪고 있었고, 특정 진단에는 속하지 않지만 일부 외상 후 스트레스 장애(PTSD) 혹은 불안 증상만 보이는 경우가 34명(26.4%)에 달했다.

이밖에 '적응장애'(9명)를 겪거나 '우울증'(2명), '치매와 섬망 (Delirium : 의식장애와 내적인 흥분의 표현으로 볼 수 있는 운동성 흥분을 나타내는 병적 정신상태) (1명), '비특이적 불안장애'(1명) 등의 정신과적 질환에 시달리는 것으로 파악됐다.

이런 증상은 사건발생 직후 나타나기도 하고 수십 년 후에 갑자기 나타나기도 한다. 그리고 1주일 정도 지나면 회복되기도 하지만 수십 년 이상 지속되기도 한다. 또 일단 회복했다가 수년 후 갑자기 재발할 수 도 있다.

(4) 기타 장애

다른 정신장애가 새로 생길 수 도 있지만, 이전에 있던 이 정신장애가 재발하거나 악화되기도 한다. 즉 충격이 격심할 때는 정신병 상태, 해리장애 (Dissociative Disorder/기억상실증) 등이 나타날 수 있다.

정신병 상태란 착란, 망상, 흥분, 폭력, 환각 등이 나타나는 경우이다. 이러한 급성 정신병 상태 자체는 회복이 용이하다. 그러나 이후 만성적 불안정 상태는 오래 지속될 수 있다. 해리장애는 격심한 공포의 경험을 전부 잊는 상태이다. 즉 사건 자체와 그와 관련된 사건들 모두에 대해 선택적 기억상실을 보인다. 자신의 신분, 가족, 주소 등에 대해 잊는 것이다. 그러나 언어나 장소 같은 것은 대개 기억한다.

충격이 회복되지 않고 오래가면 불안장애, 우울증, 자살 시도, 알코올중독, 약물남용 그리고 심지어 정신병 상태 등 다른 장애가 나타날 수 있다. 이러한 장애가 따로 나타날 수도 있지만, 외상 후 스트레스 장애와 복합되어 나타나기도 한다.

5.3 대책

〈출처; 재난피해자의 정신건강 문제에 대한 대책 / 민성길〉

(1) 일반적 원칙

재난이 일어나면, 상당기간 동안 모든 사람들이 당황하여 구호나 의료 활동이 혼란 상태에서 제대로 이루어지기 어렵게 되고 정신적 문제가 중요한데도 실제로는 신체적 구호나 전염병 예방, 그리고 복구 등에 집중하느라 소홀히 하기 쉽다. 후진국일수록 불안장애나 우울증, PTSD(Post Traumatic Stress Disorder : 외상 후 스트레스장애)같은 정신과적 장애에 대한 이해가 부족하기 때문에 치료시기를 놓치는 수가 많다. 여기에는 정신과에 대한 오해나 편견도 있을 것이다. 최근에는 재난 시, PTSD에만 관심을 집중함으로 다른 정신건강문제, 즉 불안증이나 우울증에 대해서는 간과하기 쉽다는 문제도 지적되고 있다.

이에 대해 WHO는, 지진 또는 지진해일(쓰나미) 발생 시, 다수의 피해자가 발생하여, 여러 종류의 스트레스를 초래하고 나아가 5~10%의 정신장애의 증가를 초래할 것으로 예측하고 있다. 따라서 응급 정신건강 서비스를 시행할 것을 권고하고 있고, 특히 정신장애는 없으나 광범위한 정신적 스트레스를 겪고 있는 집단과, 정신장애가 있으나 미처 정신과 치료를 하지 않고 있는 집단에 대해 관심을 가지라고 권고하고 있다.

이러한 원칙에는 병원 뿐 아니라, 학교, 어린이 기관, 종교기관, 기타 지역 사회 내 여러 공공 기관들 및 각종 인간자원 조직들(지역사회 인사, 지도자, 전통적 치유행위자 들 등)이 포함되어, 의료 활동과 더불어 가족 재결합 프로그램, 재정적 지원 등이 통합된

봉사활동이 수행되어야 한다. 그 이유는 외부에서 들어온 사람들은 피해지역의 기존 사회문화적 상태를 이해하기 어렵기 때문이다.

(2) 정신사회적 치료

정신사회적 치료에는 간단한 위로와 조언에서부터 상담, 정신치료, 정신분석, 인지치료, 행동치료, 최면술 등이 있고 상태가 심하면 입원 치료가 필요하다.

심리적으로 안도시키기, 위로, 조언 등은 급성기에 시행되어야 할 도움으로 이와 같은 급성기에 시행하는 각종 정신사회적 기법들은 위기개입이라는 개념으로 통합되고 있고, 장기적으로는 상담, 정신치료, 인지치료 등으로 이어져야 할 필요가 많다. 이는 전문지식과 훈련으로 무장된 전문가들이 시행하는 치료법이다. 같은 경험을 공유한 사람들과 같이 집단치료, 가족치료 등도 시행한다.

특히 위기개입 기법은 응급 상황시 피해자의 불안, 공포 등을 진정시키고 이어서 인지행동 치료 등을 시행하여 후유증의 악화와 연장을 차단하기 위한 것이다. 여기에는 안심시키기, 이완하기, 재난을 부인하고자 하는 충동을 극복하게 해주기 등이 포함되며, 이어서 교육, 사건을 받아들이기, 대응전략의 발전 등이 진행되도록 한다. 도움이 되는 가족이나 친구를 알아내어 돕도록 만든다. 궁극적으로 환자가 재난과 외상경험을 돌이켜보고 관련된 감정을 제반응(abreaction 감정을 말과 행동으로 표현하게 하는 것)하게 하고, 외상경험을 재구성해 보고, 미래에 대해 계획을 세우도록 하는 것이다.

(3) 재난심리치료사 제도의 도입 검토

우리나라에서는 해마다 태풍, 수해 등의 자연재해로 인한 인명손실이 매년 발생하고 있으나, 정부의 복구체계는 응급 환자의 후송, 이재민 구호, 생활필수품의 제공이나 도로나 제방 복구 등 전반적으로 물리적 복구 지원에 그치는 실정이다. 그러나 이러한 물리적 구호와 함께 병행되어야 할 것이 피해로 입은 유가족과 이재민들에 대한 정신적인 지원이다. 홍수나 지진, 전쟁이나 테러와 같은 재난으로 소중한 생명을 잃은 사람들에 대한 안타까움은 이루 말할 수 없으나 살아남은 사람들의 물리적 피해와 정신적 피해도 크기 마련인데, 이들이 재난현장에서 입은 정신적 고통은 그들만의 힘만으로는 극복하기 어려울 것이다.

최근 우리나라도 첨단장비와 정보통신기술을 이용한 과학방재와 보험제도의 도입 등으로 방재(防災)에 대한 인식을 재정립해 가고 있지만, 아직도 우리나라와 미국 · 영국 등의 방재와 큰 차이점 중의 하나는 재해 피해자들에 대한 체계적인 심리적 치료를 제공하지 못한다는 점이다. 이러한 심리적인 치료는 외과적 치료를 위주로 하는 기존의 응급의료체계와는 차별화되어야 한다.

미국의 경우 우리의 '재난 및 안전관리기본법' 에 해당하는 '스태포드법' (재해구조 및 긴급지원법) 에 의해 국가재난으로 선포된 경우 '재난 카운셀링 및 교육프로그램(CCP)' 에 의거하여 재난현장에 '재난심리치료사(Crisis Counsellor)' 를 파견, 긴급과 일반으로 피해자를 구별하여 체계적인 심리치료를 함으로써 재난에 따른 정신적 피해의 후유증을 최소화하고 있다. 미국은 이를 위해 연방재난관리청(FEMA : Federal Emergency Management Agency)에 재난심리치료사 전담 부서를 설치 · 운용하고 있다.

물론 국내의 경우 응급 외과 처치를 위하여 의무적으로 재해 현장에 파견되어야 하는 응급구조사 조차 충분히 확보되지 못한 현실에서 이러한 심리적 치료는 너무 이르다고 할 수 있으나 선진 방재의 도입에 있어 필수 사항이라 판단된다.

따라서 이와 관련하여 법률안 마련과 더불어 조직과 예산을 확보하고 재난현장에 응급구조사와 재난심리치료사가 함께 파견되도록 지원해야 하며, 재난 심리 치료사의 양성과 지속적인 훈련에 대해서도 검토가 필요한 실정이다.

(4) 약물치료

재해와 재난 직후 급격한 불안, 공포 상태의 환자에게는 응급 약물치료가 크게 도움이 된다. 이런 경우에 사용되는 약물은 항불안제, 항 우울제 등이다. 특히 불면증에 대해 잠을 자게 해주는 약물치료는 가장 우선적으로 돕는 방법이 될 것이다. 그 외에도 자율신경계 조절약물이나 항 경련제등도 사용된다.

항우울제가 우울증 뿐 아니라 불안에도 효과가 있으며, 습관성이 없어 오히려 우선적으로 사용될 수 있다. 최근 나오는 새로운 형태의 항우울제 신약들은 외상 후 스트레스 장애의 과민 상태에도 매우 효과적이다. 장기적 우울증에는 항우울제가 당연히 사용되며 심한 정신병 상태의 경우, 항 정신성 약물이 사용되기도 한다.

(5) 구급대원, 응급구조사들에 대한 대책

재난시 가장 먼저 피해자를 만나는 구급대원이나 응급 구호사들이 피해자들의 정신적 피해에 대한 인식이 부족하다는데 있다. 물론 재난시에 생명 구조와 신체 외상에 대한 대처가 중요하다. 그러나 동시에 그들의 마음을 안정시키는 정신적 도움도 필요하다. 생명의 위급을 느끼는 순간에 가장 먼저 만나는 재난 구호자의 태도, 말씨 등에서 피해자는 위로와 안도를 느낄 수도 있기 때문이다. 그러나 그들의 다급한 목소리와 허둥대는 태도, 보기에도 서툰 대처방식 등은 피해 당사자들에게 또 다른 죽음의 공포를 느끼게 할 수도 있다. 따라서 선진국의 경우 재난시 정신건강 전문가가 반드시 구호 팀에 참여하고 있고 평소 구호 팀에 정신과 치료에 대한 훈련을 받게 한다.

또 다른 문제는 재난지역에서 봉사하고 있는 구급대원, 응급구조사, 자원봉사자가 열악한 상황에서 일하다 보면 지치고 좌절을 느껴 결국 우울증과 같은 현상을 앓게 된다는 것이다. 따라서 이들의 탈진을 예방하는 조치가 전체 구호활동에 포함되어야 하는 것이다.

별첨

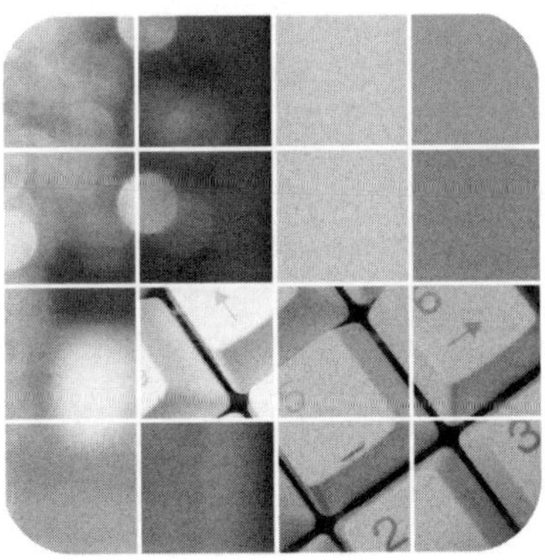

Ⅰ 지진 관련 기관
- 국내관련기관
- 국외관련기관

Ⅱ 지진 관련 법제도

Ⅲ 우리나라에서의 지진발생기록(2002년~2006년)

Ⅳ 시도별 소방본부

Ⅴ 지역별 대피장소(서울)

Ⅵ 용어 설명

Ⅶ 참고 문헌 및 웹사이트

Ⅰ. 지진 관련 기관

〈국내관련기관〉

정부기관

관련기관	홈페이지
건설교통부	www.moct.go.kr
국립지리원	www.ngi.go.kr
국립해양조사원	www.nori.go.kr
기상청	www.kma.go.kr
중앙재해대책본부	www.mogaha.go.kr
해양수산부	www.momaf.go.kr
행정자치부	www.mogaha.go.kr
환경부	www.me.go.kr
소방 방재청	www.nema.go.kr
중앙 119 구조대	www.119.go.kr www.rescue.go.kr

연구기관

관련기관	홈페이지
국립환경연구원	www.nier.go.kr
국토연구원	www.krihs.re.kr
기상연구소	www.metri.re.kr
서울시정개발연구원	www.sdi.re.kr
한국건설기술연구원	www.kict.re.kr
한국지질자원연구원	www.kigam.re.kr
한국환경정책평가연구원	www.kei.re.kr
국립방재 연구소	www.nidp.go.kr
한국지진연구소	www.safc.or.kr

학회

관련기관	홈페이지
대한토목학회	www.ksce.or.kr
한국 도시방재학회	www.kosham.or.kr
한국 수자원학회	www.kwra.or.kr
한국 지반 공학회	www.kgshome.or.kr
한국 지진 공학회	www.eesk.or.kr
한국해안 해양공학	www.kcn.or.kr/kscoe

기타

관련기관	홈페이지
국가지진정보 시스템	www.kmaneis.go.kr
삼성방재연구소	http://rm.samsungfire.com
서울대학교 지진공학연구센터	www.keerc.net

〈외국관련기관〉

미국

관련기관	홈페이지
Federal Emergency Management Agency	www.fema.gov
National Institute of Standards and Technology (NIST)	www.nist.gov
National Science Foundation	www.nsf.gov
EQNET(Earthquake Information Network)	www.eqnet.org
Earthquake news	www.earthquakenews.com
California Office of Emergency Service (OES)	www.oes.ca.gov
California Seismic Safety Commission	www.seismic.ca.gov
New York State Emergency Management Office	www.nysemo.state.ny.us
U.S. Agency for International Development (USAID)	www.info.usaid.gov
Western States Seismic Policy Council (WSSPC)	www.wsspc.org
미국 지진공학회	www.eeri.or
미국 지질 조사소 (USGS)	www.usgs.gov
알래스카 지진해일 경보센터 (ATWC)	www.wcatwc.gov
태평양 지진해일 경보센터 (PTWC)	www.prh.noaa.gov

일본

관련기관	홈페이지
내각부 방재정보	www.bousai.go.jp
일본 토목연구소	www.pwri.go.jp
동경대학 지진연구소 Earthquake Research Institute, University of Tokyo (ERI)	www.eri.u- tokyo.ac.jp
국토지리원 Geography Survey Institute (GSI)	www.gsi.go.jp
철도종합기술연구소 Railway Technical Research Institute (RTRI)	www.rtri.or.jp
동경대학 해양연구소 Ocean Research Institute, University of Tokyo (ORI)	www.ori.u- tokyo.ac.jp
교토대학 방재연구소 Disaster Prevention Research Institute (DPRI)	www.dpri.kyoto- u.ac.jp
지진조사연구 추진본부	www.jisin.go.jp
소방청 재해정보	www.fdma.go.jp
육상자위대(재해파견상황)	www.jda.go.jp
지진예지 연락회	http://cais.gsi.go.jp/YOCHIREN/ccephome.html
지진예지종합연구진흥회	www.adep.or.jp
일본기상청	www.jma.go.jp www.kishou.go.jp
일본기상협회	www.jwa.or.jp
일본 지진공학회	www.jaee.gr.jp

기타

아시아 재난 감소 센터 Asian Disaster Reduction Center	www.adrc.or.jp
유럽 지진공학회	www.ins.itu.edu.tr/eaee/
뉴질랜드 지진공학회	www.nzsee.org.nz/
세계 지진공학회	www.iaee.or.jp/
국제지진센터(ISC)	www.isc.ac.uk

Ⅱ. 지진 관련 법제도

자연재해 대책법

자연재해로부터 국토와 국민의 생명 신체 및 재산을 보호하기 위한 방재 조직 및 방재계획 등 재해예방 재해응급대책 재해복구 기타 재해대책에 관하여 필요한 사항을 규정함을 목적으로 한다.

자연재해 대책법 시행령

자연재해 대책법(이하 "법"이라 한다)에서 위임된 사항과 그 시행에 관하여 필요한 사항을 규정함을 목적으로 한다.

자연재해 대책법 시행규칙

자연재해 대책법(이하 "법"이라 한다) 및 동법시행령(이하 "영"이라 한다)에서 위임된 사항과 그 시행에 관하여 필요한 사항을 규정함을 목적으로 한다.

재난 및 안전관리기본법

국민의 생명 신체 및 재산을 보호하기 위하여 국가 및 지방자치단체의 재난 및 안전관리체계를 확립하고 재난의 예방 대비 대응 복구 그밖에 재난 및 안전관리에 관하여 필요한 사항을 규정함을 목적으로 한다.

재난 및 안전관리기본법시행령

이 령은 재난 및 안전관리기본법에서 위임된 사항과 그 시행에 관하여 필요한 사항을 규정함을 목적으로 한다.

재난 및 안전관리기본법 시행규칙

이 규칙은 재난 및 안전관리기본법 및 동법 시행령에서 위임된 사항과 그 시행에 관하여 필요한 사항을 규정함을 목적으로 한다.

시설물의 안전관리에 관한 특별법

안전관리에 관한 사항을 규정하여 학술의 진보와 산업의 진출을 촉진함으로써 국민 생활의 향상과 복지 증진에 기여하며 방사선에 의한 재해의 방지와 공공의 안정을 도모함을 목적으로 한다.

시설물의 안전관리에 관한 특별법 시행령

건축물의 대지구조 및 설비의 기준과 건축물의 용도 등을 정하여 건축물의 안전기능 및 미관을 향상시킴으로써 공공복리의 증진에 이바지함을 목적으로 한다.

시설물의 안전관리에 관한 특별법 시행규칙

원자력법 및 동법시행령에서 위임한 사항과 그 시행에 관하여 필요한 사항을 규정함을 목적으로 한다.

Ⅲ. 우리나라에서의 지진발생기록(2002년~2006년)

〈표〉 우리나라에서 2002년 발생한 지진기록

연번	발생 일시		발생 위치		규모 M	비 고
	월-일	시:분:초	위도(°N)	경도(°E)		
1	01-04	0:33:22	34.8	127.4	2.3	전남 순천 남서쪽 약 20km 지역
2	01-07	17:10:0	35.4	128.8	3.1	경남 밀양 남남동쪽 약 10km 지역 진도 Ⅱ: 부산, 마산
3	01-08	8:18:31	35.8	128.2	2.8	경북 고령 북서쪽 약 5km 지역
4	01-17	6:28:27	36.2	126.2	2.8	충남 보령 남서쪽 약 35km 해역
5	01-17	20:16:24	35.1	125	2.9	전남 홍도 북북서쪽 약 50km 해역
6	02-03	22:44:8	35	125	2.6	전남 홍도 북북서쪽 약 40km 해역
7	02-07	9:31:16	36.1	129.2	2.4	경북 포항 북서쪽 약 15km 지역
8	02-28	22:26:49	36.7	128.1	2.1	경북 문경 북서쪽 약 15km 지역
9	03-07	23:30:55	36.5	126.6	3.0	충남 홍성 남서쪽 약 15km 지역 진도 Ⅱ: 홍성,보령
10	03-08	2:9:33	35.5	126.1	2.4	전북 고창 서북서쪽 약 55km 해역
11	03-12	20:4:37	34.9	127.4	2.4	전남 순천 남서쪽 약 10km 지역
12	03-17	9:26:32	38.1	124.3	2.3	전남 순천 남서쪽 약 20km 지역
13	03-22	11:28:52	38.3	124.5	3.1	경남 밀양 남남동쪽 약 10km 지역 진도 Ⅱ: 부산, 마산
14	03-25	5:31:6	37.4	129.2	2.4	강원 삼척 지역
15	03-25	18:10:26	37.1	127.2	2.4	경기 용인 남쪽 약 10km 지역
16	04-01	7:46:2	37.3	128.1	2.5	강원 원주 남동쪽 약 15km 지역 진도 Ⅱ : 원주, 횡성
17	04-14	12:29:59	35.1	125	2.4	전남 흑산도 북서쪽 약 60km 해역
18	04-17	7:52:41	40.5	128.5	3.9	함경남도 북청 북동쪽 약 30km 지역
19	05-29	18:22:17	34.7	127.9	2.4	전남 여수 동쪽 약 15km 해역
20	06-07	22:24:15	38.4	125.3	2.8	황해도 남포 남쪽 약 40km 지역
21	06-23	11:12:57	34.7	126.6	2.0	전남 영암 남서쪽 약 15km 지역
22	07-02	1:49:7	35.8	128	2.3	경남 거창 북동쪽 약 15km 지역
23	07-09	4:1:51	35.9	129.6	3.8	경북 포항 남동쪽 약 25km 해역 진도 Ⅲ : 포항 진도 Ⅱ : 울산

〈표〉 우리나라에서 2002년 발생한 지진기록(계속)

연번	발생 일시		발생 위치		규모 M	비 고
	월-일	시:분:초	위도(°N)	경도(°E)		
24	07-12	8:17:37	35.9	129.8	2.1	경북 포항 동남동쪽 약 40km 해역
25	07-17	6:50:26	38	124.4	3.3	인천광역시 백령도 서쪽 약 25km 해역
26	08-06	7:32:39	34.7	127.4	3.0	전남 고흥 북동쪽 약 15km 지역
27	08-06	21:37:58	35.7	127.6	2.5	전북 장수 북동쪽 약 5km 지역
28	08-10	21:47:35	35.1	123.4	4.0	전남 흑산도 서북서쪽 약 195km 해역
29	08-13	16:7:18	35.1	125.2	2.7	전남 흑산도 북북서쪽 약 50km 해역
30	09-15	16:40:0	35.9	129.7	2.5	경북 포항 동남동쪽 약 30km 해역
31	09-16	7:36:7	36.1	128.3	2.8	경북 구미 지역
32	09-19	3:10:13	35.6	125.4	2.9	전남 영광 서북서쪽 약 95km 해역
33	10-04	2:6:31	38.1	126.4	2.4	북한 개성 북서쪽 약 15km 지역
34	10-16	19:48:59	36.6	127.6	2.4	충북 청주 남동쪽 약 10km 지역
35	10-19	21:31:55	36.2	127.6	2.7	충남 금산 북동쪽 약 15km 지역
36	10-20	4:22:8	35.2	127.7	3.0	경남 하동 북북서쪽 약 15km 지역
37	10-23	10:30:54	34.9	128.4	2.8	경남 통영 북서쪽 약 5km 지역 진도 II: 통영
38	10-25	4:6:48	33.9	127.1	2.4	전남 완도 남동쪽 약 55km 해역
39	10-28	11:50:53	35.1	126.6	2.8	전남 나주 북서쪽 약 10km 지역
40	11-06	21:48:7	36.4	127.7	2.5	충북 보은 남서쪽 약 10km 지역
41	11-13	21:46:26	35.8	127.9	2.4	경남 거창 북쪽 약 15km 지역
42	12-05	10:5:46	36.7	126.3	2.0	충남 서산 남서쪽 약 15km 지역
43	12-05	11:1:16	36.7	126.2	2.1	충남 서산 서남서쪽 약 25km 지역
44	12-07	16:43:39	37.4	129.4	2.7	강원 삼척 동쪽 약 20km 해역
45	12-10	7:42:51	38.8	127.2	3.8	강원 철원 북쪽 약 60km 지역 진도 III : 철원 진도 II : 동두천, 안산, 서울
46	12-12	21:42:22	37.1	126.4	2.3	충남 서산 북쪽 약 35km 해역
47	12-16	18:21:37	36.7	130.2	2.4	경북 울진 동남동쪽 약 75km 해역
48	12-17	8:44:55	37.1	126.4	2.1	충남 서산 북쪽 약 35km 해역
49	12-26	23:41:50	36.5	127	2.7	충남 공주 서북서쪽 약 10km 지역 진도II : 부여

출처 : 기상청

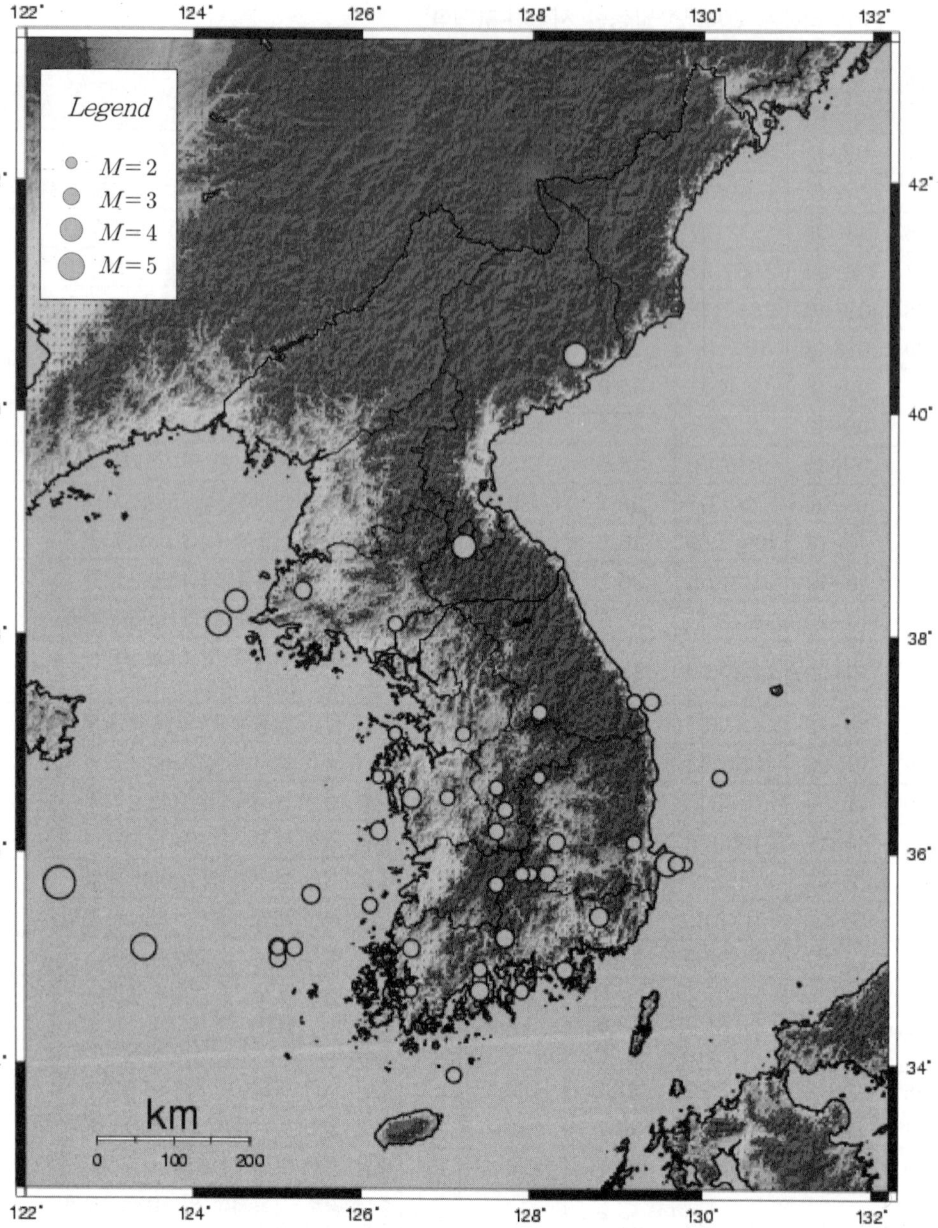

〈그림〉 우리나라에서 2002년 발생한 지진기록

출처 : 기상청

〈표〉 우리나라에서 2003년 발생한 지진기록

연번	발생일시		발생위치		규모 M	비 고
	월-일	시:분:초	위도(°N)	경도(°E)		
1	01-09	17:33:17	37.4	124.2	3.9	인천광역시 백령도 남서쪽 약 60km 해역
2	01-10	7:56:5	35.9	129.2	2.7	경북 경주 북쪽 10km 지역 진도 II: 포항
3	01-13	22:3:25	35.8	129.4	2.8	경북 경주 동쪽 약 20km 지역 진도 II: 경주, 월성
4	01-16	14:2:58	33.6	127.3	2.2	제주 성산포 동북동쪽 약 40km 해역
5	02-08	23:46:33	35.3	126.6	2.9	전남 영광 동쪽 약 10km 지역 진도 II: 함평, 장성, 고창
6	02-09	22:28:45	36	127.9	2.3	경북 김천 남서쪽 약 20km 지역
7	02-14	16:42:43	38	124.5	2.9	인천광역시 백령도 서북서쪽 약 15km 해역
8	03-01	21:7:21	37.6	124.6	2.5	인천광역시 백령도 남쪽 약 40km 해역
9	03-01	23:33:28	35.8	129.3	3.0	경북 경주 남동쪽 약 10km 지역 진도 III : 경주, 진도 II : 울산
10	03-04	12:44:25	38.3	128.6	2.9	강원도 속초 북쪽 약 10km 해역 진도 II : 속초,고성
11	03-10	3:28:3	36.1	128.4	3.1	경북 구미 동쪽 약 10km 지역 진도 III : 구미
12	03-14	4:6:12	36.2	128.7	2.1	경북 의성 남쪽 약 15km 지역
13	03-18	23:5:18	36.5	129.6	2.3	경북 영덕 북동쪽 약 20km 해역
14	03-23	05:38:41	35	124.6	4.9	전남 홍도 북서쪽 약 50km 해역 진도IV : 흑산도, 목포 진도III : 완도, 보성, 순천, 여수, 광주, 나주, 부안, 군산, 고흥, 화순, 진도, 장흥, 해남 진도II : 서울, 인천, 충주, 청주, 안양, 수원, 부천,구리, 예산, 평택, 대전, 전주 진주, 제주, 서산, 천안, 홍성, 부산
15	03-30	20:10:53	37.8	123.7	5.0	인천광역시 백령도 서남서쪽 약 80km 해역 진도IV : 백령도 진도III : 영종도 진도II : 문산, 의정부, 서울, 인천, 수원, 천안, 서산, 대전 진도 I: 군산, 전주, 광주
16	04-01	22:26:38	36.4	127.8	2.1	충북 보은 남동쪽 약 10km 지역
17	04-05	0:25:8	36.2	127.3	2.5	충남 금산 북서쪽 약 20km 지역 진도 II : 금산, 대전
18	04-05	0:31:32	36.2	127.3	2.9	충남 금산 북서쪽 약 20km 지역 진도 II : 금산, 대전
19	04-05	0:56:9	36.2	127.3	2.4	충남 금산 북서쪽 약 20km 지역
20	04-16	2:55:25	36.4	126.3	3.3	충남 안면도 약 10km 해역
21	06-04	3:34:10	35.2	125.2	2.7	전남 흑산도 북북서쪽 약 60km 해역

〈표〉 우리나라에서 2003년 발생한 지진기록(계속)

연번	발생일시		발생위치		규모 M	비 고
	월-일	시:분:초	위도(˚N)	경도(˚E)		
22	06-08	2:7:57	36.5	125.1	2.6	충남 격렬비열도 서남서쪽 약 40km 해역
23	06-09	10:14:4	36	123.6	4.0	전북 군산 서쪽 약 280km 해역
24	06-29	11:53:51	35.7	124.8	2.1	전북 부안 서쪽 약 170km 해역
25	07-05	12:18:28	37.4	125.3	3.0	인천광역시 서쪽 약 120km 해역
26	07-09	15:20:10	34.9	128.2	2.7	경남 사천 동쪽 약 10km 해안
27	07-18	17:5:23	35	124.3	2.9	전남 흑산도 서북서쪽 약 110km 해역
28	07-28	6:12:55	35.1	124.7	2.7	전남 흑산도 북서쪽 약 85km 해역
29	08-07	11:4:20	36.8	129.5	2.7	경북 울진 남남동쪽 약 20km 해역
30	08-12	1:25:56	34.7	130.3	2.6	부산 동남동쪽 약 120km 해역
31	09-19	20:48:28	37.5	124.5	2.9	인천광역시 백령도 남남서쪽 약 50km 해역
32	09-24	3:26:56	35.8	128.5	2.3	대구광역시 남서쪽 약 10km 지역
33	09-25	15:24:17	36	129.6	2.5	경북 포항시 동쪽 약 20km 지역
34	10-04	4:59:22	33.2	126.9	2.3	제주 성산 남쪽 약 20km 해역
35	10-05	5:3:53	36.3	127.3	2.1	대전광역시 서쪽 약10km 지역 진도II:대전
36	10-13	18:12:5	37	126.5	3.6	충남 당진 북서쪽 약 20km 지역 진도 III : 서산, 태안, 당진 진도 II : 인천, 서울
37	10-14	1:44:38	34.1	127.5	2.4	전남 여수시 거문도 북동쪽 약 20km 해역
38	10-17	11:55:57	35.8	129.4	2.0	경북 경주 동쪽 약 20km 지역

출처 : 기상청

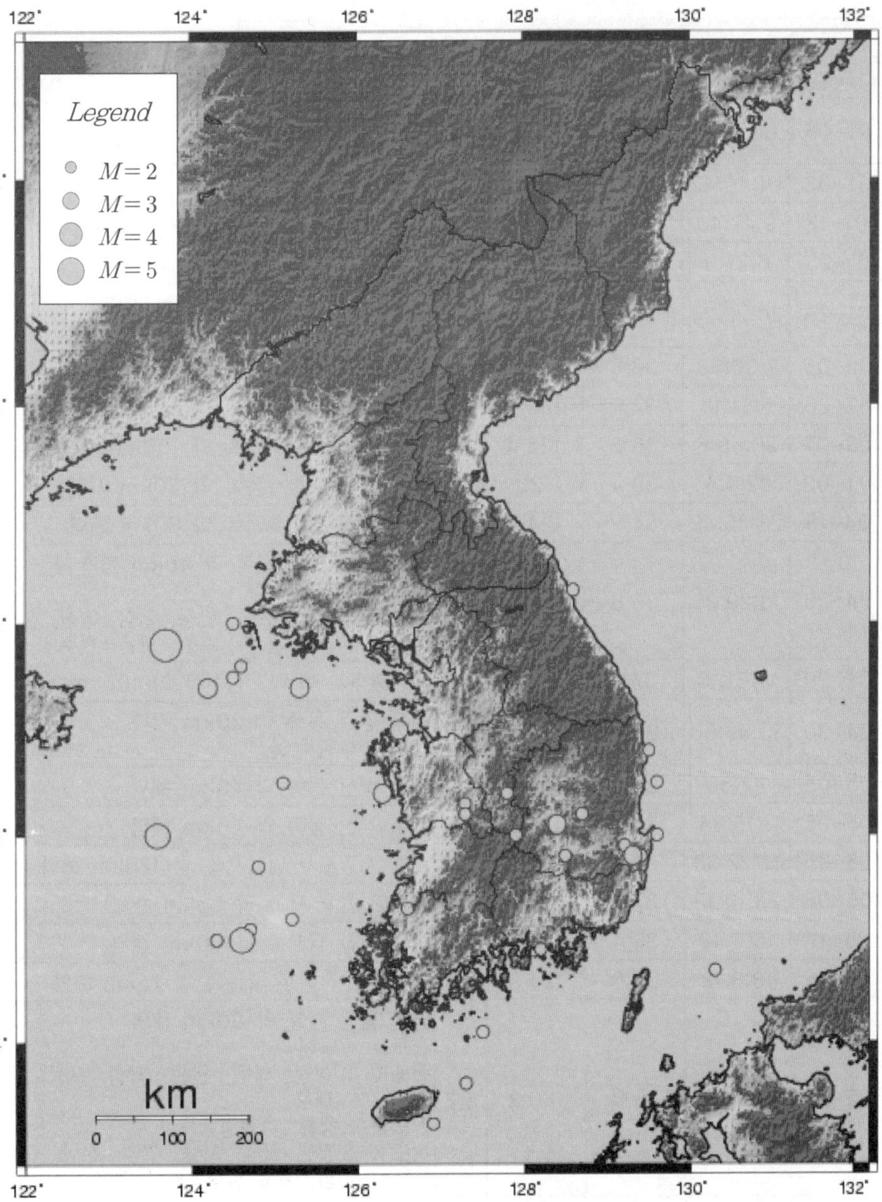

〈그림〉 우리나라에서 2003년 발생한 지진기록

출처 : 기상청

〈표〉 우리나라에서 2004년 발생한 지진기록

연번	발생 일시		발생 위치		규모 M	비 고
	월-일	시:분:초	위도(°N)	경도(°E)		
1	01-05	06:11:51	36.2	127	2.9	충남 논산 서쪽 약 5km 지역 진도 I : 대전
2	01-06	01:49:42	38.7	125.1	3.2	평남 남포 서쪽 약 30km 해역
3	01-17	9:47:40	33.7	125.8	2.9	제주 북서쪽 약 70km 해역
4	01-23	5:27:9	35.4	128	2.0	경남 산청 동쪽 약 10km 지역
5	01-29	20:22:24	35.9	128.5	2.4	대구광역시 북서쪽 약 10km 지역 진도III : 대구
6	02-06	7:30:33	38.6	126.1	2.4	황해도 사리원시 동북동쪽 약 30km 지역
7	02-26	5:51:15	37.2	128.9	2.1	강원 태백 북서쪽 약 10km 지역
8	03-07	20:58:6	35.8	125.4	2.9	전남 영광군 서북서쪽 약 100km 해역
9	04-02	12:4:5	39.4	126	2.9	평남 평양시 북북동쪽 약 50km 지역
10	04-15	23:25:42	34.9	124.6	2.0	전남 흑산도 서북서쪽 약 80km 해역
11	04-26	13:29:25	35.8	128.2	3.9	대구광역시 서남서쪽 약 40km 지역 진도Ⅳ : 대구,구미 진도 Ⅲ : 부산, 포항, 안동, 거창, 의성, 산청 진도 II : 대전, 청주, 수원, 보은, 원주
12	04-29	17:31:13	37.4	123.8	2.9	인천광역시 백령도 남서쪽 약 100km 해역
13	04-30	23:43:56	35.8	129.4	2.8	경북 경주 동쪽 약 20km 지역 진도 II : 경주,울산
14	05-05	1:7:56	33.4	127.3	2.2	제주 성산 동쪽 약 40km 해역
15	05-05	2:15:36	33.4	127.3	2.2	제주 성산 동쪽 약 40km 해역
16	05-05	12:22:33	32.7	126	3.1	제주 서귀포시 남남서쪽 약 120km 해역
17	05-06	23:10:12	37.5	129.9	2.0	강원도 삼척 동쪽 약 65km 해역
18	05-17	15:5:42	36.4	125.9	2.1	충남 서산 남서쪽 약 60km 해역
19	05-25	18:8:12	39.5	124.9	2.7	평안북도 신의주 남동쪽 약 75km 해역
20	05-29	19:14:24	36.8	130.2	5.2	경북 울진 동쪽 약 80km 해역 진도Ⅴ : 울진 진도Ⅳ : 삼척, 태백, 안동, 의성, 포항, 울릉도, 대구 진도 Ⅲ : 강릉, 추풍령, 울산 진도 II : 강원 일부, 서울, 경기, 전남, 전북, 충남, 충북 일부, 경남 일부
21	05-30	4:45:41	36.6	130	2.0	경북 울진 남동쪽 약 70km 해역
22	05-30	21:45:55	37	129.3	2.2	경북 울진 북서쪽 약 10km 지역 진도 I : 울진
23	06-01	20:22:19	37.2	130	3.5	경북 울진 동북동쪽 약 55km 해역 진도 II : 울진 진도 I : 포항, 안동

〈표〉 우리나라에서 2004년 발생한 지진기록(계속)

연번	발생 일시		발생 위치		규모 M	비 고
	월-일	시:분:초	위도(°N)	경도(°E)		
24	06-11	16:25:40	37.3	128.7	2.1	강원 정선 남쪽 약 10km 지역
25	07-13	21:8:52	38.5	126	2.1	황해도 사리원 동쪽 약 20km 지역
26	07-14	13:44:13	33.4	127.2	2.6	제주 성산 동쪽 약 30km 해역
27	07-14	20:37:55	36.4	127.3	2.1	대전광역시 북서쪽 약 10km 지역
28	08-06	5:32:53	35.9	127.4	3.3	전북 전주시 북동쪽 약 15km 지역 진도Ⅲ : 전주, 진안 진도Ⅱ : 장수
29	08-11	4:29:49	33.3	126.2	2.3	제주도 북제주군 한림 남서쪽 약 10km 지역
30	08-13	22:42:4	37.6	126.5	2.7	인천광역시 북서쪽 약 20km 지역 진도Ⅰ : 인천, 김포
31	09-15	7:47:34	37.5	126.9	2.5	경기도 광명시 북동쪽 약 5km 지역 진도Ⅰ : 서울
32	09-24	1:40:20	33.4	127.1	2.5	제주도 성산포 동쪽 약 20km 해역
33	09-27	18:47:34	35.5	128.3	2.5	경남 합천 남동쪽 약 15km 지역
34	10-04	6:24:21	35.5	128.3	2.0	경남 합천 남동쪽 약 15km 지역
35	10-11	19:19:32	38	125.4	2.2	황해도 해주 서쪽 약 30km 지역
36	10-14	3:2:3	33.7	127.3	2.7	제주 성산 북동쪽 약 50km 해역
37	10-20	14:12:35	34.4	125.5	2.7	전남 흑산도 남쪽 약 30km 해역
38	11-05	01:25:46.2	37.1	126.1	2.0	인천광역시 옹진군 덕적도 남서쪽 약 10km 해역
39	11-28	13:15:6.2	37.6	129.5	2.4	강원도 동해시 동북동쪽 약 40 km 해역
40	11-30	13:51:21.7	33.2	125.7	2.5	제주도 모슬포 서쪽 약 50km 해역
41	12-10	19:41:05.6	32.9	125.8	2.3	제주도 서귀포시 남서쪽 약 110km 해역
42	12-12	03:00:9.8	33.6	127.7	2.1	제주도 남제주군 성산포 동북동쪽 약 65km 해역

출처 : 기상청

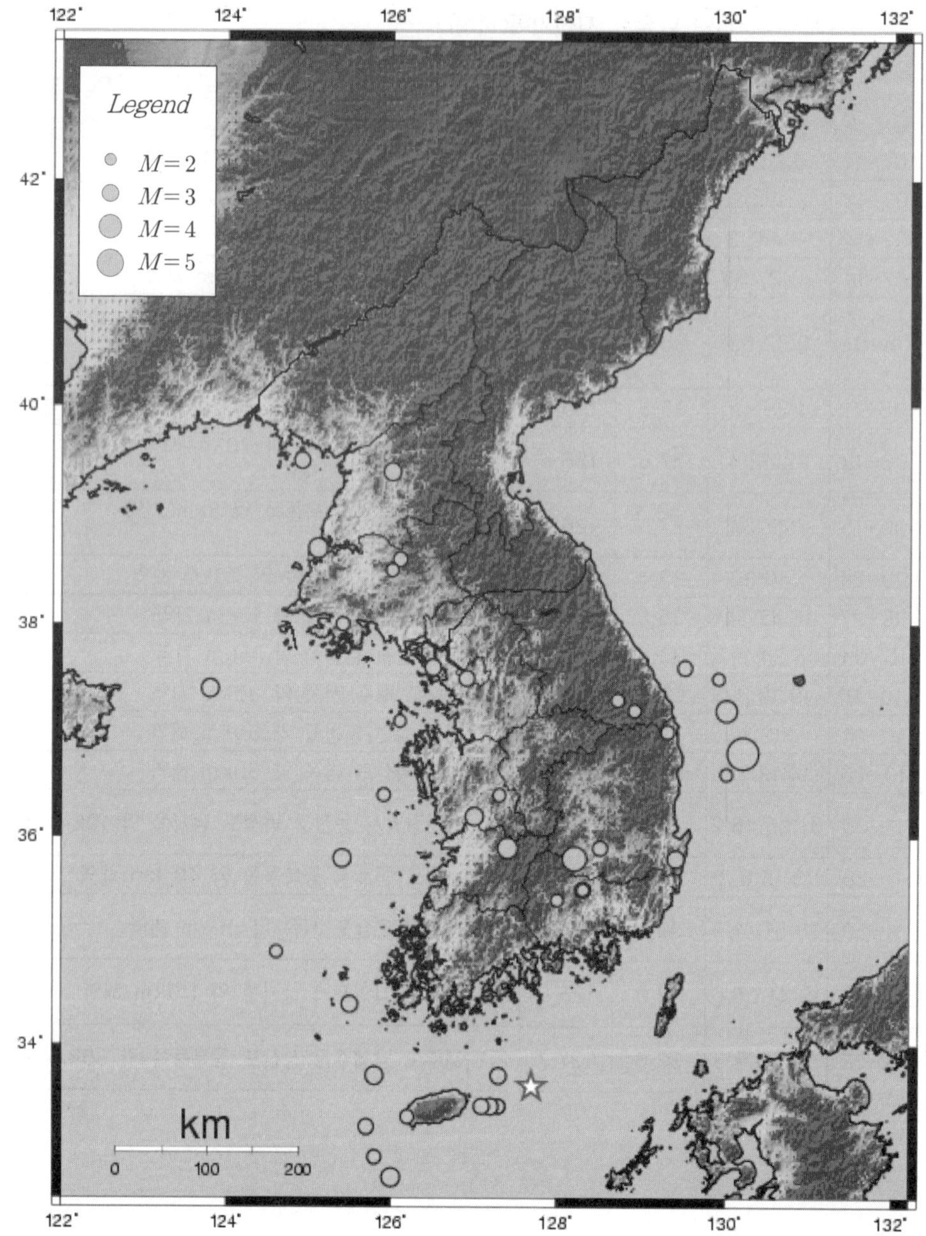

〈그림〉 우리나라에서 2004년 발생한 지진기록

출처 : 기상청

〈표〉 우리나라에서 2005년 발생한 지진기록

연번	발생일시		발생위치		규모	비 고
	월-일	시:분:초	위도(°N)	경도(°E)	M	
1	02-03	07:48:31.3	38.95	130.39	2.4	강원 고성 북동쪽 약 150 km 해역
2	02-05	11:27:27.6	33.49	126.36	2.5	제주시 서쪽 약 10 km 해역
3	02-07	20:16:04.0	36.59	130.02	2.8	경북 영덕 동북동쪽 약 60km 해역
4	02-20	22:18:39.0	35.40	126.22	3.4	전남 영광군 서북서쪽 약 30 km 해역 진도 II : 영광, 고창, 장성, 광주, 나주, 무안 진도 I : 보령, 군산, 여수, 고흥
5	03-12	11:56:48.1	38.82	127.14	2.4	함경남도 원산시 남남서쪽 약 45 km 지역
6	03-17	23:39:52.1	32.47	125.85	3.1	제주도 서귀포시 남남서쪽 약 105 km 해역
7	03-31	19:32:40.5	36.43	125.57	2.2	충남 격렬비열도 남남동쪽 약 20km 해역
8	04-01	00:15:19.6	33.56	126.97	2.4	제주 성산 북북동쪽 약25km 해역
9	04-09	19:13:59.9	37.17	125.41	2.4	인천 덕적도 서쪽 약 60km 해역
10	04-09	23:04:50.6	35.67	130.03	2.4	울산광역시 동쪽 약 70km 해역
11	04-21	12:37:33.6	34.91	125.47	3.0	전남 흑산도 북쪽 약 25km 해역
12	05-01	16:27:08.7	35.04	123.00	3.6	전남 흑산도 서쪽 약 225km 해역
13	05-15	07:22:32.2	38.13	125.60	2.6	황해도 해주 북서쪽 약 15km 지역
14	06-08	00:07:29.4	37.51	124.76	2.5	인천광역시 백령도 남동쪽 약 30km 해역
15	06-10	21:14:36	36.78	128.48	2.5	경북 예천군 북북동쪽 약 9km 지역
16	06-10	12:49:54	36.73	128.48	2.4	경북 예천 북북동쪽 약 6km 지역
17	06-15	07:07:02	33.15	126.14	3.7	제주도 서귀포시 서쪽 약 41km 해역 진도 II: 서귀포, 고산
18	06-15	07:37:47	33.00	126.15	3.0	제주도 서귀포시 서남서쪽 약 48km 해역
19	06-20	15:31:49	38.81	125.57	3.0	평양 남서쪽 약 20km 지역
20	06-29	23:18:05	34.50	129.05	4.0	경남 거제 동남동쪽 약 54km 해역 진도III : 부산, 거제, 통영, 마산, 양산 진도II : 여수, 순천
21	06-30	00:25:04	36.66	129.63	3.1	경북 영덕 동북동쪽 약 35km 해역
22	07-30	03:01:36	34.14	127.47	3.1	전남 고흥군 남남동쪽 약 38km 해역 진도 I : 고흥, 완도, 진주
23	08-24	05:06:26	34.06	126.95	3.5	전남 완도군 동남동쪽 약 31km 해역
24	08-25	19:33:47	36.75	126.30	2.2	충남 태안군 북동쪽 약 2km 지역
25	08-31	12:58:10	37.12	129.70	2.1	경북 울진 동북동쪽 약 35km 해역
26	09-07	17:11:10	37.09	127.86	2.1	충북 음성군 동북동쪽 약 22km 지역
27	10-03	19:18:38	35.62	129.40	2.1	울산광역시 북구 동북동쪽 약 6km 지역
28	10-10	08:51:06	37.93	124.90	3.4	인천광역시 백령도 동쪽 약 25km 해역
29	10-13	11:22:29	36.95	129.43	2.5	경북 울진군 남동쪽 약 4km 해역
30	10-21	12:00:30	37.89	125.01	3.0	인천광역시 백령도 동쪽 약 37km 해역
31	10-23	01:02:45	34.97	127.07	2.5	전남 화순군 동남동쪽 약 11km 지역 진도 II : 화순, 광주
32	11-06	12:52:45	35.98	128.13	2.2	경북 김천시 남남동쪽 약 11km 지역
33	11-15	09:10:49	37.20	128.79	3.0	강원 영월군 동쪽 약 19km 지역 진도 II : 정선, 영월 진도 I : 죽변, 원덕
34	11-27	11:47:04	38.35	123.99	3.1	인천광역시 백령도 서북서쪽 약 80km 해역
35	12-07	18:02:11	36.63	127.77	2.2	충북 보은군 북북동쪽 약 11km 지역
36	12-18	00:00:03	34.64	127.61	2.2	전남 여수시 남남서쪽 약 9km 지역
37	12-25	03:58:48	34.74	127.22	2.4	전남 보성군 동쪽 약 16km 지역

출처 : 기상청

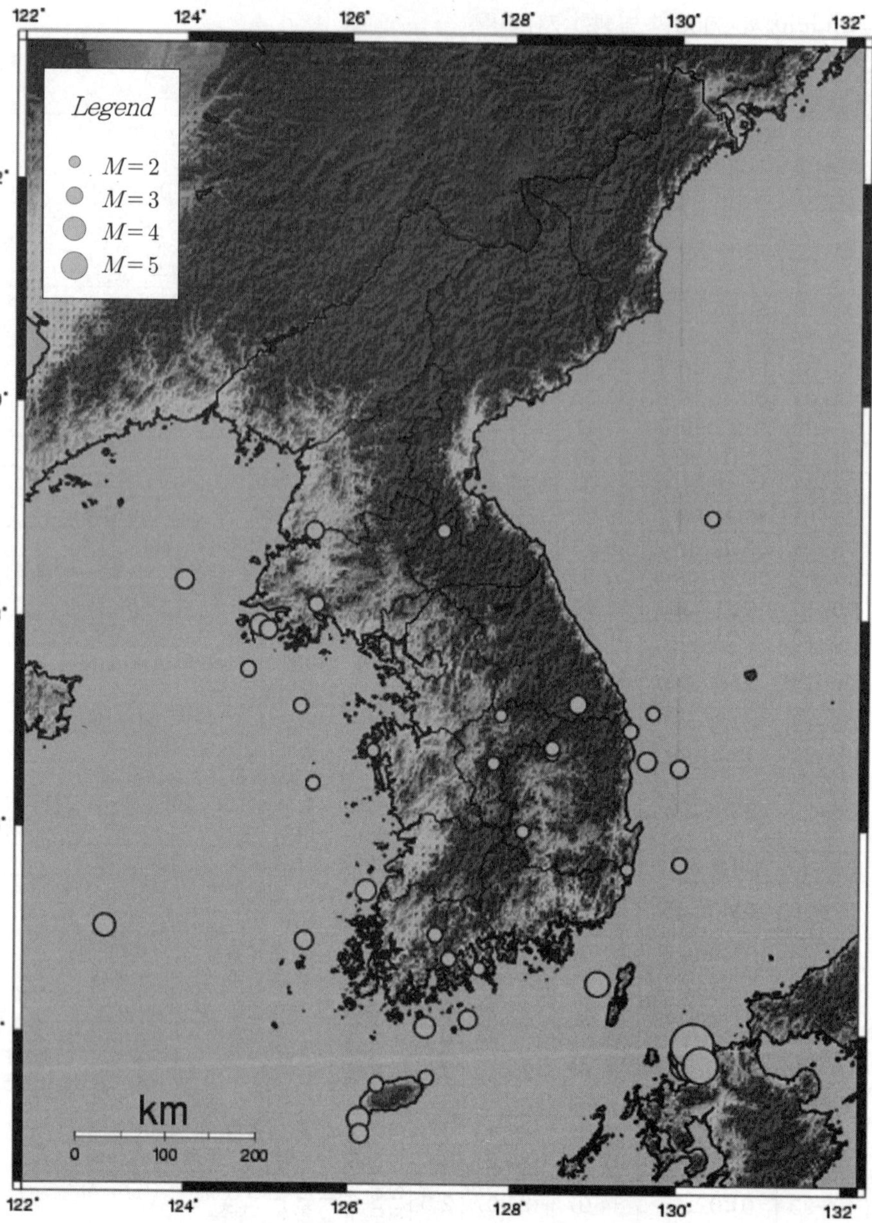

〈그림〉 우리나라에서 2005 년 발생한 지진기록

출처 : 기상청

〈표〉 우리나라에서 2006년 발생한 지진기록

연번	발생일시		발생위치		규모 M	비 고
	월-일	시:분:초	위도(°N)	경도(°E)		
1	01-19	12:35:34	37.21	128.80	3.2	강원 영월군 동쪽 20km 지역 진도 III : 영월, 태백, 정선 진도 II : 동해, 영주
2	01-19	22:53:30	37.19	128.77	2.0	강원 정선군 동남동쪽 14 km 지역 진도 I: 강원 정선, 태백
3	01-21	11:29:49	36.33	127.26	2.1	대전 유성구 서쪽 11km 지역 진도 I : 대전 유성, 계룡
4	02-14	03:32:02	38.67	126.03	3.0	황해도 사리원 동북동쪽 31km 지역
5	02-28	00:11:22	35.81	127.89	2.3	경남 거창군 북북서쪽 약 9km 지역
6	02-28	18:52:38	36.22	127.66	2.3	충북 옥천군 동남동쪽 11 km 지역
7	03-10	05:57:17	33.30	127.15	2.5	제주 남제주군 동쪽 65km해역
8	03-11	04:52:22	37.13	126.00	2.1	충남 태안군 북서쪽 약 42km 해역
9	03-15	04:36:54	38.19	125.94	2.4	황해도 해주 동북동쪽 약 27km 지역
10	03-19	13:59:47	36.34	127.36	2.9	대전 서구 서남서쪽 2km 지역 진도II : 대전, 청주 진도I : 추풍령
11	03-19	14:03:46	36.33	127.34	2.0	대전 유성구 남서쪽 3km 지역
12	03-23	07:42:55	38.32	127.30	2.5	강원도 철원군 북쪽 약 12km 지역
13	03-26	07:54:50	35.66	126.26	2.4	전남 영광군 북서쪽 약 38km 해역
14	04-02	00:04:37	35.38	127.22	2.0	전북 순창군 동쪽 9km 지역
15	04-03	18:14:04	38.68	125.96	3.3	황해도 사리원 동북동쪽 24km지역
16	04-13	01:09:47	34.74	125.01	2.8	전남 신안군 흑산면 서쪽 약 52km 해역
17	04-19	09:49:34	37.05	129.96	3.0	경북 울진군 동쪽 62km 해역
18	04-19	09:35:10	37.07	129.93	2.4	경북 울진군 동쪽 59km 해역
19	04-19	10:57:56	37.10	129.91	2.5	경북 울진군 동쪽 57km 해역
20	04-19	16:01:32	37.10	129.92	2.4	경북 울진군 동쪽 58km 해역
21	04-19	16:18:13	37.01	129.82	2.1	경북 울진군 동쪽 46km 해역
22	04-28	23:47:55	37.09	129.92	3.0	경북 울진군 동쪽 58km 해역
23	04-28	23:54:56	37.12	129.93	2.5	경북 울진군 동쪽 59km 해역
24	04-29	01:01:00	37.07	129.81	2.5	경북 울진군 동쪽 46km 해역
25	04-29	11:01:12	37.09	129.92	3.5	경북 울진군 동쪽 58km 해역
26	04-30	09:50:04	37.05	129.84	2.5	경북 울진군 동쪽 49km 해역
27	05-08	06:59:15	36.22	129.54	2.4	경북 포항시 북구 북동쪽 23km 해역
28	06-01	11:58:01	34.60	128.16	2.4	경남 남해군 동남동쪽 34km 해역

출처 : 기상청

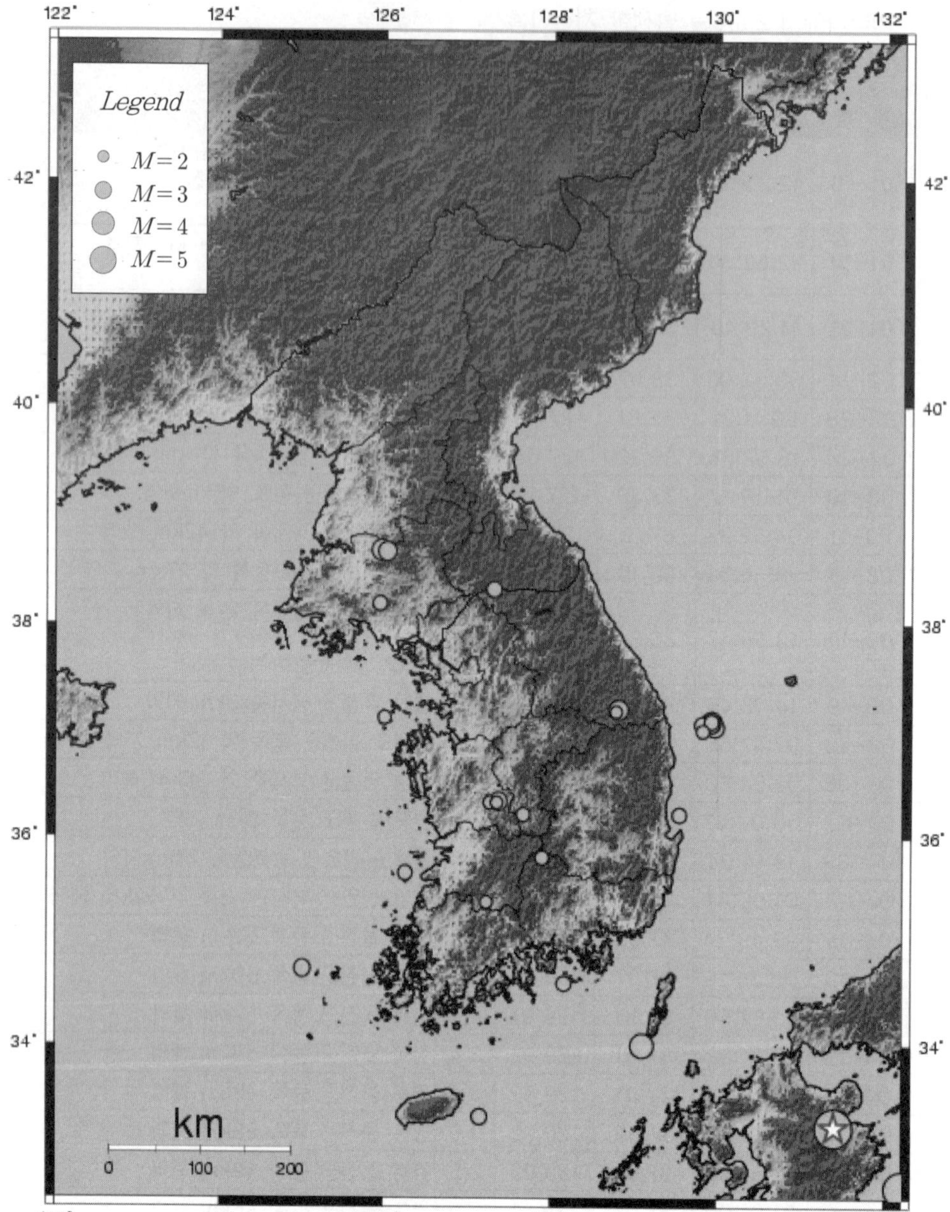

〈그림〉 우리나라에서 2006년 발생한 지진기록

출처 : 기상청

Ⅳ. 시도별 소방본부

2006. 12월 현재

시 도명	소재지/웹사이트	전화번호
서울시 소방본부	서울시 중구 예장동 6- 7 (우100- 250)	02-3706-1314
	http://www.fire.seoul.kr	
부산광역시 소방본부	부산시 연제구 연산9동 243- 24 부산시 소방행정타운(우611- 813)	051-760-3000
	http://busan119.or.kr	
대구광역시 소방본부	대구시 북구 칠성2가302- 142 (우702- 852)	053-350-4000
	http://119.daegu.go.kr/	
인천광역시 소방본부	인천시 남동구 구월동 300- 40 (우405- 221)	032-463-6301
	http://119.incheon.kr/	
광주광역시 소방본부	광주시 서구 내방로 410 (우502- 702)	062-613-8010
	http://fire119.gjcity.net	
대전광역시 소방본부	대전시 서구 둔산1동 1420 (우302- 789)	042-600-5120
	http://www.dj119.go.kr/	
울산광역시 소방본부	울산시 남구 삼산동 1460- 1 (우680- 020)	052-229-4540
	http;//fire.ulsan.go.kr/	
경기 소방본부	경기도 수원시 권선구 권선동 1237 (우441- 390)	031-222-1119
	http;//fire.gyeonggi.kr/	
강원 소방본부	강원도 춘천시 봉의동 15 강원도청 내 (우200- 700)	033-249-5111
	http;//fire.provin.gangwon.kr/	
충북 소방본부	충북 청주시 흥덕구 복대1동 265- 1번지 (우 361- 270)	043-710-7145
	http;//www.cb119.net/	

시도별 소방본부(계속)

시 도명	소재지/웹사이트	전화번호
충남 소방본부	대전시 중구 선화동 287 (우301- 763)	042-220-3711
	http;//www.cn119.go.kr	
전북 소방본부	전북 전주시 완산구 효자동 3가 1번지 (우560- 860)	063-280-3831
	http://www.sobang.jeonbuk.kr/	
전남 소방본부	전남 무안군 삼향면 남악리 1000번지 (우534- 700)	061-286-0900
	http://www.jnsobang.go.kr	
경북 소방본부	대구시 북구 산격동 1445- 3 (우702- 702)	053-950-3911
	http://kb119.go.kr	
경남 소방본부	경남 창원시 사림동1번지 (우 640- 702)	055-211-5382
	http://www.gnfire.go.kr/	
제주 소방본부	제주시 연동 311- 51 (우690- 170)	064-710-3511
	http://www.jeju119.go.kr	

V. 지역별 대피장소(서울)

각 구별로 시민들이 대피할 수 있는 장소〈가나다순〉

출처 : 서울시 재난방재과

강남구

번호	대피장소	위 치	수 용 규 모		비 고 (전화번호)
			면적(㎡)	인원(명)	
1	도산공원	강남구 입구징동 422	29,817	9,040	
2	청담초등학교	강남구 청담1동 142	14,773	4,480	542-3779
3	역삼공원	강남구 역삼동 635	28,519	8,640	
4	선릉 · 정릉공원	강남구 삼성동 131	242,272	73,420	
5	봉원공원	강남구 삼성동 75	75,636	22,920	
6	대현초등학교	강남구 대치3동 969	13,884	4,210	553-6922
7	도곡공원	강남구 도곡동 산31- 1	250,107	75,790	
8	대치공원	강남구 대치동 512	29,817	9,040	
9	포이초등학교	강남구 개포4동 273	13,000	3,940	571-3977
10	왕북초등학교	강남구 수서동 638- 1	17,008	5,150	451-5073

강동구

번호	대피장소	위 치	수 용 규 모		비 고 (전화번호)
			면적(㎡)	인원(명)	
1	명일초등학교	강동구 암사4동 418-18	15,896	4,820	441-5313
2	신암초등학교	강동구 암사2동 517	16,156	4,900	3427-0351
3	천호중학교	강동구 천호1동 38-1	16,424	4,980	470-7975
4	대명초등학교	강동구 명일2동 234	14,768	4,480	481-7871
5	고일초등학교	강동구 상일동 125	14,603	4,430	481-2311
6	고덕초등학교	강동구 고덕2동 158	14,880	4,510	426-2998
7	동서울 상업고등학교	강동구 천호3동 447-17	14,200	4,300	475-4656
8	길동초등학교	강동구 길1동 362	13,226	4,010	475-5592
9	성내초등학교	강동구 성내1동 300-3	10,882	3,300	475-3938
10	선린초등학교	강동구 둔촌2동 91	13,689	4,150	470-9800

강북구

번호	대피장소	위 치	수 용 규 모		비 고 (전화번호)
			면적(㎡)	인원(명)	
1	인수초등학교	강북구 수유6동 551-19	7,060	2,140	902-2002
2	우이초등학교	강북구 수유5동 409	2,565	780	991-7532
3	수유초등학교	강북구 수유1동 55-5	9,970	3,020	989-3734
4	삼양초등학교	강북구 미아2동 791-1932	11,898	3,610	987-8324
5	신일중 · 고등학교	강북구 미아3동 산13	21,103	6,400	989-4151
6	번동중학교	강북구 번2동 231	7,047	2,140	985-3479
7	번동초등학교	강북구 번3동 236	11,650	3,530	987-1864
8	성임여자정보산업 고등학교	강북구 미아8동 327	3,777	1,150	989-8181
9	송중초등학교	강북구 미아9동 94-1	6,879	2,090	985-1923
10	창문여자고등학교	강북구 미아4동 8-16	12,204	3,700	986-1705

강서구

번호	대피장소	위 치	수 용 규 모		비 고 (전화번호)
			면적(㎡)	인원(명)	
1	양천초등학교	강서구 가양동 273	11,622	3,520	3663-0006
2	가양초등학교	강서구 가양동 1484	11,080	3,360	668-2102
3	염창초등학교	강서구 염창동 269	13,836	4,200	3664-0492
4	공항초등학교	강서구 공항동 501	20,583	6,240	664-8003
5	덕원중학교	강서구 내발산동 산59-2	12,113	3,670	662-9644
6	내발산초등학교	강서구 내발산동 707	11,580	3,510	3664-2850
7	등촌초등학교	강서구 등촌동 520-4	12,858	3,900	653-9374
8	화곡초등학교	강서구 화곡동 24-266	14,921	4,520	699-3328
9	화원중학교	강서구 화곡동 144-4	12,080	3,660	695-8441
10	신정초등학교	강서구 화곡동 869-42	20,614	6,250	2602-3940

관악구

번호	대피장소	위 치	수 용 규 모		비 고 (전화번호)
			면적(㎡)	인원(명)	
1	신림고등학교	관악구 신림11동 산197-1	7,511	2,280	866-0085
2	난향초등학교	관악구 신림7동 산105-2	4,900	1,490	839-0291
3	신우초등학교	관악구 신림10동 315	3,300	1,000	874-9816
4	삼성초등학교	관악구 신림9동 233-1	8,250	2,500	877-9329
5	신성초등학교	관악구 신림2동 117	2,900	880	875-7614
6	신관중학교	관악구 신림본동 산168	2,380	720	885-6893
7	구암초등학교	관악구 봉천5동 491-5	3,300	1,000	872-0370
8	청룡초등학교	관악구 봉천4동 175-3	3,307	1,000	871-5988
9	인헌초등학교	관악구 봉천7동 212-3	3,100	940	872-8105
10	사당초등학교	관악구 남현동 1080-1	2,300	700	522-4081

광진구

번호	대피장소	위 치	수 용 규 모		비 고 (전화번호)
			면적(㎡)	인원(명)	
1	용곡초등학교	광진구 중곡4동 176-1	7,155	2,170	456-3485
2	중마초등학교	광진구 중곡1동 190-70	8,549	2,590	466-1009
3	용마초등학교	광진구 중곡2동 135-1	9,079	2,750	3436-4016
4	어린이대공원	광진구 능동 18	415,963	126,050	450-9934
5	광장초등학교	광진구 광장동 389	5,400	1,640	458-0970
6	화양초등학교	광진구 화양동 12-2	3,609	1,090	461-1865
7	신양중학교	광진구 노유2동 57-8	14,449	4,380	461-1066
8	자양중학교	광진구 자양3동 524	7,825	2,370	446-7556
9	성자초등학교	광진구 자양2동 662	2,234	680	452-8696
10	구남초등학교	광진구 구의동 587-52	2,234	2,900	453-8924

구로구

번호	대피장소	위 치	수 용 규 모		비 고 (전화번호)
			면적(㎡)	인원(명)	
1	신도림초등학교	구로구 신도림동 303	16,722	5,070	633-4721
2	구로초등학교	구로구 구로본동 443	20,823	6,310	861-1942
3	구로중학교	구로구 구로6동 113	34,622	10,490	864-4232
4	은일여자정보산업고교	구로구 구로2동 390-42	13,056	3,960	3281-9766
5	구일고등학교	구로구 구로1동 685-194	15,314	4,640	858-2548
6	세곡초등학교	구로구 고척2동 253-129	22,878	6,930	2613-5275
7	오류여자중학교	구로구 개봉본동 143-4	17,522	5,310	2612-6508
8	오류초등학교	구로구 오류1동 15	15,475	4,690	2612-6120
9	오남초등학교	구로구 오류2동 191-1	10,562	3,200	687-4236
10	우신고등학교	구로구 궁동 230	28,227	8,550	684-6237

금천구

번호	대피장소	위 치	수 용 규 모		비 고 (전화번호)
			면적(㎡)	인원(명)	
1	가산초등학교	금천구 독산1동 143	10,560	3,200	864-3206
2	문성초등학교	금천구 독산 본동 982	8,190	2,480	867-1669
3	정심초등학교	금천구 독산4동 182-44	12,804	3,880	856-5188
4	문교초등학교	금천구 독산2동 산202-1	10,389	3,150	896-0144
5	신흥초등학교	금천구 시흥4동 산126-1	8,910	2,700	894-5148
6	금천초등학교	금천구 시흥5동 218-6	9,900	3,000	802-4970
7	시흥초등학교	금천구 시흥본동 841-19	13,000	3,940	892-4127
8	금천고등학교	금천구 시흥3동 산24-4	15,840	4,800	896-3181
9	문일중 · 고등학교	금천구 시흥1동 산50-7	9,360	2,840	803-5163
10	안천초등학교	금천구 독산1동 1090	11,970	3,630	864-3206

노원구

번호	대피장소	위 치	수 용 규 모		비 고 (전화번호)
			면적(㎡)	인원(명)	
1	상계 근린공원	노원구 상계8동 620	30,479	9,240	
2	은수 근린공원	노원구 상계10동 686	17,946	5,440	
3	샛갓봉 근린공원	노원구 중계4동 356	10,656	3,230	
4	노해 근린공원	노원구 중계1동 360-18	34,647	10,500	
5	마들 근린공원	노원구 상계6동 770-2	67,109	20,340	
6	등나무 근린공원	노원구 중계3동 508	23,752	7,200	
7	충숙 근린공원	노원구 하계1동 33	12,623	3,830	
8	인덕대학교	노원구 월계4동 산76	20,000	6,060	950-7000
9	서울산업대학교	노원구 공릉2동 172	15,000	4,550	970-6114
10	솔밭 근린공원	노원구 공릉2동 93-19	10,552	3,200	

도봉구

번호	대피장소	위 치	수 용 규 모		비 고 (전화번호)
			면적(㎡)	인원(명)	
1	누원초등학교	도봉구 도봉2동 22-19	6,555	1,990	955-5163
2	도봉초등학교	도봉구 도봉1동 산75	5,123	1,550	954-2067
3	방학초등학교	도봉구 방학2동 302	14,509	4,400	3492-2227
4	도봉정보산업고등학교	도봉구 방학1동 723	13,168	3,990	3491-7691
5	백운초등학교	도봉구 쌍문1동 422-1	6,555	1,990	992-5139
6	한신초등학교	도봉구 쌍문4동 150-1	3,439	1,040	992-5104
7	창동운동장	도봉구 창4동 1-6	54,000	16,360	
8	초안산 종합운동장	도봉구 창1동 28번지	9,600	2,910	
9	노곡중학교	도봉구 창4동 32번지	5,969	1,810	996-5232
10	신화초등학교	도봉구 창3동 504-33	12,738	3,860	992-9017

동대문구

번호	대피장소	위 치	수 용 규 모		비 고
			면적(㎡)	인원(명)	(전화번호)
1	이문초등학교	동대문구 이문3동 164-26	1,485	450	959-2025
2	이문초등학교	동대문구 청량리2동 206-44	4,290	1,300	968-4705
3	홍파초등학교	동대문구 제기1동 678	5,290	1,600	967-8126
4	성일중학교	동대문구 제기2동 271-41	2,750	830	923-8546
5	신답초등학교	동대문구 답십리3동 463-13	4,774	1,450	2212-1459
6	전농초등학교	동대문구 전농1동 306	8,806	2,670	2244-1883
7	휘경여자고등학교	동대문구 휘경2동 43-7	6,600	2,000	2244-8925
8	배봉초등학교	동대문구 전농3동 3-111	4,800	1,460	2243-6502
9	장평초등학교	동대문구 장안2동 323	8,073	2,450	2245-0366
10	군자초등학교	동대문구 장안1동 239-2	4,612	1,400	2244-0948

동작구

번호	대피장소	위 치	수 용 규 모		비 고
			면적(㎡)	인원(명)	(전화번호)
1	문창초등학교	동작구 신대방1동 639	6,380	1,930	826-2031
2	강현중학교	동작구 상도3동 335-5	8,052	2,440	815-3939
3	영화초등학교	동작구 대방동 산99	6,000	1,820	824-6051
4	노량진초등학교	동작구 노량진1동 237	4,846	1,470	817-1274
5	본동초등학교	동작구 본동 133	5,370	1,630	815-1044
6	강남초등학교	동작구 상도1동 501	8,904	2,700	824-4471
7	은로초등학교	동작구 흑석1동 246	9,887	3,000	824-0309
8	상현중학교	동작구 상도5동 111-52	9,434	2,860	815-5375
9	신남성초등학교	동작구 사당5동 199-1	8,313	2,520	584-7129
10	남사초등학교	동작구 사당1동 1011-1	7,748	2,350	522-0333

마포구

번호	대피장소	위 치	수 용 규 모		비 고
			면적(㎡)	인원(명)	(전화번호)
1	신북초등학교	마포구 중동 43	5,380	1,630	303-6884
2	경성중 · 고등학교	마포구 연남동 369-1	23,420	7,100	3140-1123
3	한강시민공원	마포구 당산철교 ~성산대교간	180,000	54,550	
4	서교초등학교	마포구 서교동 374	14,779	4,480	338-9029
5	홍익초등 · 여중 · 여고 · 대학교	마포구 상수동 72-1	19,200	5,820	320-1114
6	서강대학교	마포구 신수동 1-1	37,450	11,350	705-8114
7	아현초등 · 중 · 산업정보학교	마포구 아현동 1, 2, 4번지	46,776	14,180	313-5845
8	서울여중 · 동도공고	마포구 염리동 128, 150	19,520	5,920	718-4372
9	공덕초등학교	마포구 공덕동 256-4	14,200	4,300	712-0420
10	마포초등학교	마포구 도화동 347-5	5,364	1,630	712-0852

서대문 구

번호	대피장소	위 치	수 용 규 모		비 고 (전화번호)
			면적(㎡)	인원(명)	
1	북가좌초등학교	서대문구 북가좌1동 376-17	4,000	1,210	373-6305
2	서언중학교	서대문구 연희1동 267-1	10,058	3,050	372-4024
3	연세대학교	서대문구 신촌동 134	15,000	4,240	2123-2114
4	이화여자대학교	서대문구 대현동 11-1	10,000	3,030	3277-2114
5	돌산축구장	서대문구 홍은2동 10-36	5,400	1,640	
6	홍제초등학교	서대문구 홍은1동 48	4,958	1,500	3216-3380
7	고은초등학교	서대문구 홍제1동 320	5,034	1,530	396-2653
8	독립문공원	서대문구 현저동 101	30,000	9,030	
9	금화초등 · 동명여중	서대문구 천연동 13, 31	6,200	1,880	364-9264
10	미동초등학교	서대문구 미근동 36	11,543	3,500	364-6524

서초구

번호	대피장소	위 치	수 용 규 모		비 고 (전화번호)
			면적(㎡)	인원(명)	
1	경원중학교	서초구 잠원동 66-1	7,238	2,190	593-1272
2	서초초등학교	서초구 서초4동 1310-6	5,521	1,670	3482-0831
3	반포초등학교	서초구 반포본동 937	7,296	2,210	599-0629
4	잠원초등학교	서초구 반포2동 17	7,642	2,320	534-0194
5	서래초등학교	서초구 방배본동 771	5,755	1,740	595-7511
6	방배초등학교	서초구 방배4동 861-1	7,518	2,280	595-9614
7	방일초등학교	서초구 방배1동 167-4	5,480	1,660	585-2997
8	이수초등학교	서초구 방배2동 468-6	10,000	3,030	584-2150
9	서일초등학교	서초구 서초1동 1436-8	4,642	1,410	598-5014
10	언남중학교	서초구 양재2동 310	6,841	2,070	577-3037

성동구

번호	대피장소	위 치	수 용 규 모		비 고 (전화번호)
			면적 (㎡)	인원 (명)	
1	동명초등학교	성동구 마장동 556	7,800	2,360	2299-5123
2	하왕십리 시장공터	성동구 도선동 69	9,125	2,760	
3	금북초등학교	성동구 금호1가 48-2	5,500	1,670	2299-5303
4	금옥초등학교	성동구 금호4가 1254	5,200	1,580	2297-2267
5	옥정초등학교	성동구 옥수동 233-16	6,050	1,830	2297-4970
6	용답초등학교	성동구 용답동 27	9,100	2,760	2245-2717
7	행당여자중학교	성동구 행당동 66-3	6,000	1,820	2281-9271
8	성수중학교	성동구 성수1가 685-143	6,500	1,970	463-4786
9	경동초등학교	성동구 성수1가 19-2	7,200	2,180	469-2235
10	성수초등학교	성동구 성수2가 277-32	5,500	1,670	466-4504

성북구

번호	대피장소	위 치	수 용 규 모		비 고 (전화번호)
			면적(㎡)	인원(명)	
1	미아초등학교	성북구 길음2동 1168	13,636	4,130	912-4014
2	숭덕초등학교	성북구 정릉2동 173	5,763	1,750	911-1761
3	고명중학교	성북구 돈암동 45-88	12,000	3,640	926-2837
4	삼선중학교	성북구 동소문동1가 140-1	16,113	4,880	742-1147
5	개운산 근린공원	성북구 종암1동	8,000	3,140	
6	숭례초등학교	성북구 종암1동 27	10,375	3,200	927-5611
7	정릉천 고수부지	성북구 종암선경타운~원용산업간	20,000	6,060	
8	숭인초등학교	성북구 월곡1동 87-1	7,090	2,150	943-8002
9	월곡초등학교	성북구 장위2동 246-194	5,487	1,660	941-1761
10	중랑천 고수부지	성북구 월릉교~이화교간	16,000	4,850	

송파구

번호	대피장소	위 치	수 용 규 모		비 고 (전화번호)
			면적(㎡)	인원(명)	
1	신천중학교	송파구 잠실1동 19-4	7,645	2,320	422-1479
2	신천초등학교	송파구 잠실5동 27-8	7,448	2,260	422-0189
3	잠실초등학교	송파구 신천동 20-1	8,180	2,480	420-0983
4	영파여자중학교	송파구 풍납동 501	15,288	4,630	475-3167
5	삼전초등학교	송파구 삼전동 63	8,344	2,530	415-8701
6	송파초등학교	송파구 송파1동 114	7,228	2,190	420-6013
7	문덕초등학교	송파구 장지동 90-3	7,090	2,150	409-9817
8	오주중학교	송파구 오금동 59	6,907	2,090	406-3082
9	창덕여자고등학교	송파구 방이동 89-6	18,690	5,660	401-4922
10	거원초등학교	송파구 거여2동 296-1	9,825	2,980	3401-3906

양천구

번호	대피장소	위 치	수 용 규 모		비 고 (전화번호)
			면적(㎡)	인원(명)	
1	양동중학교	양천구 목3동 600-6	9,081	2,970	2648-3638
2	목마공원	양천구 목6동 910	12,816	3,880	
3	파리공원	양천구 목5동 906	29,619	8,980	
4	오목공원	양천구 목1동 921	21,470	6,510	
5	안양천 체육공원	양천구 안양천 오목교~신정1교간 고수부지	77,137	23,380	
6	양천근린공원	양천구 신정6동 320	33,797	10,240	
7	신트리 공원	양천구 신정1동 310-7	16,409	4,970	
8	양동초등학교	양천구 신정5동 941	7,849	2,380	2602-5101
9	강월초등학교	양천구 신월7동 987-3	10,056	3,050	2605-0501
10	양서중학교	양천구 신월3동 169-4	9,251	2,800	2606-5162

영등포구

번호	대피장소	위 치	수 용 규 모		비 고 (전화번호)
			면적(㎡)	인원(명)	
1	선유도 공원	영등포구 양평2동 95	110,407	33,460	
2	당산공원	영등포구 당산동3가 385	11,154	3,380	
3	문래공원	영등포구 문래동3가 59	23,611	7,160	
4	중마루 공원	영등포구 영등포동2가 222	6,456	1,960	
5	영등포 공원	영등포구 영등포동 582	61,544	18,650	
6	여의도 공원	영등포구 여의도동 2	229,539	69,560	
7	자매공원	영등포구 여의도동 56	16,500	5,000	
8	메낙골 공원	영등포구 신길동 144	51,470	15,600	
9	신길 공원	영등포구 신길5동 342	19,782	6,000	
10	대림운동장 공원	영등포구 대림3동 780	16,498	5,000	

용산구

번호	대피장소	위 치	수 용 규 모		비 고 (전화번호)
			면적(㎡)	인원(명)	
1	숙명여자대학교	용산구 청파동2가 53-12	55,037	16,680	710-9114
2	효창운동장	용산구 효창동 산7-10	24,361	7,380	713-1410
3	선린중 · 고등학교	용산구 청파동3가 13-2	52,533	15,920	713-6211
4	남정초등학교	용산구 원효로2가 54	13,545	4,110	712-8015
5	성심여자고등학교	용산구 산천동 산4-2	16,841	5,100	702-5501
6	용산중 · 고등학교	용산구 용산동2가 1	28,512	8,640	383-3010
7	용암초등학교	용산구 용산동2가 5-1488	10,102	3,060	795-9936
8	단국대학교	용산구 한남동 산8	121,485	36,810	709-2114
9	용산가족공원	용산구 용산6가동	75,900	23,000	792-5661
10	오산중 · 고등학교	용산구 보광동 168	25,023	7,580	795-2070

은평구

번호	대피장소	위 치	수 용 규 모		비 고 (전화번호)
			면적(㎡)	인원(명)	
1	신도초등학교	은평구 진관외동 262	12,223	3,700	359-9043
2	연신중학교	은평구 불광3동 435-9	11,319	3,430	383-7832
3	선정여자중학교	은평구 갈현2동 227-5	19,344	5,860	386-1003
4	동명여자고등학교	은평구 대조동 91-20	15,427	4,680	386-1003
5	예일초등학교	은평구 구산동 8-3	32,353	4,680	3800-777
6	역촌초등학교	은평구 역촌2동 82-1	13,325	4,040	359-2928
7	신진공업고등학교	은평구 응암1동 114-4	17,872	5,420	385-3451
8	은평초등학교	은평구 녹번동 41-2	12,351	3,740	355-2578
9	신사초등학교	은평구 신사2동 98-32	13,506	4,090	373-9356
10	증산초등학교	은평구 증산동 212	11,121	3,370	373-6305

종로구

번호	대피장소	위 치	수 용 규 모		비 고 (전화번호)
			면적(㎡)	인원(명)	
1	세검정초등학교	종로구 신영동 219-4	4,768	1,440	394-5005
2	청운초등학교	종로구 청운동 123	3,498	1,060	735-1924
3	대신고등학교	종로구 행촌동 171	1,797	540	736-0317
4	풍문여자고등학교	종로구 안국동 175-2	13,839	4,190	732-2937
5	재동초등학교	종로구 명륜동3가 53	6,855	2,080	763-1813
6	성균관대학교	종로구 동숭동 199-1	8,000	2,420	760-1113
7	서울사대부속초등학교	종로구 동숭동 199-7	12,143	3,680	762-5253
8	배성여자상업고등학교	종로구 창신동 13-18	16,500	5,000	763-6242
9	효제초등학교	종로구 효제동 255-4	12,912	3,910	742-5760
10	숭신초등학교	종로구 숭인동 242-1	9,707	2,940	2233-3976

중구

번호	대피장소	위 치	수 용 규 모		비 고 (전화번호)
			면적(㎡)	인원(명)	
1	덕수공원	중구 정동 5-1	61,447	18,620	
2	서소문공원	중구 의주로2가 16-2	17,340	5,260	
3	환일중 · 고등학교	중구 만리2가 218	12,560	3,810	392-5183
4	숭의여자대학	중구 예장동 8-3	5,676	1,720	3708-9000
5	남산골한옥마을	중구 필동2가 84-1 일대	61,005	18,490	
6	덕수중학교	중구 인현2가 3	7,710	2,340	2265-9626
7	장충중 · 고등학교	중구 신당동 432-460	12,771	3,870	2233-9990
8	동대문운동장 (야구 · 축구 · 테니스장)	중구 을지로7가 1	24,784	7,510	
9	청구초등학교	중구 신당4동 330-2	11,031	3,340	2252-1866
10	성동고등학교	중구 신당5동 161	6,400	1,940	2237-2413

중랑구

번호	대피장소	위 치	수 용 규 모		비 고 (전화번호)
			면적(㎡)	인원(명)	
1	중랑천 체육공원	중랑구 월릉교~ 이화교간 고수 부지	15,000	4,550	
2	중랑천 체육공원	중랑구 중랑교~ 장안교간 고수 부지	15,000	4,550	
3	태릉중학교	중랑구 묵1동 121-278	23,210	7,030	949-5309
4	상봉초등학교	중랑구 상봉동 312-1	8,519	2,580	432-5237
5	중화초등학교	중랑구 신내2동 531	10,304	3,120	433-1986
6	면목초등학교	중랑구 면목1동 221	10,566	3,200	491-4341
7	혜원여자중학교	중랑구 망우3동 591	27,593	8,360	434-5947
8	망우초등학교	중랑구 망우1동 153-1	5,073	1,540	2209-6327
9	면중초등학교	중랑구 면목3동 491-1	11,489	3,480	434-0386
10	중곡초등학교	중랑구 면목4동 380	8,000	2,420	2209-2545

Ⅵ. 용어 설명

가

가공선로(架空線路 / Aerial line overhead line) : ① 지지물에 가설된 전선과 전선을 지지하는 지지물. ② 전주(電柱), 철탑(鐵塔)등을 지지물로 하여 공중에 가설한 전선로. ③ 배전선을 전주에 의하여 지상에 가설한 선로. 「가공 전선로」(架空 電線路;overhead line)라고도 부른다.

가능 단층 : 역학적으로 갑작스런 이동(미끄럼)이 일어나기 쉬운 단층

가속도계 : 지반의 가속도를 시간의 함수에 따라 측정하는 지진계의 일종

강 지반운동 : 지진원 근처에서 여러 형태의 강한 진폭의 파동이 중첩되어 형성되는 지반의 흔들림.

경사 : 암석층이나 단층면이 수평면에서 벗어난 각도. 이 각도는 주향에 수직한 면으로부터 측정한다.

경사 이동단층 : 지반이 단층면의 경사방향으로만 이동한 단층

고우지 : 부서지고 갈아져서 가루가 되어 진흙으로 변한 암석.

구조 : 지구 내부의 힘에 의한 지구 외각의 대규모 변형.

구조 지진 : 지구의 변형으로 인하여 축적된 에너지가 갑작스럽게 방출되면서 일어나는 지진

국가 재난관리 시스템(NDMS/National Disaster Management System) : 소방방재청과 기상청, 전국 234개 시. 군. 구 종합상황실 간에 실시간으로 재해 예보와 피해 상황, 테러 관련 정보 등을 주고받을 수 있도록 만든 시스템.

군발지진 : 규모가 작고 국지적으로 발생하는 일련의 지진을 말하며, 진원이 매우 얕아서 진원지 부근에 상당한 피해를 준다.

굴절 : 물질의 경계면에서 투사된 파가 원래의 전파방향에서 이탈되는 현상

나

노드(Node) : 교환 회선들의 접합부로서 각종 공중 정보망의 데이터 교환점. X.25에서 이러한 접속점들은 패킷 교환기가 된다. 데이터 통신 시스템 중에서 정보 처리 기능 및 통신 기능을 다하고 있는 기구이며, 망 접속구라고도 한다. 접속점은 데이터의 송신원, 수신처 또는 중계점 중 하나이며, 실제로는 주 컴퓨터, 원격 처리 장치, 단말 장치 등이 접속점에 해당한다. 또 패킷 교환망도 통신 기능을 가지는 접속점으로 생각할 수 있다.

NAS(Network Attached Storage) : 네트워크에 접속하는 데이터 저장장치로 사무실 등에서 멀티미디어 데이터 등 광대한 자료나 파일을 네트워크에 연결해 사용하기 편하게 저장하는 장치를 말한다. 캐드캠이나 웹 파일을 공유하는 형태를 예로 들 수 있다.

다

단층 : 지표의 변위에 의해 생기는 절벽 또는 가파른 경사

단층면 : 단층의 파괴면과 가장 잘 일치하는 면.

데이터 흐름 다이아그램(Data Flow Diagram : DFD) : 구조적 분석을 위한 도구로서 시스템의 구성 요소들 간의 연결 관계를 네트워크로 나타낸 것으로 시스템의 모델화를 쉽게 할 수 있는 그래픽도구

도도부현(都道府縣) : 일본의 행정구역

디스크 어레이(Disk Array) : 한 개 이상의 하드디스크 드라이브기 소프트웨어 혹은 소프트웨어와 하드웨어의 조합을 통해 서로 연결되어 운용되는 것.

Data Ware housing(**데이터 웨어하우징**) : 개방형 시스템 도입으로 흩어져 있는 각종 기업정보를 최종 사용자가 쉽게 활용하거나 신속한 의사결정을 유도하도록 하여 기업 내 흩어져 있는 방대한 양의 데이터에 쉽게 접근하고 이를 활용할 수 있게 하는 기술.

DRM(Digital Rights Management): 디지털 저작권 관리를 의미한다. 콘텐츠 제공자의 권리와 이익을 안전하게 보호하며 불법복제를 막고 사용료 부과와 결제대행 등 콘텐츠의 생성에서 유통·관리까지를 일괄적으로 지원하는 기술과 서비스

DRP(Diaster Recovery plan) / 재난복구계획 / (災難復舊計劃) : 시설의 하드웨어나 소프트웨어상의 재해나 재난발생에 대비하여, 실제 상황이 발생했을 때 취해야 할 행동계획을 미리 준비하는 것.

라

라우터(Router) : LAN을 연결해주는 장치로서 정보에 담긴 수신처 주소를 읽고 가장 적절한 통신경로를 이용하여 다른 통신망으로 전송하는 장치.

라이프 라인(Life Line/안전유도 표시장치) : 각종 대형화재사고에서 법정 피난유도설비(유도등, 조명등)만으로는 화재 시 발생하는 연기 및 정전에 의하여 피난방향을 유도할 수 없음이 증명되어 2004년부터 우리나라 소방방재청과 소방서에서 쓰이기 시작한 새로운 개념의 안전유도표지 방법을 의미한다.

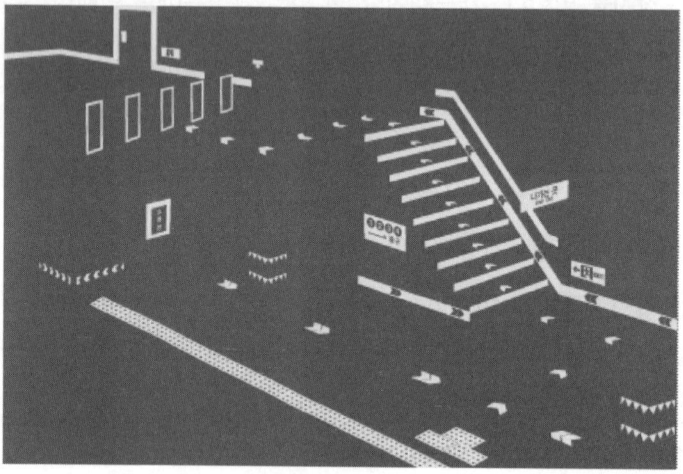

〈그림〉 라이프 라인

라이프라인(Life Line) : 인간이 기본생활을 유지하는데 반드시 필요한 요소를 제공할 수 있는 시스템으로서 통신시설, 상수도시설, 하수도시설, 송전시설, 가스시설, 도로, 철도시설 등이 여기에 포함된다.

러브 파 : 표면파의 일종으로서 파의 진행방향과 수직인 횡파만으로 구성된 지진파

레일리 파 : 파동의 전파방향을 포함하는 수직 평면에서 지반운동을 하는 표면 지진파.

RAID(Redundant Arrays Independent Disk) : 복수의 디스크를 병렬로 처리하여 컴퓨터와의 입출력을 제공하기 위한 디스크 관리 방법으로 RAID-0부터 RAID-5까지 있다. 관리 방법은 ① 복수 디스크에 데이터를 처리하는 미러링/이중화(duplexing), ② 비트/블록 단위로 차례별로 디스크를 처리하는 스트라이핑, ③ 데이터와 별개의 디스크를 처

리하는 패리티, ④ 스트라이핑과 유사한 처리를 하지만 디스크를 이용할 수 없을 때 그 다음 디스크에서 처리하는 스패닝/스캐터링 등이 있다.

마

마그마 : 식어서 화성암을 형성하는 용융된 암석 물질.

모럴해저드 (道德的危險, moral hazard) : 보험계약자 · 피보험자 또는 보험수취인의 부주의 · 고의 등 도덕적 요소에 기인하는 보험사고의 발생률이 증대하거나 손해가 확대될 염려가 있는 위험으로, 모럴 리스크(moral risk)라고도 하며 물적 위험(物的危險:physical hazard)에 대응하는 말이다.

모멘트(지진) : 암석의 강성에 단층의 면적과 미끄러진 길이를 곱하여 얻어지는 양. 지진의 크기를 결정하는 단위.

미러링 : 똑같은 데이터를 2개 또는 그 이상의 하드 디스크에 동시에 기록하고 보존하여, 한쪽의 디스크가 파손되거나 손상(corrupt)되어도 컴퓨터가 데이터의 분실 없이 작업을 계속할 수 있게 하는 처리 방법으로 디스크 미러링(disk mirroring)이라고도 한다.

미진 : 지진계에서만 감지되는 약하고 거의 연속적인 배경 지진파 또는 지진의 잡음. 일반적으로 파도나 인간의 활동에 의하여 일어난다.

밀도 : 물질의 단위 체적 당 질량. 일반적으로 ㎤당 그램으로 나타낸다.

맨틀 : 지각과 핵의 중간에 위치하며 깊이가 약 40km에서 3,470km까지로 지구에서 대부분의 체적을 차지하는 부분. 이는 고밀도의 규산 암으로 구성되며 여러 개의 동심을 갖는 각질로 나누어진다.

메가 쓰나미 : 메가 쓰나미는 파도 물마루에서 다음 파도의 물마루까지가 보통 수백Km나 되는 긴 파장을 갖고 있기 때문에 이런 메가 쓰나미는 해안선에 접근했을 때 더욱 큰 파괴력을 지닌다. 해안선 가까이 얕은 바다에 접근하면 파도 앞쪽은 속도가 줄어들지만 빠른 속도로 좇아온 뒤쪽 파도가 앞쪽 파도를 밀어 올리면서 파도 높이가 높아지게 된다.

메가 쓰나미의 첫 번째 특징은 아주 거대한 물 벽을 만드는 것이고, 두 번째 특징은 그

파장이 길다는 것이다.

아프리카 서부해안에 카나리아 제도(Canary islands)에 속해있는 라팔마(Las Palmas) 섬에서 몇 억 톤 바위의 섬 반쪽이 무너질 위험이 있다고 하는데, 이때 메가 쓰나미가 발생할 것으로 예상된다.

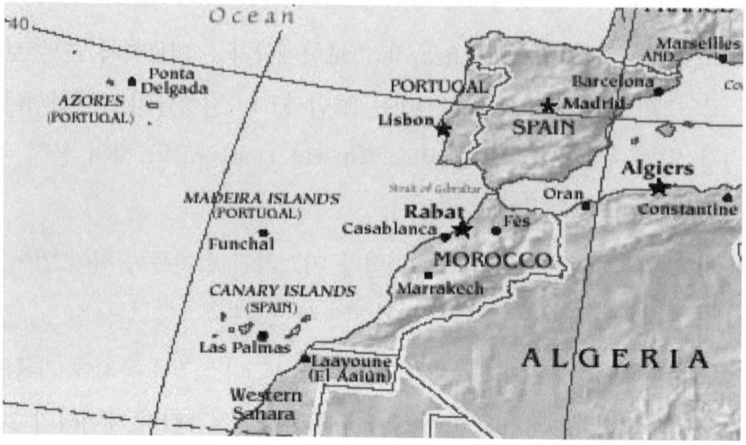

〈그림〉 라팔마(Las Palmas)섬의 위치 (북위 28 ° 46', 서경 17 ° 53')

라팔마 섬에서 생긴 메가 쓰나미가 동쪽 방향으로 갈 경우에는 아프리카가 그 타격을 받을 것이고, 서쪽 방향으로 갈 경우에는 대서양을 가로질러 미국 동부를 강타할 것으로 예상되며, 우리나라로 올 가능성은 매우 희박하다.

Metro Ethernet(메트로 이더넷) : 근거리통신망(LAN) 뿐만 아니라 원거리통신망(WAN) 구간에서 고가의 라우터나 전송장비를 이용하지 않고 기가비트 이더넷 스위치나 고속 이더넷 스위치를 이용해, LAN방식으로 가입자를 연결하는 서비스

바

방화벽(F/W : Fire Wall) : 컴퓨터의 정보 보안을 위해 정보통신망의 불법접근을 차단하는 시스템

백업(Back-up) : 상실되거나 파괴된 데이터의 복원을 돕기도 하고 시스템의 작동을 유지하기 위해 사용되는 절차, 기법 또는 하드웨어에 관한 용어.

변형률(탄성) : 물체 모양의 기하학적 변형. 각도, 길이, 면적, 체적 등의 변화량을 원래의 값으로 나누어 얻는다.

변환 단층 : 중앙해령, 원호형 군도, 원호형 해령 등에서 나타나는 각 오프셋의 끝을 연결하는 주향 이동단층, 각 판들은 서로 변환단층을 따라 미끄러진다.

분산(파동) : 파장에 따른 각각의 속도가 달라 발생하는 파동의 퍼짐 현상

베니오프 존 : 지표로부터 지각 아래 수십 km의 깊은 곳에 진원이 위치한 좁은 지역.

비상통신 (Emergency Communications) : 자연재해 혹은 재난의 발생으로 인하여 국민의 생명과 재산을 보호하기 위한 공공안전, 긴급 구조, 구호 활동 등에 필요한 통신 기술 및 통신서비스로 재해 및 재난 현장 통신, 공공 안전(Public safety)의 유지를 위한 통신, 긴급구조 및 구호활동을 지원하는 통신, 통신서비스의 지속성 보장을 위한 통신 등으로 나뉜다.

비(非) 지진대 : 지진이 거의 일어나지 않는 지역

BCP(Business Continuity Planning) : 비즈니스 연속성 계획의 지속적인 서비스를 보장하기 위한 광범위한 계획

BIA(Business Impact Analysis) : 재해가 비즈니스에 미치는 영향을 분석하는 Process로서, 업무별 복구 우선순위, 데이터 복구 목표 수(RPO(Recovery Point Objective), 복구 목표 시간(RTO(Recovery Time Objective))을 설정

VOD(Video On Demand) : 수눈형 비디오라고도 하며 통신망으로 연결된 컴퓨터 또는 텔레비전(TV)을 통해 원하는 프로그램을 언제든지 받아볼 수 있는 서비스.

VPN(Virtual Private Network/가상사설망) : 인터넷과 같은 공중망(public network)을 사용하여 사설망(private network)을 구축하게 해주는 기술

사

수인성 전염병(水因性傳染病) : 물이나 음식물에 들어 있는 세균에 의해 전염되는 병으로 제1종 전염병으로는 황열, 세균성이질, 두창(천연두), 장티푸스, 발진티푸스, 파라티푸스, 디프테리아, 콜레라, 페스트 등이 있다.

새그(단층) : 주향 이동 단층에서 발견되는 좁은 지질학적 침강대. 이곳에 물이 고이면

새그폰드 라고 불린다.

쓰나미(지진해일) : 바다 밑에서 지진이 일어나면 주위의 바닷물에 큰 압력이 미쳐 해일이 일어나는데, 이를 쓰나미라고 한다. 쓰나미(지진해일)이 바닷가 근처의 얕은 곳에 이르면, 파도의 높이가 30m 이상 올라가기도 한다. 먼 바다에서 지진해일은 보통 800~970km/h의 속도로 움직인다. 지진해일은 크기가 거의 줄어들지 않은 채로 먼 거리를 움직여갈 수 있으므로, 처음 발생한 곳에서 수천 킬로미터 떨어진 바닷가지역이 물에 잠길 수도 있다.

시정촌(市町村) : 일본의 행정구역으로 한국의 시, 군, 면에 해당

시즈오카현 (靜岡縣(정강현), Shizuoka) : 일본 혼슈(本州) 중부에 있는 현으로, 면적은 7,779㎢, 인구는 3,767,333명(2000년 기준)이다. 현 청 소재지는 시즈오카이며, 21시(市) · 49정(町) · 4촌(村)으로 이루어져 있다. 중부지방은 태평양에 접해 있으며 현의 동부는 후지산(富士山:3,776m)의 광대한 비탈면과 스루가 만 및 이즈(伊豆)반도를 포함하는 지역이다.

SAN(Storage Area Network) : 각각 독립적으로 구동되는 하드디스크, 테이프, 광디스크 등의 저장장치를 서버로부터 분리하여 전용 네트워크로 통합하고, LAN 등을 통해 클라이언트와 연결된 서버에 저장된 데이터를 제공하는 방식으로 저장장치만으로 구성된 네트워크

SCSI(Small Computer System Interface) : 컴퓨터에서 주변기기를 접속하기 위한 직렬 표준 인터페이스

Switch : 단위 데이터를 다음 목적지까지 보내기 위해 경로 또는 회선을 선택하는 네트워크 장비이다. 스위치는 루트, 즉 보다 명확히 말하면, 인접한 네트워크 지점 중 어디로 데이터가 보내져야 하는지를 결정할 수 있는 장비인 라우터 기능을 포함할 수도 있다. 일반적으로, 네트워크과, 루트를 어떻게 결정해야 하는지에 관한 지식을 요구하는 라우터보다, 스위치가 훨씬 단순하고 더 빠르게 동작하는 장치이다.

SYNC (동기식 통신방식/ 同期式 / Synchronous Communication) : 컴퓨터 시스템 상호 간이나 컴퓨터와 주변 장치들 간에 2진 데이터를 주고받는 한 방법으로, 수신기와 송신기가 동기화된 상태에서 2진 데이터가 고정된 속도로 전송되는 것. 2400bps 이상의 통신에 주로 사용한다.

아

암권 : 지구에서 연약권 밖의 단단한 외부 각층. 이는 지각, 대륙, 판 등을 포함하고 있다.

여진 : 큰 지진이 있은 다음에 얼마 동안 가끔씩 일어나는 작은 지진.

연약권 : 암권 바로 밑의 지층. 느린 지진파 속도와 높은 파동 감쇠율로 특징 지워진다. 약간 용융된 부드러운 층.

용암 : 지표에 도달한 마그마나 용융된 암석.

우향 이동 단층 : 각 면에서 보았을 때 다른 쪽 블록이 오른쪽으로 이동하는 주향이동 단층

위험도(지진) : 한 지역이 다른 지역보다 지진이 일어날 가능성이 상대적으로 높은 비율. 확률론적인 위험은 주어진 시간간격과 장소에서 지진발생의 가능성을 말한다.

액상화(토양의 액상화) : 지진의 와중에 토양과 모래가 고체라기보다 진한 액체와 같은 행동을 보이는 과정

응력 : 물체에 외력이 작용하였을 때, 그 외력에 저항하여 물체의 형태를 그대로 유지하려고 물체 내에 생기는 내력 (특정 물체에 가해지는 단위 면적 당 힘의 단위)

응력 강하 : 파괴가 일어나는 동안 단층면에서 응력이 갑작스럽게 감소되는 값.

이동 : 단층에서 한 면의 다른 면에 대한 상대적인 운동.

Access Network(접속망) : 가입자들을 기간 통신망에 접속시키기 위해 구성한 통신망. 기존의 전화 및 데이터 서비스는 가입자와 교환기가 직접 연결된 점 대 점의 간단한 구성 형태였으나 전송 매체, 서비스, 전송 방식 등이 다양해지면서 가입자가 서비스 교환기까지 접속하는 방법도 다양해지고 있다. 접속망의 종류는 FTTO(Fiber To The Office), FTTC(Fiber To The Curb), FTTH(Fiber To The Home), HFC(Hybrid Fiber Coaxial Cable ; 광동축 혼합망), HFR(Hybrid Fiber Radio ; 광무선 혼합망 , PON (Passive Optical Network ; 수동 광통신망), WLL(Wireless Local Loop ; 무선 가입자 회선) 등이 있다.

ASYNC (비동기식 통신방식 / 非同期式 / Asynchronous Communication) : 통신을 하는 양쪽 장치가 데이터를 주고받을 때 일정한 속도를 유지하는 것이 아니라, 약정된 신호에 기준하여 동기를 맞추는 통신 방법. 대부분의 원거리 통신은 비동기 통신으로

컴퓨터 본체와 단말기, 전화선을 이용한 원거리 로그인, 모뎀을 이용한 PC 통신 등이 모두 여기에 속하며, 2400bps 이하의 통신에 주로 사용한다.

ATM(Asynchronous Transfer Mode) : 사용자정보를 일정한 크기의 패킷으로 나누어 패킷 헤더 부분에 목적지 정보를 부가하여 고정크기의 셀 형태로 전달한 후 도착지에서 원래의 정보로 환원하는 방식이다. 셀은 53바이트의 고정 셀로 5바이트의 헤더와 48바이트의 정보영역(Information Field)으로 구성된다. 모든 정보를 고정길이 셀로 보냄으로써 고속, 병렬 처리가 가능하고 새로운 Service를 추가하는데 있어 유연성을 제공한다.

셀에 우선순위를 붙여 보낼 수 있어서 다양한 데이터의 전송 서비스에 있어 서비스에 맞는 Quality를 확보할 수 있다.ATM 방식의 전송에서는 음성, 영상, 데이터 등 어떠한 서비스 데이터도 셀 형태로 포장되어 셀 헤더의 정보에 따라 목적지에 전송된다. 셀 헤더의 주소정보는 VC(Virtual Circuit)와 VP(Virtual Path)로 구성되며, 헤더 안에 각각 VCI(Virtual Circuit Identifier)와 VPI(Virtual Path Identifier) 필드에 표현된다.

ERP(Enterprise Resource Planning) : 흔히 '전사적 자원관리'라고 하며, 기업 전체를 경영자원의 효과적 이용이라는 관점에서 통합적으로 관리하고 경영의 효율화를 기하기 위한 수단이다. 정보의 통합을 위해 기업의 모든 자원을 최적으로 관리하자는 개념으로 기업자원관리 혹은 업무 통합관리라고 볼 수 있다.

좁은 의미에서는 통합적인 컴퓨터 데이터베이스를 구축해 회사의 자금, 회계, 구매, 생산, 판매 등 모든 업무의 흐름을 효율적으로 자동 조절해주는 전산 시스템을 뜻하기도 한다. 기업 전반의 업무 프로세스를 통합적으로 관리, 경영 상태를 실시간으로 파악하고 정보를 공유하게 함으로써 빠르고 투명한 업무처리의 실현을 목적으로 한다.

IDC(Internet Data Center) : 인터넷 서비스에 필요한 서버 · 전용회선 · 네트워크 관리 등을 대행해 주는 사업으로 인터넷 서버호텔이라고도 한다.

기업의 입장에서 IDC를 이용할 경우 서버나 회선에 직접 투자하는 것 보다 훨씬 비용이 적게 들고, IDC업체는 서버활동 · 웹 트래픽 · 네트워크 성능 등을 지속적으로 감시하고 신속한 조치를 취할 수 있기 때문에 고품질의 서비스를 받을 수 있다.

IDS(Intrusion Detection System / 침입 탐지 시스템):컴퓨터 시스템의 비정상적인 사용, 오용, 남용 등을 실시간으로 탐지하는 시스템. 침입 차단 시스템만으로 내부 사용자의 불법적인 행동(기밀 유출 등)과 외부 해킹에 대처할 수 없으므로 모든 내 · 외부

정보의 흐름을 실시간으로 차단하기 위해 해커 침입 패턴에 대한 추적과 유해 정보 감시가 필요하다.

MDF(Main Distribution Frame) : 건물의 통신 주 단자함을 가리키는 용어.

① OTP(One Time Password) :일회용 패스워드로서 사용자가 인증을 받고자 할 때 매번 새로운 패스워드를 사용해야 하는 보안 시스템.

② PKI (公開-基盤構造, Public Key Infrastructure): 인터넷 사용자가 보유한 암호를 이용하여 거래자 신원을 확인하는 방식.

③ RS-232C (Recommended Standard-232C) : 컴퓨터와 단말기를 연결하거나 각종 입출력 기기를 물리적으로 연결하기 위한 데이터 통신의 표준규격으로 국제적으로 표준화된 데이터 통신규격 중의 하나이다. 데이터를 직렬 전송 방식으로 전송할 때 통신회선에서 사용하는 전기적인 신호의 특성과 연결 장치의 형상 등 물리적인 규격을 정하고 있다. 일반적으로 추천규격(Recommended Standard)이라 하여 RS-232C라 하지만 공식적인 명칭은 EIA-232-C로서 미국의 EIA(미국전자공업회)가 정한 규격이다.

④ S파 : P파에 이어 두 번째로 도달하는 지진파. 파의 전파방향에 직각인 탄성 진동으로 구성된다. 액체는 통과하지 않는다.

⑤ SSO(Single Sign On) : 하나의 ID로 여러 사이트를 이용할 수 있는 시스템으로 여러 개의 사이트를 운영하는 대기업이나 인터넷 관련 기업이 각각의 회원을 통합 관리할 필요성이 생김에 따라 개발됨.

UPS (Uninterruptible Power Supply System / **무정전 전원장치**) : 정전이 존재하지 않는 전원공급장치.

X.25 : 패킷 문서용의 통신 프로토콜로 DCE(회선 종단 장치)와 DTE(데이터 단말 장치)간의 인터페이스를 규정한 것.

자

전진(前震) : 어느 제한된 지각구조 내에서 일어난 일련의 지진들 중 가장 큰 지진 이전에 발생한 작은 지진들

정단층 : 암석의 상층부가 상대적으로 아래로 이동하는 경사이동단층.

좌향 이동 단층 : 각 면에서 보았을 때 다른 쪽 블록이 왼쪽으로 이동하는 주향이동단층

주기(파동) : 일련의 사인함수에서 마루와 마루 사이의 시간 간격. 사이클 함수에서 주기는 진동수의 역수이다.

주시 곡선 : 먼 거리로부터 도달되는 지진파의 주행시간과 거리의 관계를 나타내는 그래프. 각 지진파의 종류에 따라 곡선 모양이 달라진다.

주 지진 지역 : 지진이 발생할 때 강진동이 일어나고 피해가 가장 심한 지역.

주향 이동단층 : 상대변위가 순전히 수평적으로 이루어진 단층

지각 : 암석으로 구성된 지구의 최 외곽

지속시간 (강한 진동) : 어느 특정한 진폭 이상의 강한 지반운동의 초기와 최종 정점사이의 시간간격.

지진 : 지각의 내부에 자연적으로 일어나는 급격한 변동 및 이것으로 생기는 지각의 탄성(彈性) 파동에 의해, 지각이 동요하는 현상.

지진감지기 : 지진계에서 센서에 해당하는 부분, 보통 매달린 추의 형태로 되어있다.

지진규모 : 지진의 크기를 결정하는 기준. 일반적으로 지진파형의 기록기간 중에서 최대 지반운동에 지반으로부터의 거리에 따른 표준 값을 보정한 후 이에 상용로그를 적용하여 결정한다.

지진기 : 시간 표시 없이 판에다 기록하는 간단한 지진계.

지진계 : 지진파에 의한 지표면의 진동을 시간에 따른 함수로 기록하는 기구.

지진 불연속면 : 지구 내에서 P파 또는 S파 속도가 급격히 변하는 면 또는 얇은 층.

지진파 : 지진이나 폭발 등에 의해 지구에서 전파되는 탄성파.

지진활동 : 시간과 공간에서 나타나는 지진의 발생 양상.

진도 : 인공 구조물의 손실, 지각 표면의 변화, 감지 보고서 등을 통하여 만들어지는 지반 진동의 값.

진앙 : 지진의 진원 바로 위의 지표 지점.

진원 : 지진이 발생된 지점

진원 깊이 : 지표면에서 진원까지의 직선거리.

진폭 : 파동에서 가장 큰 마루의 높이나 골의 깊이

차

초동 : 지진기록에서 P파의 도착 시작 방향. 일반적으로 위 쪽 방향 움직임은 압축을 나타내며, 아래 쪽 움직임은 팽창을 나타낸다.

측지계 : 지구 표면에서 두 점간의 거리를 측정하는 연구기구.

침강대 : 해구로부터 멀어지며 점차 아래로 하강하는 해양 판. 이곳에서 보통 베니오프대를 구성하는 중발 및 심발지진들이 일어난다.

카

크립 : 단층에 따른 이동이 느리게 일어나서 지진을 일으키지 않은 것.

타

탄성 반발설 : 지진의 발생 원인을 설명하는 이론으로 단층 내에서 변형에너지가 주위의 암석에 축적되다가 갑자기 이동이 일어나며 이 에너지를 발산한다는 설.

통신재난 (Telecommunications Disaster) : 자연재해, 인위재난, 통신설비의 장애 등으로 인하여 네트워크 장애, 서비스 장애 등 통신에 장애가 발생한 경우

Telco 사업자 : 기간통신사업자(Telecommunication Corporation)

파

파장 : 하나의 파동에서 마루와 마루 사이 또는 골과 골 사이의 거리.

판 : 거대하고 비교적 단단한 암권의 조각들이 지구 위를 떠다니며 다른 판들에 대해 상대적으로 움직이는 것. 판들은 수렴대에서 서로 만나며 발산대에서는 서로 분리된다.

판구조론 : 판의 움직임과 상호작용에 대한 이론. 지진, 화산과 조산과정 등을 지표의

수평운동으로 설명하려는 시도에서 만들어졌다.

팡게아 (초대륙 : 超大陸) : 1915년 A.베게너가 대륙이동설(大陸移動說)을 제창하였을 때, 제안한 가상의 원시대륙으로 현재의 대륙이 고생대(古生代) 말기까지는 하나로 뭉쳐 거대한 단일 대륙을 이루었던 것으로 상정하여 부른 이름이다. Pan은 범(汎), gaia는 대지(大地)라는 뜻으로 '지구 전체' 라는 의미의 그리스어에서 유래한다.

포스 메쥬레(Force Majeure) : 이것은 본래 보험용어로, 불가항력(不可抗力)이라고 할 수 있다. 천재지변 · 전쟁내란등과 같이 사람의 힘으로는 어찌할 수 없는 힘이나 사태를 말한다.

표면파 : 지구의 표면만을 따라서 전파하는 지진파로 속도는 S파보다 느리다. 레일리파와 러브파 두 종류가 있다.

팽창 : 탄성 및 비탄성의 변화에 의한 암석 체적의 변화

Frame Relay : 프레임릴레이 기존의 X.25의 패킷전송 기술을 고속 데이터통신에 적합하도록 개선한 통신기술이다. 패킷통신의 효율성과 전용회선이 지닌 고속전송의 특성을 결합한 것으로, 광대역 종합정보통신망인 ATM의 전단계로 평가된다.

P파 : 지진이 발생했을 때 암석을 통하여 가장 빨리 도달하는 파. 물질의 압축과 팽창의 연속으로 이루어진다.

PBX (Private Branch eXchange /사설교환기) : 회사에서 사용되는 일정수의 외부전화회선을 모든 직원이 공유하고, 내선에 연결되어 있는 내부 사용자들 간에 전화를 자동으로 연결해주기 위한 전화교환 시스템.

PCM (Pulse Code Modulation) : 아날로그 신호를 디지털 신호로 변조하여 전송하는 방식. 지금까지 레이더와 함께 가장 발전된 형태의 다중 통신수단의 하나이다. 이것을 방송이나 녹음에 응용하면 잡음에 강한 고품질의 정보전송이 가능하다. 음성신호나 영상신호 등 전기 신호로서의 정보는 일반적으로 시간에 대해서 전압이나 전류가 변화하는 아날로그 신호로서 전송이나 처리를 하고 있다.

하

한신(고베)대지진 : 1995년 1월 17일 일본 간사이(關西) 지방 효고현(兵庫縣) 남부의 고

베시 지역에 발생한 일본의 지진관측사상 최대의 파괴력을 지닌 대지진으로 진도 7.2의 강진이 발생하였다. 도쿄대학교 산업과학연구소는 이 지진이 남북으로 초당 최고 89.3cm, 동서로 74.4cm, 상하로 39.6cm의 진동 폭을 기록하였다고 발표하였다. 또, 그 피해는 고베시 반경 100km 안에서 집중적으로 발생하였으며 그 피해는 오사카(大阪)와 교토(京都)까지 확대되어 경찰은 이 지진을 '한신(阪神) 대지진'으로 공식 명명하였다. 피해상황은 사망자 6,432명 부상자 41,531명, 이재민 약 20만 명에 이르고 물적 피해규모는 14조 1000억엔(미화 약 1400억 달러)에 이를 것으로 추정하였다. 이 지진으로 조선·철강 산업의 중심지인 고베시의 수많은 건물과 공장시설 및 고속도로·철도·통신시설 등 사회기간시설이 파괴되어 이 지역의 산업 활동을 마비시켰고 주민들의 일상생활에도 많은 고통을 주었다.

항온 항습기 : 일정한 온도와 습도를 유지시켜 주는 장치.

호스트(HOST) : 메인프레임 컴퓨터 환경에서, 호스트란 하나의 메인프레임 컴퓨터를 말한다. 이 상황에서 메인프레임은 단말기가 부착되어 있으며, 메인프레임은 이 단말기에게 서비스를 제공하는 호스트가 된다.

호상열도(弧狀列島) : 대양 중에 호상으로 배열된 섬의 집합체로서 호상열도는 환태평양 조산대 중에서 서태평양에 잘 발날되어 있다. 알류산 열도, 쿠릴열도, 일본열도, 필리핀군도 등은 태평양을 향하여, 또 인도네시아 제도는 인도양을 향하여 철면(凸面)을 내밀고 아시아 대륙의 동쪽과 남쪽의 가장자리를 이룬다. 다시 오스트레일리아의 북동쪽에는 뉴기니에서 솔로몬 군도를 거쳐 뉴실랜드에 이르는 호상열도가 발달해 있다.

화산 : 지각에 구멍이 생겨 마그마가 지표면에 도달하는 현상

화산 지진 : 화산활동과 관계있는 지진

활성단층 : 역사시대에 이동이 발생했거나 진원이 위치한 단층

해령 : 깊은 바다에 있는 길고 좁은 산맥 모양의 솟아오른 부분으로 판을 생성하는 부분에 해당된다.

해저 확장 : 중앙 해령에서 인접한 판들이 서로 벌어지면서 새로운 해저 지각이 생기는 과정. 여러 지질학적 기록에 따르면 이 거리는 매년 0.5에서 10cm에 달한다.

핵(지구) : 지구에서 2,900km 아래의 중심부, 성분은 철과 규소의 화합물로 생각되며 중심의 고체부와 외곽의 용융된 부위로 나누어진다.

Ⅶ. 참고문헌 및 자료

〈참고문헌〉

정보시스템 운영. 보안 감리지침 문대원 (사)한국정보시스템 감리인 협회 2002
재해복구전략 존 윌리엄 토이고 저 김민아, 정윤이, 조경숙 역 한빛미디어
재난 대비 통신망 강화 방향 [1997.04.09.] 김원순 외 3인 KT 초고속망연구실
통신망 정보보호 대책연구 정보통신부 1998.12
지진재해 대책 매뉴얼 현대구조연구소 역 공간출판사 2000
니가타 지진의 교훈과 우리나라 지진 재해 방지 대책 서울대학교 김재관 2005.2
건설교통재난·재해대책 편람 건설교통부 2002.12
지진연구 김소구 청문각 2000
일반지진학 김소구 한국학술정보 2003
IT재해복구 전략과 구현 김영진, 최형광 공저 전자신문사2002
데이터센터 재해복구 시스템 구축전략 김영진공저 전자신문사 2001
지진은 왜 일어나는가 매티스 레비. 마리오 살바도리 공저/ 김용부 역 기문당 1999
정보시스템 백업지침 국무조정실, 정보통신부 2005
전산실 관리지침 국무조정실, 정보통신부 2005
자연재해의 이해 이재수 구민서관 2004
효율적인 BCP구축전략(Business Continuity Planning and Disaster Recovery Planning)
삼성SDS 김호태 기술사의 강의교재
1990年 フィリピン - ルソン 地震 地震 震害調査報告 日本 土木學會 1993
1990년 필리핀 루손(Luzon) 지진 진해(震害) 조사보고
(Reconnaissance Report on the July 16,1990 Luzon Earthquake, the Philippines)
地震工學 金 井 清 共立出版株式會社 昭和 58年(1983년)
BCP 입문 이영재, 윤정원 디지털타임즈 2004
재난관리사 교육교재 BCP협회 2006
재난피해자의 정신건강 문제에 대한 대책 민성길 연세의대 정신과

〈웹 사이트〉

국가지진정보 시스템 www.kmaneis.go.kr

국립방재 연구소 www.nidp.go.kr

기상청 www.kma.go.kr

삼성방재연구소 http://rm.samsungfire.com

서울대학교 지진공학연구센터 www.keerc.net

소방 방재청 www.nema.go.kr

중앙119 구조대 www.rescue.go.kr

한국 지진 공학회 www.eesk.or.kr

한국 지진 연구소 www.safe.or.kr

한국천문 연구원 www.kao.re.kr

한국해양연구원 www.kordi.re.kr

녹색연합 www.greenkorea.org

네이버 백과사전 www.naver.com

국보 발전기 www.kukbo.co.kr

진양티에스 www.jinyangts.com

도쿄대학 지진연구소 www.eri.u-tokyo.ac.jp

일본 국토교통성 www.mlit.go.jp

일본 기상청 www.jma.go.jp

일본 산업기술종합 연구소 www.aist.go.jp

국제지진센터 (ISC) www.isc.ac.uk

미국 지질조사소(USGS) www.usgs.gov

알래스카 지진 해일 경보센터(ATEC) www.wcatwc.gov

태평양 지진 해일 경보센터(PTWC) www.prh.noaa.gov

저자소개 | 권 규 철

- **학력**

1991 한밭대학교 산업공학
1998 한남대학교 대학원 정보통신공학

- **경력**

1988.07 ~ 1998.04 한국증권전산 네트워크 사업부
1999.08 ~ 2003.08 에스넷시스템 기술연구소
2004.12 ~ 2005.03 경봉기술 ITS(지능형교통망)사업부
2005.04 ~ 현재 ㈜한국전산감리원 감리사업부

- **자격사항**

정보통신 기술사
정보통신 특급감리원
정보시스템 수석감리원
재난관리사
ITIL(Information Technology Infrastructure Library)

- **연락처** kkc@kca21.com

도서출판 그린

정보통신시스템 지진대책

초판 인쇄일 ▶	2007년 4 월 23 일
초판 발행일 ▶	2007년 4 월 26 일
저자 ▶	권 규 철
발행인 ▶	윤 덕 우
발행처 ▶	도서출판 그린
출판등록 ▶	제8-161호(1995. 5. 3.)
주소 ▶	서울시 서대문구 연희동 219-20 (우)120-110
전화 ▶	02)333-2574, 2575
Fax ▶	02)333-2561
E-mail ▶	greenpress@greenpress.co.kr
Homepage ▶	http://www.greenpress.co.kr

판권 소유

정가 : 18,000원

ISBN 978-89-5727-083-7